亚热带典型山地土壤的发生、分类与利用

盛　浩　欧阳宁相　周　清　黄运湘　著

科学出版社

北京

内 容 简 介

本书是一部关于亚热带典型山地土壤发生、分类和综合利用的区域土壤学专著。首先，综述了亚热带山地土壤的发生特性、系统分类和资源利用。然后，选取湘东大围山作为典型案例，针对区域景观上有代表性、空间上分布均匀的 26 个样区的野外调查和土层取样的室内分析结果，总结了山地主要成土过程和土壤发生学性质，进行了土壤地理发生分类和系统诊断分类（土纲—亚纲—土类—亚类—土族—土系），阐述了典型土系的性状。最后，介绍了大围山垂直带上土壤质量（物理、化学和生物指标）的空间分布差异及其对土地利用变化的响应规律。

本书可供与土壤学相关的学科，包括农业资源利用、自然地理、土地管理与乡村规划、林业生态和自然保护、环境保护的科学研究人员和教学工作者，以及从事土壤与自然资源调查的部门、公益组织和科研机构人员阅读参考。

图书在版编目（CIP）数据

亚热带典型山地土壤的发生、分类与利用 / 盛浩等著. —北京：科学出版社，2020.1

ISBN 978-7-03-061642-5

Ⅰ. ①亚… Ⅱ. ①盛… Ⅲ. ①亚热带—山地土壤—研究 Ⅳ. ① S155.4

中国版本图书馆 CIP 数据核字（2019）第116485号

责任编辑：陈　新　赵小林 / 责任校对：严　娜
责任印制：肖　兴 / 封面设计：铭轩堂

科学出版社 出版

北京东黄城根北街16号
邮政编码：100717
http://www.sciencep.com

北京九天鸿程印刷有限公司　印刷

科学出版社发行　各地新华书店经销

*

2020年1月第　一　版　　开本：720×1000　1/16
2020年1月第一次印刷　　印张：15 1/2
字数：310 000

定价：198.00 元
（如有印装质量问题，我社负责调换）

序

　　我国是一个多山的国家，山地、高原和丘陵约占陆地国土面积的2/3，山地提供着重要的农、林、牧服务和生态环境保护功能，因此其综合利用很大程度上决定了我国国土资源利用的水平。亚热带山地气候多样，物质来源和地形复杂，生物多样性高，农业经营历史悠久且多样。区别于平地，山地土壤的形成和演化有着独特性，形成了特殊的山地土壤类型。土壤是山地系统的核心，认识山地土壤的形成演化特性、分类和分布规律，无疑是土壤资源合理利用的基础。

　　目前，我国对亚热带山地土壤的分类方案也不完全一致。基于地带性概念的地理发生分类体系，多以基带土壤为基础，大致根据垂直高度来划分土壤类型。应该说，在山地系统中高程的变化毫无疑问对土壤产生重要的影响，但实际上，影响土壤特征的远不止海拔，母质、坡度、坡向、植被覆盖类型、局部微地形等，都强烈地影响着山地土壤的形成和演变，因此简单地依据垂直地带性进行分类常出现与实际不符的情形，采用定性判断而缺乏定量指标，在实际操作当中常出现"同名异土、同土异名"的问题，难免存在较大争议，也难以满足山地土壤资源精准管理和高效利用的要求。在了解亚热带山地土壤的发生特性基础上，建立依据定量指标的山地土壤系统分类的基层分类单元（土族、土系），是当前土壤地理学研究中一项必要的基础性工作。它不仅可为科学上解决长期以来亚热带山地土壤发生学分类的争议提供事实依据，也可为"自下而上"地完成区域高级分类单元提供基础数据，在实践中可以有效地服务于大比例尺制图，指导当地农林牧业生产。

　　湘东大围山在我国中东部有较好的代表性。该书以大围山为研究样区，在详细分析成土因素和成土环境条件的基础上，深入探讨了大围山主要成土过程和发生特性，并分别应用土壤地理发生分类和中国土壤系统分类对主要土壤类型进行了划分。特别是建立了大围山地区的26个典型土系，这为了解亚热带典型山地土壤成土环境与分布、土壤性状与变幅提供了重要参考，也为亚热带山地土壤的科学利用提供了依据。

　　山地土地利用活动是影响土壤质量演变的主要因素。该书在大围山山地土壤分类的基础上，初步探讨了不同土壤类型的土壤质量状况，以及土壤质量对土地利用的响应规律，这对深化认识山地不同土壤类型的肥力质量特征，为本区农业、生态和环境部门科学保育山地土壤，解决山地土壤利用问题，进一步发挥土壤生产潜力提供了科学依据。

　　该书在系统研究山地土壤的发生、分类和利用三大问题上取得了一些新的进展。首先，该书的观点较新颖。以土壤系统分类的思想、山地土壤质量演变的观点和山地土壤保育与利用的现代观念，研究山地土壤发生过程、土壤分类和土壤质量变化。其次，内容较为全面且具体。在收集、整理国内外亚热带山地土壤研究资料的基础上，系统调查成土因素和成土过程，对比地理发生分类和诊断系统分类，综合分析土壤物理、化学和生物指标，将野外调查、室内化学分析、现代仪器分析和地理信息技术结合。最后，理论结合实践，有所创新。首次拟定大围山山地土壤的系统分类的诊断层、诊断特性和诊断现象，正确建立了土纲—亚纲—土类—亚类—土族—土系的各等级分类体系。该书对理解亚热带花岗岩山地土壤的基层分类和指导山地土壤可持续利用具有很好的参考价值。

中国科学院南京土壤研究所研究员　　张甘霖

2019 年 3 月

前　言

　　土壤作为一种有限的人类社会进程中的不可再生资源，对地球上多种生命的繁衍生息至关重要。脆弱的山地土壤资源更是支撑山区人口、生计、产业和生态环境可持续发展的关键自然资源。

　　湘东大围山为典型的中亚热带花岗岩中山，素有"湘东明珠"之誉。大围山的地理位置、成土环境和主要成土过程、土地利用方式在中国亚热带区域内具有很好的代表性。近年来，随着亚热带山地资源的综合开发、农林牧生产基地建设和全民旅游业的兴起，人类活动对山地地域景观、生态系统和土壤资源的干扰活动日益频繁，原生植被不断转变为人工植被，局部水土流失阻控任务艰巨，土壤有机质和生产力下降，土壤酸化和矿山土壤污染等问题突出，已制约亚热带山地土壤资源的永续利用。因此，为科学保护和合理利用山地土壤，有必要加强对亚热带山地土壤发生过程、分类和综合利用的系统研究，提出相应的开发利用和管理对策。这对山地土壤资源保育与可持续安全利用具有十分重要的理论和现实意义。

　　本书共分 8 章，第 1 章主要综述亚热带山地土壤的发生特性、系统分类和综合利用的进展及展望；第 2 章系统分析了湘东大围山的区域概况和成土因素；第 3 章探讨了大围山的主要成土过程、发生特性，特别是运用地理发生分类的原则进行了土壤分类；第 4 章简述了土壤系统分类的方法，确定了大围山土壤的诊断层、诊断特性，建立了大围山土壤系统分类体系；第 5 章详述了大围山的典型土系，主要包括分布与成土环境、土系特征与变幅、代表性单个土体和利用性能评述；第 6 章基于土壤物理、化学和生物指标的分析，评价了大围山土壤垂直带的土壤质量状况；第 7 章运用"空间换时间"的方法，评估了大围山的天然林地改为人工林地、园地和耕地后，土壤养分、土壤有机质和土壤生物对土地利用变化的响应规律；第 8 章在总结大围山土壤发生、分类和综合利用的主要结论的基础上，展望了今后的研究重点和方向。

　　本书的相关研究和出版得到以下项目和课题资助：国家自然科学基金项目"亚热带丘陵区典型农林用地底土有机碳稳定机理研究"（41571234）、"亚热带典型林地土壤呼吸对植物碳输入变化的响应"（31100381）、国家科技部国家科技基础性工作专项课题"湖南省土系调查与《湖南省土系志》编制"（2014FY110200-A36）、湖南省教育厅科研优秀青年项目"湖南省典型山地土壤的发生学性质与基层系统分类研究"（15B110）、湖南省自然科学基金青年项目"亚热带山区林地改果园对土壤碳吸存的影响"（13JJ4066）、湖南农业大学"1515"学术创新团队带头人培养项目，特此致谢！

　　自 2011 年以来，湖南农业大学土壤研究所骨干成员选取湘东大围山作为亚热带典型山地土壤的研究样区，系统开展土壤地理、土壤发生和分类、土壤资源调查的科研与教学实习工作。在此基础上，历时 9 年积累了大量实践经验和第一手资料与数据。其中，张杨珠教授作为湖南农业大学土壤学专业博士点领衔人，积极参与策划、指导和审定，一直鼓励和支持本书的撰写和出版，并提出许多富有建设性的意见；段建南教授、廖超林副教授参与 2015 年大围山土壤调查和采样工作；王翠红教授完成大围山土壤微量元素测试；谢红霞副教授完成大围山土壤的抗蚀性和团聚体指标分析；中国科学院亚热带农业生态研究所的周萍副研究员协助完成红壤不同土地利用方式的土壤有机化合物组成分析；硕士研究生张义、张鹏博、冯旖、彭涛、李洁、宋迪思、于青漪、潘博、马颗榴等参与野外调查、实验室分析；硕士研究生曹俏协助部分 GIS 图件的制作。本书撰写中，还参考了许多同行在湘东大围山地区的研究资料。在此，一并致以诚挚的谢意！

　　中国科学院南京土壤研究所张甘霖研究员在百忙之中为本书作序，深表谢忱！

　　由于我们的学识和知识水平有限、经验缺乏及学科背景限制，书中难免存在观点和认识上的不足，恳请专家和读者批评指正。

著　者

2019 年 2 月

目　　录

Contents

第 1 章 引 言

中国约 2/3 的陆地国土为山地、高原和丘陵所覆盖。山地土壤的发生、分类和综合利用途径显然区别于其他地貌形态下的土壤（马溶之，1965）。山地是地貌学上的概念，目前仍很难严密地定义，一般限指海拔＞500m，相对高度＞200m，平均坡度＞15°，具有较明显的土壤垂直分布规律的高山、中山和山原地带。中国的亚热带（21.5°N～35°N）约占陆地国土面积的 1/4，其自然条件优越，被誉为"北回归线上的绿洲"，与全球同纬度的中亚、西亚和北非著名的荒漠、稀树草原景观形成鲜明对比。由于东亚季风盛行，具有冬冷夏热、四季分明、水热同季、湿润多雨的特点，从而成为植物生产力高、碳储量大、地表过程对气候响应多样的特殊区域。本区山地面积尤为广大，民间素有"八山一水一分田"之说。亚热带山地地球化学过程活跃，生物质循环旺盛，母质/母岩类型丰富，加上垦殖历史悠久且人工管理措施多样，土壤/土地多样性高，是发展亚热带山地农、林、牧、副业和"立体农业"的优良生产基地。

山地土壤泛指其成土环境和历史演变过程以山地与丘陵地貌为背景的土壤。山地土壤的主体是坡地土壤，其基本特征是处于倾斜的基底之上，土壤形成和发育受到坡面动力过程的严格制约。目前，中国亚热带山地土壤的分类仍长期沿用传统的土壤地理发生分类体系，这一分类只有中心概念而无明确边界，也缺乏定量指标，在实际操作当中常出现"同名异土、同土异名"的问题，存在较大争议（叶仲节，1984；四省边界土壤联合考察组，1986；张杨珠等，2014）。此外，传统的土壤地理发生分类也无法进入电子计算机，难以融合数据库和结合移动终端，已不适应飞速发展的信息化、智能化社会的需求。这在很大程度上也限制了山地土壤资源的科学保护和合理利用。相应地，建立和完善科学的土壤系统分类体系已是必然趋势。近 40 余年来，针对亚热带山地土壤，已逐步建立起较完善的系统分类中高级分类单元（土纲、亚纲、土类和亚类）的诊断层、诊断特性和诊断现象，制定了较详细的分类标准、命名方法、检索流程和参比系统（Shi et al.，2010）。近 20 余年来，有关亚热带山地土壤基层分类单元（土族、土系）的划分、命名和参比已有一定的研究，尤其在亚热带已开展省（自治区、直辖市）域尺度的土系调查，建立了一批山地典型土系的数据库。近 10 余年来，在全国范围内开展的土壤基层分类调查工作也积累了较丰富的山地土族、土系资料（盛浩等，2015）。充分了解亚热带山地土壤的发生特性，确切地建立山地土壤系统分类的基层分类单元（土族、土系）也是土壤学研究中一项必要的基础性工作。

它不仅可为科学上解决长期以来亚热带山地土壤发生学分类的争议提供途径，也可为"自下而上"地完成区域高级分类单元提供基础数据，在实践上有效地服务于大比例尺制图和指导当地大农业生产及产业布局。

山地土壤的开发和利用是指通过各种方式，使山地土壤为人类提供资源并创造财富。然而，由于中国亚热带山多坡陡、土壤有机层薄、有机质含量低、有效养分缺乏、土壤抗蚀性差而容易发生水土流失，山地生态系统具有极大的潜在脆弱性；加上亚热带地区农业经营历史悠久，人为管理措施多样，如整地、皆伐、施肥和炼山（苗木栽植前采用火烧清理造林地），使得该区域土壤过程表现出对人为干扰的较大敏感性和响应复杂性的特点。外部任何形式的山地土壤人为利用活动都会干扰山地景观各个组分之间的动态平衡，带来物质和能量"瞬间"的剧烈波动和不平衡。假如这种"瞬间"持续下去，山地景观和环境各组分将出现真正的动态不平衡。在亚热带区域，山地植被垂直带分异明显，随着海拔升高，一般出现常绿阔叶林—常绿落叶阔叶混交林—针叶林—山地灌丛草甸的垂直带谱。但长期以来，伴随着南方商品林、小水果基地建设和山地综合开发，大面积的山地天然林地、灌丛和草地被改造为人工林、经济林、果园和牧场。这种大面积的土地利用/覆被变化和土壤资源开发已显著改变了亚热带山地地域系统的结构、功能与景观格局，影响着山地生态系统土-水-气-生的相互作用过程，而其对土壤类型和土壤质量演变的影响仍不清楚。了解亚热带山地土壤开发和土地利用方式变化后土壤理化性状、发生特性及肥力质量的演变趋势，对正确评价土壤生产力、安全利用山地土壤资源和维持生态系统平衡具有重要意义。

1.1　亚热带山地土壤的发生特性

1.1.1　土壤地球化学过程

1.1.1.1　原生矿物的风化和次生黏土矿物的新生

亚热带垂直带的基带，气候湿热，原生矿物化学风化强烈，但随着地势升高，土壤温度降低、湿度增大，植被逐渐转换，微生物、苔藓、藻类和草本的生物风化渐居于主导地位。微生物通过酸解、生物膜和胞外聚合物作用加速原生矿物的风化，以及植物通过根系、菌根菌丝分泌酸性物质促进原生矿物的分解，在近年受到更多重视（吴涛等，2007；朱永官等，2014）。此外，在同一海拔带，陡坡上的土壤极易发生坡积和水蚀，植物生长和剖面发育较差，矿物风化程度低于缓坡、低平地，反映了山地微地貌对矿物风化的强烈影响。

随着海拔升高，土壤黏粒数量减少，粉砂/黏粒增大；阴离子、阳离子交换量相应升高，可变电荷量增加，盐基离子组成由山脚以交换性 Al^{3+} 为主，到

山腰以交换性 Ca^{2+}、交换性 Mg^{2+} 为主，至山顶以交换性 H^+ 为主（徐凤琳等，1992；吴甫成和方小敏，2001）。随地势升高，土体中 SiO_2 含量升高，Al_2O_3、Fe_2O_3 含量降低，风化淋溶系数（ba 值）$[（CaO＋MgO＋K_2O＋Na_2O）/Al_2O_3]$ 相应升高，全铁在淀积层（B 层）富集，全铁含量和铁的游离度随海拔升高而降低，非晶质态铁含量和铁的活化度则升高，说明富铁铝化作用降低，原生矿物的风化度降低（冯跃华等，2005）。

随着地势升高，土壤黏土矿物组成逐渐由以 1∶1 型高岭石组为主转变成以 2∶1 型蒙蛭组为主，垂直带分布规律大致如下：山脚红壤、黄红壤基带，细土部分的原生矿物风化殆尽，次生黏土矿物以无序高岭石、水云母为主；至山腰黄壤、黄棕壤带，水云母、无序高岭石、1.4nm 过渡矿物和三水铝石的含量和比例逐渐升高；到山顶灌丛草甸土，黏土矿物则以水云母、蛭石、无序高岭石、1.2nm 混层矿物、1.4nm 过渡矿物和三水铝石为主（曾维琪和殷细宽，1986；徐凤琳等，1992；吴甫成和方小敏，2001）。在北亚热带，山麓的土壤黏土矿物以 2∶1 型水云母为主，高海拔带土壤以 1.4nm 过渡矿物为主，山体中上部甚至出现少量绿泥石（徐凤琳等，1990；刘凡等，1996）。亚热带山地中上部土壤中常发现较高含量的三水铝石，可能源于：①黏土矿物顺序风化的产物；②原生矿物强度淋溶和迅速脱硅条件下的初期产物（斜长石直接风化的产物）；③山地不断抬升，上部保存的古红壤遗迹遗存（杨锋，1989；徐凤琳等，1992；章明奎等，1999）。

1.1.1.2　山地土壤物质迁移

在亚热带山地景观尺度上，由于重力、水力或人为干扰的驱动，坡顶或陡坡土壤极易流失，土层常浅薄而贫瘠、多含母岩石块、半风化物碎屑；在缓坡、坡腰低洼处或山脚易堆积成土，土层肥沃深厚。

在单个土体尺度上，强烈的降雨和淋溶作用，促使浅层表土物质向下淋溶并在深层土壤淀积，甚至彻底淋出土体，造成土体中大量盐基离子淋失，硅酸淋出。随海拔升高，降水增加，淋洗增强，矿质黏粒和土壤有机质淀积强烈。沿土壤剖面，土体物质垂直迁移的主要过程由山脚富铁土的溶解迁移，逐渐转变为山腰淋溶土的悬粒迁移和山顶雏形土的生物迁移（龚子同等，2007）。一些山顶夷平面发育成半水成土，还原作用强烈，原来不易移动的土壤铁锰被活化，出现铁锰还原迁移（陈健飞，2001）。一些难溶的高价态金属离子常与土壤腐殖质发生螯合或络合作用，极易随溶解性有机质的剖面下移而发生螯合迁移。一些中、老年岩溶山地发育的土壤，"洗钙"和"复钙"过程不断进行，钙盐基、镁盐基离子也存在向上迁移的现象（陈作雄，2010）。

1.1.2　基本土壤形成过程

亚热带山地环境下，基本土壤形成过程主要涉及原始土壤形成过程、淀积黏化过程、富铝化过程和腐殖质积累过程。

1.1.2.1 原始土壤形成过程

在一些亚热带高海拔的山顶，冻原气候盛行，年平均气温可低至 -1.0℃，以原始成土过程为主，同时进行岩石的风化（何忠俊等，2011）。原始成土过程能很好地解释岩石如何风化成土壤，它一般包括 4 个阶段。最先是"岩漆"始发阶段，即一些自养微生物和藻类附着在岩面上为土壤形成提供始发动力，形成"岩漆"状物质；慢慢转入"地衣"突变跃进阶段，即异养微生物和地衣类植物着生于岩面和缝隙，分解矿物，形成生物风化层，出现细土，增加有机质；进一步是"苔藓"巩固发展阶段，即苔藓植物着生，风化加速，形成细土-砾质层，积累大量肥沃基质；最后高等植物着生，进入原始土壤定型阶段，标志着原始成土过程的结束（朱显谟，1983）。

1.1.2.2 淀积黏化过程

在北亚热带山地基带或中、南亚热带山地垂直带谱中，淀积黏化是淋溶土和部分富铁土土纲的主要成土过程。由于降雨充沛，易溶性盐类和碳酸盐强烈淋溶，土壤黏粒沿剖面出现明显的淋溶淀积现象，形成淀积黏化层。随地势升高，降雨趋多，淋溶愈强，B层/A层（淋溶层）黏粒比值升高，黏粒淋溶淀积现象增强（吴甫成和方小敏，2001）。亚热带山地土壤淀积层中常出现铁铝氧化物的积累，但胶体组成变化不大，说明黏土矿物并未遭分解或破坏，仍处于开始脱钾阶段。基于土壤薄片微形态技术，观察到一些亚热带高山、亚高山淋溶土在淀积黏化层存在明显的光性定向黏粒胶膜、薄片状黏粒，黏粒具有"定向排列"特征，富含大量黑色铁质凝团（林初夏，1992；郑泽厚，1992），清晰反映出土壤黏粒沿剖面的机械淋移及氧化物和黏粒的共同淀积。在中高海拔的山地针叶林，林下枯枝落叶含大量单宁物质，分解过程中释放大量有机酸，常与矿物质形成螯合淋溶。

1.1.2.3 富铝化过程

在亚热带湿热季风气候下，原生矿物强烈风化释放出大量盐基离子形成弱碱性环境，充沛降雨导致可溶性盐、碱金属和碱土金属及硅酸离子大量流失，铁铝锰在土体内相对富集，常在土体中形成铁铝层、低活性富铁层的诊断层，以及铁质特性、富铝特性、铝质特性的诊断特性。该过程又称为脱硅过程或脱硅富铁铝化过程，涉及亚热带山地富铁土、铁铝土和部分淋溶土和雏形土土纲（章明奎等，1999）。富铝化过程一般包括 3 个阶段：①初级阶段，可溶盐和碳酸盐完全淋失，原生铝硅酸盐分解产生以水云母和高岭石为主的黏土矿物，游离铁形成针铁矿和赤铁矿，交换性铝增加，土壤呈弱酸性；②中级阶段，矿物较强烈分解，交换性盐基基本淋失，盐基饱和度下降到 10% 以下，黏土矿物以 1:1 型高岭石占优势，土壤呈强酸性；

③高级阶段，矿物强烈分解，SiO_2 淋失殆尽，铁铝氧化物（以结晶态针铁矿、赤铁矿和三水铝石）高度富集，铝饱和度高，土壤呈强酸性（周健民和沈仁芳，2013）。

1.1.2.4　腐殖质积累过程

亚热带山地植被垂直带中，森林、灌丛和草甸土壤有机质积累较旺盛，主要涉及林下型、草甸型，土壤中常形成暗色腐殖质层，如暗沃表层、有机现象。亚热带天然常绿阔叶林、季雨林植被的生物量大、生产力高，年凋落物和细根周转输入量可达 7.72～9.66t/hm² （赵其国等，1991）。然而，目前低海拔带的原生植被多遭破坏，改造为次生林、人工／经济林和果园，凋落物输入量可减少 32%～63%，地面枯枝落叶现存量可减少 47%～99%（Sheng et al.，2010；盛浩等，2014）。随海拔升高，林木地上凋落物输入量呈降低趋势，阔叶成分逐渐消失，针叶成分逐渐增加，养分归还量趋于减少，但凋落物养分回流到植物体内的数量呈增加趋势（罗辑等，2003；刘蕾等，2012）。

植被覆盖良好的亚热带山地，土壤腐殖质属富里酸型，随海拔升高，腐殖质层增厚，胡敏酸比例升高，胡敏酸与富里酸比值（即胡富比）增大，胡敏酸消光系数增大，光密度曲线上移，缩合程度增强，土壤腐殖质结构和芳构化程度加大（吴甫成和方小敏，2001）。山顶多分布生命周期较短的多年生或一年生草本，草根细密、周转快速，在山地垂直带上，细根生物量最高可达 25t/hm² （周寿荣等，1989）；加上山顶气候湿冷，植物残体分解缓慢，土壤腐殖质积累过程强烈。在一些山顶夷平面或海拔超过千米的高山湿地、小盆地，由于长期积水、草甸和沼泽植被茂密，土壤通气差，微生物分解缓慢，土壤有机质大量积累逐渐形成泥炭，发育成有机土（陈健飞，2001）。

1.2　亚热带山地土壤的系统分类

1.2.1　诊断层与诊断特性

诊断层、诊断特性是土壤系统分类的基础。通过整理浙江、福建、安徽、江西、湖南、贵州、重庆、广西和云南山地土壤系统分类的资料，分析结果表明，中国亚热带山地土壤诊断表层主要涉及淡薄表层、暗瘠表层、暗沃表层和草毡表层（表 1-1）。诊断表下层主要有低活性富铁层、黏化层、雏形层、漂白层、铁铝层和灰化淀积层，以前三者尤为普遍。然而，也有个别研究认为，陡峻、严重侵蚀的亚热带山地土壤并无黏化层，而以雏形层最为突出（韦启璠和龚子同，1995）。诊断特性主要包括湿润、常湿润、滞水土壤水分状况，高热性、热性、温性、冷性和寒冻土壤温度状况，富铝、铝质特性，铁质特性，腐殖质特性，盐基不饱和、盐基饱和、贫盐基，碳酸盐岩岩性特征，均腐殖质特性，氧化还原特征，石灰性，潜育特征，落叶有机土壤物质，准石质接触面、石质接触面。诊断现象仅涉及有机现象、铝质现象。

表 1-1　亚热带山地土壤主要诊断层和诊断特性

地点	最高海拔（m）	山体主要母岩	诊断表层	诊断表下层	诊断特性/诊断现象	参考资料
浙江西部、南部山地	1148	花岗岩、石英砂岩	淡薄	黏化层、雏形层	湿润、常湿润水分；铝质、腐殖质、铁质特性；石质接触面	章明奎，1995；王晓旭等，2013
福建武夷山、梅花山和鼓山	2150	花岗岩、火山凝灰岩	淡薄、草毡、暗瘠	低活性富铁层、黏化层、雏形层	湿润、常湿润、滞水土壤水分；温性、热性土壤温度；富铝、铝质、铁质特性；盐基不饱和；准石质接触面	陈健飞，2001
安徽九华山、黄山、清凉峰、牯牛降	1787	花岗岩、流纹岩和千枚岩	淡薄、暗瘠	黏化层、雏形层	湿润、常湿润、滞水土壤水分；热性、温性土壤温度；腐殖质特性、铁质特性、富铝特性；铝质现象；潜育特征；盐基不饱和；盐基饱和；石质接触面	顾也萍等，2003
江西井冈山、庐山	1841	花岗岩、板岩	淡薄、暗瘠	低活性富铁层、黏化层、雏形层	湿润、常湿润、滞水土壤水分；热性、温性、冷性土壤温度；铁质特性；盐基不饱和；盐贫盐基；石质接触面；落叶有机土壤物质；有机现象	冯跃华等，2005；曹庆，2012
湖南蓝山县	1290	/	淡薄、暗瘠	低活性富铁层、黏化层、铁铝层、雏形层	常湿润土壤水分；热性土壤温度；氧化还原特征；铁质、腐殖质特性；盐基不饱和；准石质接触面	李军等，2013
湖南衡山	1290	花岗岩	/	低活性富铁层、黏化层、雏形层	湿润、常湿润水分；富铝、腐殖质特性	吴甫成和方小敏，2001
湖南雪峰山	1400	花岗岩、变质岩	/	低活性富铁层、雏形层	湿润、常湿润水分；温性土壤温度；富铝、铝质特性	龚子同等，1992；韦启璠和龚子同，1995
湖南大围山	1607	花岗岩、板岩和页岩	淡薄、暗瘠	低活性富铁层、黏化层、雏形层	湿润、常湿润水分；热性、温性土壤温度；铁质、腐殖质特性；铝质现象	张义等，2016；罗卓等，2018
贵州北部、黔东南苗族侗族州	1300	石灰岩、白云岩、白云质灰岩	暗沃	雏形层、黏化层	热性土壤温度；湿润、常湿润土壤水分；均腐殖质特性、腐殖质特性；盐基饱和；碳酸盐岩岩性特征；铁质特性；石灰性	宁婧，2009；杨柳等，2011
贵州黔灵山	1300	灰岩、黏土岩、泥岩、石灰岩、白云岩	/	雏形层、黏化层、低活性富铁层	常湿润土壤水分；碳酸盐岩岩性特征；紫色砂页岩岩性特征；石灰性；石质接触面	杨胜天，2000

地点	最高海拔（m）	山体主要母岩	诊断表层	诊断表下层	诊断特性/诊断现象	参考资料
贵州梵净山	2273	板岩、泥页岩、砂页岩	暗瘠	雏形层、黏化层	湿润、常湿润水分；热性、温性土壤温度；铁质、铝质、腐殖质特性；氧化还原特征	章明奎等，2018
广西元宝山、猫儿山	2142	花岗岩、砂岩	淡薄、暗瘠	低活性富铁层、雏形层	湿润、常湿润土壤水分；热性、温性土壤温度；盐基不饱和、贫盐基；富铝、铝质特性；富铁、铁质特性	陆树华等，2003；黄玉溢等，2010
广西大明山	1300	石英砂岩、板页岩、千枚岩	淡薄	漂白层、低活性富铁层	湿润、常湿润土壤水分；高热性、热性土壤温度；盐基不饱和、贫盐基；富铁质特性、铝质特性	黄玉溢等，2011
广西右江河谷	700	石灰岩、泥岩	淡薄	低活性富铁层	半干润土壤水分；热性、高热性土壤温度；富盐基；铁质特性	陈振威和黄玉溢，2012
云南三江并流区	4000	多种岩浆岩、沉积岩	草毡、暗沃、暗瘠	漂白层、低活性富铁层、黏化层、灰化淀积层、雏形层	湿润、半干润、干旱和常湿润水分；温性、冷性、寒冻土壤温度；潜育特征；腐殖质特性；铁质特性；石灰性；盐基不饱和；有机现象	何忠俊等，2011
云南玉龙雪山	3901	石灰岩、泥质砂岩	暗沃、暗瘠、淡薄	漂白层、铁铝层、雏形层	湿润、常湿润和滞水土壤水分；冷性、热性和温性土壤温度；落叶有机土壤物质；铁质特性；盐基不饱和；准石质接触面；有机现象	郭琳娜等，2009
渝东北中山	2445	石灰岩、板岩	淡薄	雏形层、黏化层	碳酸盐岩岩性特征；石质接触面；常湿润土壤水分；热性、温性土壤温度；腐殖质特性；石灰性；铝质现象	连茂山等，2018

注："/"表示缺乏相关资料

随海拔升高，土壤温度状况常由高热性/热性，逐渐转为温性、冷性，甚至寒冻性。土壤水分状况则由湿润，逐渐转为常湿，在山顶低洼处甚至出现滞水，有时出现潜育特征。亚热带山地土壤的铁质、富铝、铝质特性突出，盐基不饱和、贫盐基普遍（碳酸盐岩类岩石发育土壤除外）。山顶土壤常出现腐殖质特性和石质接触面。碳酸盐岩类岩石发育的山地土壤还存在盐基饱和、碳酸盐岩岩性、石灰性和均腐殖质特性（表1-1）。

1.2.2 高级分类单元

目前在高级分类单元上，亚热带山地土壤诊断层或诊断特性的划分指标、命名原则均已较为完备。土纲主要包括富铁土、铁铝土、淋溶土和雏形土。在岩溶区，还涉及均腐土。在海拔＞3000m 的亚热带西部山地的中上部，亦有潜育土、灰土，一些地势较高的山原还分布有冲积土。

亚热带山地垂直带谱和基带土壤类型依山体所在的地理位置、海拔、坡度和坡向、利用方式不同而明显不同。高山土壤发生类型复杂，垂直地带性比中山土壤、低山土壤更为明显。山体越高，土壤垂直带谱越完整，综合利用条件也越优越。中山、低山因高度所限，土壤垂直带谱相对较简单。幼年期山地，坡陡谷狭，气候较湿润，森林覆盖度高，常形成淋溶土，而成年/老年山地，坡缓谷宽，光照和热量充足，气候较干燥，利用度高，常形成富铁土。坡向可造成基带土壤类型的不同、带幅上下限分布差异明显。在亚纲上，一般随地势升高，依次出现湿润富铁土、湿润淋溶土、常湿淋溶土和常湿雏形土，同时在各海拔带陡峻山坡上还常出现雏形土（表 1-2）。

表 1-2　亚热带典型山地土壤垂直带谱（土类）

地点	基带土纲	土壤垂直带谱	参考资料
台湾玉山西坡	铁铝土	简育湿润铁铝土（＜800m）—铝质常湿淋溶土/雏形土（800～1500m）—铝质湿润雏形土/淋溶土（1500～2300m）—简育湿润雏形土/淋溶土或暗沃冷凉湿润雏形土（2300～2800m）—有机滞水常湿雏形土（2800～3600m）	龚子同等，2007
安徽黄山	富铁土	简育湿润富铁土（＜700m）—铝质常湿淋溶土/雏形土（700～1200m）—铁质湿润淋溶土/雏形土或有机滞水常湿雏形土（1200～1840m）	龚子同等，2007
江西武夷山西北坡	富铁土	简育湿润富铁土（＜700m）—铝质常湿淋溶土/雏形土（700～1400m）—铁质湿润淋溶土/雏形土（1400～1800m）—有机滞水常湿雏形土（1800～2120m）	龚子同等，2007
江西庐山北坡	富铁土/雏形土	铁质湿润雏形土/铁质干润淋溶土/黏化干润富铁土（＜300m）—铁质湿润雏形土（300～800m）—铁质湿润淋溶土/雏形土（800～1000m）—酸性常湿雏形土/铁质湿润雏形土（1000～1400m）	曹庆，2012
江西井冈山	富铁土	简育湿润富铁土（260～700m）—酸性湿润淋溶土/雏形土（700～1000m）—简育常湿淋溶土/雏形土（1000～1400m）—湿润正常新成土（1846m）	冯跃华等，2005
湖南大围山	雏形土/富铁土/淋溶土	铁质/酸性/简育湿润淋溶土/富铁土/雏形土（＜750m）—酸性/简育湿润淋溶土/雏形土（750～1400m）—石质/铝质常湿雏形土/湿润正常新成土（1400～1573m）	张义等，2016；罗卓等，2018
湖南衡山	富铁土	简育湿润富铁土（＜500m）—黄色湿润富铁土（500～800m）—黏化常湿富铁土/铁质湿润淋溶土/雏形土（800～1000m）—铝质/腐殖常湿淋溶土/雏形土（1000～1200m）—酸性常湿雏形土（＞1200m）	吴甫成和方小敏，2001；龚子同等，2007

续表

地点	基带土纲	土壤垂直带谱	参考资料
湖南雪峰山	雏形土／淋溶土	黄色铝质湿润雏形土／淋溶土（<500m）—铝质常湿雏形土（500～1200m）—铁质湿润雏形土（1200～1700m）—有机滞水常湿雏形土（>1700m）	龚子同等，2007
福建武夷山、黄岗山	富铁土／雏形土	黏化／富铝湿润富铁土／湿润雏形土（<400m）—铝质湿润淋溶土（400～1300m）—铝质常湿淋溶土／雏形土（1300～1700m）—有机滞水常湿雏形土（1700～2200m）	陈健飞，2001；龚子同等，2007
福建梅花山	富铁土／雏形土	黏化湿润富铁土／雏形土（<600m）—富铝／铝质湿润富铁土（600～1300m）—铝质常湿淋溶土／雏形土（1300～1800m）—暗色滞水／铝质常湿雏形土（1400～1800m）	陈健飞，2001
四川鲁南山	富铁土	简育湿润富铁土—铁质干润雏形土—富铝湿润富铁土—简育湿润雏形土／淋溶土—暗沃冷凉湿润雏形土—草毡寒冻雏形土	龚子同等，2007
四川峨眉山	淋溶土	铝质常湿淋溶土／雏形土—铁质湿润淋溶土／雏形土—漂白冷凉湿润雏形土—漂白暗瘠寒冻雏形土—有机滞水常湿雏形土	龚子同等，2007
四川松潘山原	淋溶土	简育干润淋溶土—简育干润淋溶土／雏形土—简育湿润雏形土—暗沃冷凉湿润雏形土—草毡寒冻雏形土	龚子同等，2007
四川木里山	雏形土	铁质干润雏形土—铝质湿润富铁土／雏形土—简育湿润雏形土／淋溶土—暗沃冷凉湿润雏形土—漂白暗瘠寒冻雏形土—冰雪	龚子同等，2007
渝东北中山	淋溶土	钙质常湿淋溶土（800～2400m）—钙质常湿雏形土（1400～2500m）—湿润正常新成土（>2400m）	连茂山等，2018
广西大明山	富铁土	简育湿润富铁土（<900m）—酸性／铝质常湿雏形土（900～1300m）	黄玉溢等，2011
广西猫儿山	富铁土	简育常湿富铁土（<450m）—富铝常湿富铁土（900～1400m）—铁质湿润雏形土（1800～2110m）	黄玉溢等，2010
广西元宝山	富铁土	富铝湿润富铁土（340m）—铝质湿润淋溶土（600～900m）—铝质常湿雏形土（1400～2080m）	陆树华等，2003
广西十万大山	铁铝土	简育湿润铁铝土（<300m）—强育湿润富铁土／雏形土（300～700m）—铝质湿润淋溶土／雏形土（700～1300m）	龚子同，2007
贵州黔东南苗族侗族州	均腐土／雏形土	黑色岩性均腐土／钙质常湿雏形土（<700m）—钙质常湿淋溶土（1300m）—黑色岩性均腐土／钙质常湿淋溶土（1000～1500m）	杨柳等，2011
贵州黔灵山	富铁土	黏化常湿富铁土／酸性、钙质常湿雏形土／紫色湿润雏形土／紫色湿润新成土（1100～1200m）	杨胜天，2000
贵州北部	均腐土／雏形土	钙质常湿雏形土／黑色岩性均腐土（600～900m）—钙质常湿淋溶土（900～1100m）	宁婧，2009
贵州梵净山	雏形土	黄色铝质湿润雏形土（<600m）—铝质常湿淋溶土（600～1300m）—有机／漂白滞水常湿雏形土（1300～1700m）—铁质湿润淋溶土／雏形土（1700～2300m）—有机滞水常湿雏形土（2572m）	龚子同等，2007

地点	基带土纲	土壤垂直带谱	参考资料
云南三江并流区	富铁土／雏形土	铁质干润雏形土（1504m）／黏化干润富铁土（1601m）—暗沃／铁质／钙质干润淋溶土（1700～2000m）—铁质湿润／干润淋溶土；铁质／简育干润雏形土（2000～2300m）—简育／暗沃冷凉淋溶土；冷凉湿润／暗沃干润雏形土；简育腐殖灰土（2300～3100m）—寒冻冲积新成土；暗瘠／草毡寒冻雏形土；有机永冻潜育土（3000～4000m）	何忠俊等，2011
云南玉龙雪山	铁铝土／雏形土	简育湿润铁铝土／雏形土（2400～3400m）—冷凉／滞水常湿雏形土（3400～4200m）	郭琳娜等，2009
云南哀牢山	富铁土	简育干润富铁土（<500～1000m）—简育湿润富铁土（1000～1600m）—富铝湿润富铁土（1600～1900m）—铝质常湿雏形土／淋溶土（1900～2600m）—铁质湿润雏形土（2600～3000m）—有机滞水常湿雏形土（3000～3054m）	龚子同等，2007

1.2.3　基层分类单元

目前，在亚热带山地土壤系统分类中，基层分类单元的划分仍处于起步阶段，有关土族、土系的建立及其控制层段、划分指标和命名仍有待完善。

1.2.3.1　土族

土族是指因区域性成土因素、土地利用管理引起土壤理化属性分异而对所属亚类续分的基层分类单元（张甘霖等，2013）。它与植物生长、土壤利用密切相关。在亚热带山地，因森林、灌木植被覆盖度高，植物根系影响强烈，土族控制层段一般应包括诊断表层、诊断表下层及以下的根系活动层，从地表至100cm土层或根系限制层上界或石质接触面。目前，土族的划分指标趋于多样化，包括颗粒大小、矿物学型、土温、石灰性和酸碱性、土体厚度（仅用于有机土）。在亚热带山地土壤垂直带上，土温变幅大，矿物风化强弱明显，因而土温和矿物学型在土族划分上可能具有特殊意义。

1.2.3.2　土系

土系是指发育母质、景观、土层排列与属性相似的聚合土体。它是土壤的"全息身份证"，提供全面和精确的成土环境、过程和理化性状的信息，与当地或局地尺度的土地利用、生产评价的关系最为密切，可为土壤改良、土地整治提供基础信息。土系的控制层段一般超过传统农业生产的要求，从地表至150cm土层或（准）石质接触面或诊断表下层下部边界（杜国华等，1999）。目前，土系的划分指标常采用较易测定指标，主要包括特定土层厚度和排列、表土层质地，而岩屑含量、土壤盐分含量、土壤结构、土壤颜色、土壤有机质含量、土壤裂隙、新生体和侵入体、土壤水分和温度、结持性、碳酸盐、矿物组成、黏化率也应用于土系划定当中。考虑到亚热带山地农业生产，土系划定应充分重视特定土层厚度和排列、表土层质地、土壤有机质含量和土壤颜色指标。

1.2.4　山地土壤发生与分类研究展望

鉴于亚热带山地土壤资源对山区农业、生态环境的重要性，未来有必要加强亚热带山地土壤系统分类的研究。

1）深入理解亚热带山地土壤的地球化学和成土过程。土壤发生学理论是分类的基础，传统山地土壤成土过程研究大多停留在定性描述，定量化研究较少。气候对土壤形成过程的影响受到广泛关注，而母质类型、成土年龄、人类活动对成土过程的影响仍有待加强。例如，加强不同年代花岗岩发育的山地和海拔 > 1000m 的石灰岩山地山原土壤垂直分布规律及其基层分类（土族、土系）的划分；重视近几十年来大面积山地生态环境建设和土地利用变化对土壤性状、成土过程及土壤类型演变的影响；加强山地土壤黏土矿物、磁性矿物、元素地球化学和古环境变化研究。

2）查清并建立中国亚热带山地土壤的典型土族、土系，完善和检验现有基层分类单元的诊断指标体系，不断修正高级分类单元的不足之处。例如，开展针对山地土壤特征土层的种类、性质和形态、排列层序和层位、生产利用的适宜性能研究，建立传统发生学分类中的土属、土种或变种与系统分类基层分类单元的参比系统。判定低活性富铁层时，细分土壤颗粒大小级别和质地命名，如将砂土质地进一步细分为砂壤土、壤砂土和砂土。判定黏化层时，增加土壤结构体类型，如设定棱块、碎块、碎屑和透镜体的结构体指标。已有研究大多重视调查确立、划分典型土族、土系，对有关基层分类单元的边界有待加强研究。突出特色山地土壤类型、新的土壤利用方式，如设施农业土壤、矿区土壤、污染土壤、休耕土壤。

3）强化山地土壤系统分类中分析测试指标和数据标准化、一致性意识。例如，采用标准方法换算土壤温度、水分状况；统一土壤色卡为 Munsell 颜色系统；规范调查记录、采样描述、分析测试方法和数据格式。这对于建立规范的土族、土系数据库和后期土系对比、合并具有重要意义。

4）重视新技术的应用。土壤薄片微形态、光谱特征和现代仪器分析有助于增加土壤发生机理的新认识，可为土壤系统分类提供新的可资鉴别的指标。模型模拟和计算机辅助、遥感和地理信息系统技术有利于野外准确布点和确定采样数目，开展数值分类。数据库技术可方便建立土系档案，包括土系的基本形态特征、物理化学性质、地理分布区域、利用、主要性能评价等重要信息，增强数据共享、新成果的应用服务。

1.3　亚热带山地土壤资源的利用

在没有或很少人为干扰的自然环境下，亚热带山地是一个优良且稳定的生态系统，生物资源种类繁多，空间结构多层多样，自然能源利用率高，生物生产量很高。亚热带荒山荒坡土地资源丰富，可开垦利用的面积较大，适宜发展暖温带和亚热带林业、牧业和果业、特种作物和经济作物。由于亚热带山地土壤垂直分布的变化明显，适宜于在同一地带或在较小地区内，开展多种经营和综合性利用，可按山地自然条件、土壤特点和作物适宜性布局立体（垂直）农业、林牧业。

1.3.1　山地土壤主要利用方式

由于山地生态环境的脆弱性，亚热带山地土壤应以保护为主，适当进行可持续的开发利用。亚热带山地土壤自然肥力较高，水热良好，大农业以林、果、茶、特种经济作物（如中药材）和牧业为主，传统种植业所占比重很低，主要利用形式体现在以下 3 个方面。

1）原生植被和土壤生态系统的保存、保育和保护，以发挥生态效益为主。在一些人为干扰少、海拔较高和生态脆弱的偏远山区、自然保护区，尚保存有一定面积的典型原生生态系统，残存多种孑遗珍稀动物、植物种，应增设不同层级（国家、省和县）的自然保护区，加强山地生物多样性和土壤生境的保护，为人类生存和发展提供长远的生态系统服务价值和功能。

2）人工林地、草地和灌丛土壤的保存与合理利用。一方面，合理地保存亚热带山地（特别是陡坡地）现有的人工林、灌草丛和次生植被，加强人工抚育和培育，制定合理轮伐期，发挥好人工林和次生林地、灌草丛保持水土、维持地力的生态效益；另一方面，在地势较平缓的地带（如山脚、山麓、山谷和山原），选育优良速生用材林木、牧草良种，加强施肥和培育，有计划地采伐、轮伐成熟林、过熟林和放牧牛羊，更新抚育新林木和牧草，发挥好山林资源的经济效益。在满足山区扶贫脱贫、特色农产品开发利用的社会需求的同时，兼顾山地土壤开发与保护、经济效益和永续利用。中厚层土壤以营造用材林、经济林和果木林为主，用材树种主要有杉木、檫树和湿地松，薄层土壤以栽培薪炭林、防护林为主，也适宜种植较大面积的毛竹林。

3）退化山地土壤的修复、恢复与生产力提升。在过去没有利用或很少利用的荒坡土壤、无林地、毁林地（疏林地、灌木林地、采伐迹地和火烧迹地）土壤上，积极封育、植树造林、播种牧草和垦殖农作物，增加地面植被覆盖和有机培肥土壤。在过去已利用但处于低效能或退化状态的山地土壤上，加强应用工程措施、生物措施防治水土流失，增施肥料和外源有机物投入，降低人为干扰和利用强度，促进自然土壤肥力恢复，提高土壤生产力。退化山地生态系统的恢复核心是土壤恢复。在强度退化的薄层土（<20cm）上，应彻底封禁，通过 1～2 年的本地草本植物生长，起到良好的固土保水作用，数年后引种生态经济型植物。

1.3.2 山地土壤的利用问题

亚热带山区土地利用方式的变化不仅会引起自然地表过程的变化，如土壤冲刷和径流、土壤养分和水分流失、土壤有机质和土地生产力下降、生物多样性损失和生物地球化学循环变化，还伴随有一系列社会、文化问题，如贫困、落后教育和信息不达、优质医疗匮乏、低生产力和传统文化遗产的流失（盛浩等，2010；Sheng et al.，2015）。目前，亚热带山地土壤的利用问题主要表现在以下 3 个方面。

1）山地土壤肥力质量退化，生产力下降。山地农业开发和利用过程中，定期或不定期从土壤中取走植物合成的有机物。土壤从母岩继承下来的及前期累积的养分物质和贮藏在土壤有机质中的能量不断地大量输出。加之山地环境艰险，外部人工输入（如肥料、灌溉水）困难且微弱，山地综合开发利用引起土壤自然肥力质量退化的现象突出。山坡面物质不稳，土壤开垦利用后，缺乏精细管理和养护，水土保持设施不完善，地面覆盖少，雨水直接冲刷强烈，水土流失严重，资源损耗大。连年耕作、开垦和种植制度单一，山地土壤肥力质量随种植年限不断下降，农产品产量和品质也不断降低，生态环境和土壤质量难以维持。

2）山地土壤开发注重数量，忽视质量建设。农林牧基地建设注重扩大开发面积，局地忽视因地制宜，利用率低。耕地"占补平衡"中重数量、轻质量的现象普遍。一些不宜人工扰动的陡坡（>25°）薄土被开垦作农用或用于平衡开发建设占用的耕地数量，甚至破坏一些由森林维持和保护下的脆弱土壤（即毁林），用于农作物生产。基地建设中开挖面积大，丘陵顶部开垦，等高耕作机械化整地的强度大，采用大型机械开路、挖掘底土甚至母质出露。新垦土地大量土石方随意堆放，遇暴雨水土流失严重。一些国有林场、集体林场和荒山坡地大面积转变为茶园、果园等经济作物用地，缺少科学规划。荒地面积较大，未加充分利用，经济林果产量低、品质一般。

3）山地土壤利用的形式单调。山地自然环境在局地小范围内复杂多变，如植被类型、微地形和小气候变动剧烈，带来生态类型较大差异。这要求在山地土壤资源开发利用中注重精细化管理。然而，当前山地开发中，偏重大地域或整个山体的统一化，建设"百里①茶园、百里草场、千亩②果园、油茶或中药材基地，万亩杉木、毛竹林"。例如，大面积单一的杉木连栽造成地力衰退和减产是不争的事实。此外，亚热带山地开发偏重于狭义上传统作物种植业、用材林和经济林的利用，忽视薪炭林、水保林、生态公益林、特种林木和农林间作开发，有时未

---

① 1 里＝0.5km，后文同。
② 1 亩≈666.7m²，后文同。

重视适地适树。最后，未充分重视山地土壤人工开发利用和培育，包括森林采伐、营造和更新抚育，林－粮、林－茶、林－果、林－药和林下养禽。当前山地土壤和植被大多处于自然演替、更新状态，较为缺乏多样化的利用形式。

在亚热带山地土壤利用技术上，大区域呈现模式化，不分地形条件，一律全垦、水平整地或营造水平梯田／梯土。短期内没有明显经济效益的水土保持措施、生物保土和培肥措施，难以大面积推广。此外，由于缺乏详细的山地土壤背景资料，也难以做出切实、周密的产业规划。

1.3.3　山地土壤的利用方向

虽然亚热带山地面积广大，但考虑到山地系统的稳定性和可持续的良性循环，可承载高强度利用的土壤资源数量仍非常有限，特别是用于集约型种植业的山地土壤，在数量上几乎完全没有扩大的可能。由于亚热带山区人多地少，山地土壤资源的利用又是必须考虑的因素。在土壤资源的利用方向上，应确保既满足当代人需求，又不危害后代人和山地周边地区的发展需求。因此，在开发利用上，应注重质量开发和集约型新技术应用，通过提高质量（即提高土壤生产力）来弥补数量上的不足，确保亚热带山地土壤资源的永续利用。

现阶段，亚热带山地土壤利用仍应坚持退耕还林还草、禁止滥垦乱伐、加强封山育林、植树造林和天然林保护的宏观政策。在局部的坡缓土厚地带，重点发展林、果、牧和种植业（如高山蔬菜），但应特别注重防止水土流失，保存和提升土壤有机质和养分。土壤保存地的坡度和土层厚度是山地土壤开发的两个关键制约因素。一般来说，坡度和土层厚度呈反相关关系。坡度越大，土壤保存条件越差，土层越薄，也越经不住扰动。因此，在亚热带山地土壤的开发利用中，宜适当减缓坡度（如梯作），减少土体扰动（如少耕、免耕），增厚土壤和耕层（如起墩、作垄和撒肥翻草压兜），增加地面覆盖（休闲期种植绿肥或套种矮秆作物），防止地面枯落物损失，保持坡面水土（如内倾沟、植物篱笆）。

1. 保护和重建优良的山地天然森林、灌草丛和草甸生态系统

山地天然植被具有涵养水源、调节气候和防止土壤侵蚀、滑坡和泥石流等地质灾害的作用，能将大量分散的养分富集在土壤表层，净化和降解土壤中的污染物质，提供实用的山林产品和无形产品（如旅游、文化遗产）。特别是，应加倍保护山顶、脊岭、水源、大风寒流通道、高丘陵顶部及＞25°的陡坡地段的山地天然植被，保护区域内大型动物和珍稀植物，改善脆弱的生态环境。在植被遭到人为破坏或正处于次生演替阶段的稀疏灌木林或草丛地带，要加强封禁，营造适生的乡土树种混交林，裸地种草植树，注重土壤酸碱反应、水湿生态条件。在自然保护区（如世界自然和文化遗产地、地质公园和森林公园），应特别强调以保护为出发点，适度发展生态旅游，因地制宜综合发展山区经济，促进山区产业经济发展和保护区建设的良性循环。

2．在亚热带内分区开发山地土壤

按地带性特征、海陆位置和主要土壤系列的差异，亚热带山地土壤可划分为三大开发区。各地根据山体高度（如具体土壤所处位置的坡度和土层厚度）及其他微域特征，还可进行次级区划。三大开发区土壤开发方向具体如下。

（1）江淮北亚热带湿润中低山丘陵土壤区

本区山地土壤以山地棕壤和黄棕壤为主。土壤自然肥力和生态环境条件较好，适宜发展多种亚热带经济林木（如茶叶、油茶、毛竹、油桐、香樟和杉木）。丘陵区适宜多种农作物生长，可经营集约化的商品农业。

（2）江南—西南中亚热带湿润山地丘陵土壤区

本区东部土类简单，西部土类复杂。低山丘陵主要是红壤、黄壤，中山以上是黄棕壤和各种森林、草甸土壤。土壤淋溶作用较强，多呈酸性或微酸性反应。土壤自然肥力与植被关系密切。已开发土壤的退化和侵蚀较明显。土壤"生物自肥"作用较强，开发潜力大。本区应加强梯地建设和等高作业，适宜发展能充分利用空间、光热条件的多层亚热带作物，实行农林牧立体带状结构布局，使之成为重要的商品粮、油、果、林、牧基地。

（3）华南—滇南热带和南亚热带湿润低山丘陵土壤区

本区主要土类为赤红壤、黄壤和山地草甸土。土壤富铝化作用强烈，呈酸性至强酸性反应，盐基饱和度低，可溶性盐淋失严重，但水热条件优越，生物循环旺盛，土壤肥力演化（发展或退化）进程较快。土壤有必要保持地表植被覆盖，控制水土流失，经营方向为经济价值较高的热带经济林（如橡胶）、饮料植物（如茶叶、咖啡）和中药材。山地中、上部还可发展马尾松、杉木用材林，平缓地带亦可大力发展优质牧草，建立畜牧业（如肉牛）基地。注重林粮、林胶（橡胶）和林茶结合，充分发挥各种植物的互惠共生。

3．在山地土壤垂直带内部分类利用山地土壤资源

按自然环境条件（光、温、水、热、海拔、坡向和坡度陡缓）、土壤资源特性（土层厚薄、抗蚀能力、肥力水平和耕性）和作物适生条件（酸碱耐性、瘠薄耐性、深根性、浅根性、喜光耐阴性），以发展林业为重点，合理布局农、林、牧、副产业。从地理发生分类的土类水平上看，亚热带山地土壤的典型垂直带谱（亚类）为红壤—黄壤—黄棕壤—山地灌丛草甸土。

（1）红壤

红壤多位于亚热带山地垂直带的基带，水热条件好，地势相对较平缓，土层厚薄变化大，残积和坡积影响明显，土壤发生层一般较完整，适宜生长林木、果树和经济作物，一部分红壤地带开垦为农田。红壤带的农耕区应建立永久耕地保护红线，搞好水旱轮作、套种，改进耕作栽培技术，改造低产田，增加复种指数，提高作物单产和品质，用地和养地结合，合理施肥和绿肥上山，培育和提升土壤质量，发挥粮仓作用。红壤带也适宜发展亚热带用材林、经济林、果树和经济作物，如杉木、毛竹、油桐、油茶、茶叶、漆树、柑橘、柿、板栗、枇杷和猕猴桃，兼顾畜牧业，农作物一年可以两熟。零星和成片的荒地应加速造林育林，营造水源林和薪炭林，控制采伐木材；种植人工牧草，注重集约经营，构建红壤农、林、牧循环农业产业体系，节约使用土壤资源，促进乡村生态环境美化和乡村振兴。

（2）黄壤

黄壤一般分布在山地中部，植被为针阔叶混交林或针叶林，气温日较差大，多云雾和散射光、寡日照，土层一般＜1m，缓坡地段土层发育深厚，发生层明显，土体湿润，水分条件好，土壤有机质分解缓慢而累积于地表，土壤基础肥力较高。黄壤带为主要林区，应以保护原生植被为重点，适度开发立体农业。黄壤适宜杉木、毛竹生长，应加强护林育林和植被恢复，注重采伐和更新，提高单位面积出材率。不宜发展和栽培常见亚热带经济作物、果木和农作物。农作物产量低，应贯彻退耕还林还草政策。由于地势高、湿度大、温度较低、日照短，农作物只能一年一茬，但适宜于茶叶、油茶、中药材和高山蔬菜的栽培与生长。闻名的云雾茶一般主产于山地黄壤带，也可适度开发喜温不耐热、喜冷凉的高山反季节绿色蔬菜基地（如高山萝卜和大白菜）、中药材基地，但要注重防止水土流失。

（3）黄棕壤

黄棕壤分布于中高山地的中上部，植被主要为落叶阔叶林、针阔混交林、针叶林或灌丛，多为原生植被。山地黄棕壤带的气候冷凉，降水量较大，坡度较大，不宜进行高强度的农业开发和利用。应加强保护、保育，尽可能减少生产功能，充分发挥林地的生态效益。保育较好、面积较大的针叶林，可发展林木种源基地（如黄山松）。一些缓坡地带，也可因地制宜且适度发展林下中药材（如天麻）种植基地和养蜂基地，也具有很好经济效益，但也要注重防止水土流失。

（4）山地灌丛草甸土

山地灌丛草甸土一般仅分布在海拔较高的中山顶部，零星或小面积分布。绝大多数的山地灌丛草甸土因受到严酷的自然条件限制（风大、坡陡、热量不足和土层浅薄、裸岩较多），不宜放牧和开垦，应禁止陡坡烧垦和放牧，代之以保护、补植和恢复灌草丛植被为主，发挥涵养水源、固碳释氧和生态旅游功能。在地势平坦的山原或山顶台地，成片分布的草场可适度发展山地畜牧业。例如，湘中城步南山和湘西龙山八面山，地势起伏不大，局部坡度较平缓，土层发育较深厚，牧草资源丰富，适宜发展以奶牛、肉牛养殖为主的畜牧业。

按不同坡度、土层厚度和地形部位分类利用山地土壤。除山地缓坡厚层土壤可适度发展强度较大的集约农业（主要指种植业）外，凡坡度＞15°的陡坡地，一般应退耕还林还草。在低山丘陵区，种植业经营中要注重改良低产劣质薄层土和粗骨土，可因地制宜引入梯田梯土、客土造土、少免耕、等高作业和横坡导流的工程措施，也可应用立体结构（乔、灌、草结合）、立体布局（按不同海拔布置农林牧）和生物固土、生物肥土技术，综合运用农林间作、套作和混作，充分利用山地资源，促进土壤熟化，防止土壤侵蚀，提高土壤肥力。在林木幼龄期，可间作农作物、经济林木，增加地面覆盖，间作物的种类、方式、时间长短，前后茬作物配置、茬口安排、轮作顺序均随林木种类、树龄不同和郁闭度大小而有所区别。在中、高山地带，应注重稳定土壤生态系统，加速森林的人促更新和天然草场的人工管理、抚育。

参 考 文 献

曹庆. 2012. 庐山北坡土壤发生特性与系统分类. 南京：南京师范大学硕士学位论文：40-48.

陈健飞. 2001. 福建山地土壤的系统分类及其分布规律. 山地学报，19 (1)：1-8.

陈振威，黄玉溢. 2012. 广西百色右江河谷土壤形成特性及其系统分类. 安徽农业科学，40 (23)：11668-11671.

陈作雄. 2010. 广西崇左市白头叶猴保护区土壤研究. 广西师范学院学报（自然科学版），28 (1)：58-67.

杜国华，张甘霖，赵文君. 1999. 土系的基本特点与划分. 土壤通报，30（专辑）：10-12.

冯跃华，张杨珠，邹应斌，等. 2005. 井冈山土壤发生特性与系统分类研究. 土壤学报，42 (5)：720-729.

龚子同，杨锋，王振权，等. 1992. 湘西山地的黄壤. 土壤，21 (2)：98-100.

龚子同，张甘霖，陈志诚，等. 2007. 土壤发生与系统分类. 北京：科学出版社：10、56-63、403-407.

顾也萍，刘必融，汪根法，等. 2003. 皖南山地土壤系统分类研究. 土壤学报，40 (1)：10-20.

郭琳娜，何忠俊，龙兴智，等. 2009. 玉龙雪山土壤发生特性及其系统分类研究. 广西农业科学，40 (4)：1177-1183.

何忠俊，王立东，郭琳娜，等. 2011. 三江并流区土壤发生特性与系统分类. 土壤学报，48 (1)：10-20.

黄玉溢，陈桂芬，刘斌，等. 2010. 广西猫儿山土壤形成特征及其系统分类. 中国农学通报，26 (11)：188-193.

黄玉溢，陈桂芬，刘斌，等. 2011. 广西大明山土壤形成特点及其系统分类. 安徽农业科学，39 (5)：2722-2724，2728.

李军，张杨珠，赵荣进，等. 2013. 蓝山县山地土壤发生特性与系统分类研究. 湖南农业科学，(5)：45-48.

连茂山，慈恩，唐江，等. 2018. 渝东北中山区典型土壤的系统分类. 浙江农业学报，30 (10)：1729-1738.

林初夏. 1992. 中亚热带山地黄化土壤分类问题探讨——以南岭石坑崆峰为例. 华南师范大学学报（自然科学版），(1)：41-47.

刘凡，徐凤琳，李学垣. 1996. 鄂湘两省山地土壤黏粒矿物的研究Ⅲ. 神农架自然保护区北坡土壤的黏粒矿物与表面化学特性. 土壤学报，33 (1)：59-69.

刘蕾，申国珍，陈芳清，等. 2012. 神农架海拔梯度上4种典型森林凋落物现存量及其养分循环动态. 生态学报，32 (7)：2142-2149.

陆树华，李先琨，苏宗明，等. 2003. 元宝山中山土壤形成特点及系统分类. 生态环境，12 (2)：172-176.

罗辑，程根伟，陈斌如，等. 2003. 贡嘎山垂直带林分凋落物及其理化特征. 山地学报，21 (3)：287-292.

罗卓，欧阳宁相，张杨珠，等. 2018. 大围山花岗岩母质发育土壤在中国土壤系统分类中的归属. 湖南农业大学学报（自然科学版），44 (3)：301-308.

马溶之. 1965. 中国山地土壤的地理分布规律. 土壤学报，13 (1)：1-7.

宁婧. 2009. 黔北碳酸盐岩发育土壤的发生特征与诊断特性及系统分类. 贵州农业科学，37 (3)：76-81.

盛浩，李旭，杨智杰，等. 2010. 中亚热带山区土地利用变化对土壤 CO_2 排放的影响. 地理科学，30 (3)：446-451.

盛浩，周萍，李洁，等. 2014. 中亚热带山区深层土壤有机碳库对土地利用变化的响应. 生态学报，34 (23)：7004-7012.

盛浩，周清，黄运湘，等. 2015. 中国亚热带山地土壤发生特性和系统分类研究进展. 中国农学通报，31 (5)：143-149.

四省边界土壤联合考察组. 1986. 苏、浙、皖、赣边界山地土壤的特征及其分类问题. 土壤学报，23 (4)：368-374.

王晓旭, 麻万诸, 章明奎. 2013. 浙江省典型土壤的发生学性质与系统分类研究. 土壤通报, 44 (5): 1025-1034.

韦启瑶, 龚子同. 1995. 湘西雪峰山土壤形成特点及其分类. 土壤学报, 32 (增刊 1): 134-142.

吴甫成, 方小敏. 2001. 衡山土壤之研究. 土壤学报, 38 (3): 256-265.

吴涛, 陈骏, 连宾. 2007. 微生物对硅酸盐矿物风化作用研究进展. 矿物岩石地球化学通报, 26 (3): 263-278.

徐凤琳, 李学垣, 黄巧云, 等. 1990. 鄂、湘两省山地土壤黏粒矿物的研究 I. 大别山南坡土壤中的黏粒矿物. 土壤学报, 27 (3): 293-300.

徐凤琳, 李学垣, 黄巧云. 1992. 鄂、湘两省土地土壤黏粒矿物的研究 II. 莽山北坡土壤中的黏粒矿物. 土壤学报, 29 (1): 48-56.

杨锋. 1989. 湖南土壤. 北京: 农业出版社: 53-56.

杨柳, 何腾兵, 舒英格, 等. 2011. 贵州喀斯特区草地生态条件下石灰 (岩) 土的发生特性及系统分类研究. 中国岩溶, 30 (1): 93-99.

杨胜天. 2000. 贵州黔灵山土壤系统分类. 贵州师范大学学报 (自然科学版), 18 (3): 13-16.

叶仲节. 1984. 对黄壤发生分类的看法. 土壤学报, 21 (4): 447-454.

曾维琪, 殷细宽. 1986. 衡山土壤的黏粒矿物. 土壤学报, 23 (3): 243-250.

张甘霖, 王秋兵, 张凤荣, 等. 2013. 中国土壤系统分类土族和土系划分标准. 土壤学报, 50 (4): 826-834.

张杨珠, 周清, 黄运湘, 等. 2014. 湖南土壤分类的研究概况与展望. 湖南农业科学, (10): 31-34, 38.

张义, 张杨珠, 盛浩, 等. 2016. 湘东大围山地区板岩风化物发育土壤的发生特性与系统分类. 湖南农业科学, (5): 45-50.

章明奎. 1995. 浙西北山地土壤特性和系统分类的研究. 土壤通报, 26 (4): 153-156.

章明奎, 何振立, Wilson M J. 1999. 我国主要富铝化土壤砂粒矿物特征及其发生学意义. 土壤通报, 30 (6): 245-247.

章明奎, 毛霞丽, 邱志腾, 等. 2018. 梵净山垂直带土壤的发生学特性与系统分类研究. 土壤通报, 49 (04): 757-766.

赵其国, 王明珠, 何园球. 1991. 我国热带亚热带森林凋落物及其对土壤的影响. 土壤通报, 23 (1): 8-15.

郑泽厚. 1992. 神农架山地土壤的微形态研究. 湖北大学学报, 14 (4): 406-413.

周健民, 沈仁芳. 2013. 土壤学大辞典. 北京: 科学出版社: 24.

周寿荣, 干友民, 蒲朝龙, 等. 1989. 四川盆地西部亚热带山地草地植物生物量季节动态的研究. 生态学杂志, 8 (4): 1-4.

朱显谟. 1983. 论原始土壤的成土过程. 中国科学 (B 辑化学生物学农学医学地学), (10): 919-925.

朱永官, 段桂兰, 陈保冬, 等. 2014. 土壤－微生物－植物系统中矿物风化与元素循环. 中国科学: 地球科学, 44 (6): 1107-1116.

Sheng H, Yang Y S, Yang Z J, et al. 2010. The dynamic response of soil respiration to land-use changes in subtropical China. Global Change Biology, 16 (3): 1107-1121.

Sheng H, Zhou P, Zhang Y, et al. 2015. Loss of labile organic carbon from subsoil due to land-use changes in subtropical China. Soil Biology and Biochemistry, 88: 148-157.

Shi X, Yu D, Xu S, et al. 2010. Cross-reference for relating genetic soil classification of China with WRB at different scales. Geoderma, 155: 344-350.

第2章 大围山的成土条件

2.1 区 域 概 况

2.1.1 地理位置与行政区域

湘东大围山位于湖南省长沙市浏阳市东北部，界于北纬28°20′54″~28°28′47″、东经114°4′6″~114°12′52″，因地处湘东门户，扼湘赣两省交通要冲，素有"岗峦围绕，盘踞四县"的重要地理位置之称。大围山属湘赣边境幕阜山－罗霄山北段的大围山支脉，闻名遐迩的浏阳河发源于此，其景色雄奇峻秀，山林物产丰饶，历史人文资源丰富，现辟为大围山国家森林公园（1992 年）、大围山国家地质公园（2012 年），国家级自然保护区面积约为 193km²。

在行政区域上，主要隶属于拥有 800 余年建制历史的大围山镇，北与平江县接壤，东与江西省铜鼓县、万载县相邻，南界张坊镇，西连达浒镇，距长沙黄花国际机场 110km，距浏阳市城区 62km，处于"长株潭一小时经济圈"和"两型社会区"。2016 年，大围山镇土地总面积 401.67km²，行政机构驻设东门社区，下辖 2 个社区（东门社区与白沙社区）、10 个行政村（中岳村、大围山村、同幸村、中塅村、金钟桥村、楚东村、田心桥村、北麓园村、上坪村、浏河源村），380 个村（居）民小组，共计 8361 户，户籍总人口 28 313 人，人口密度 71 人/km²。在大围山国家级自然保护区的核心区，现无农户和林场工人居住。

2.1.2 经济产业

大围山镇素为"浏东重镇"，自古为两省四县（湖南省浏阳县、平江县，江西省铜鼓县、万载县）的商贸货物集散地，也是综合性的农业经济区和林业重点乡镇，自然和人文旅游资源汇聚，被誉为璀璨的"湘东绿色明珠"。镇域内多山林，少耕地。据 2016 年的国土规划资料，大围山镇土地总面积为 401.67km²；其中，林地 35 455.52hm²，森林覆盖率高达 83.5%；耕地总面积仅 2047.27hm²，耕地占土地总面积比例仅约 5%，建设用地主要为农村居民点建设用地，占土地总面积比例仅约 2%。

镇内盛产茶油、茶叶、金橘、板栗、桃、奈李、梨、中药材、方柿、黑山羊和竹木等农产品，石材、钨锑、黄金和矿泉水藏量丰富。农业上，已形成以烤烟、水果、蜂蜜、黑山羊、豆腐、竹木和药材为支柱的优势产业。现代农业以绿色生态水果品牌、万亩精品水果示范园、美丽乡村与现代休闲观光农业示范区为特色，大围山镇（大围山梨）被认定为第六批全国"一村一品"示范镇。粮食、油菜和烤烟是主要农产品，示范合作社、示范家庭农场涌现，有廖妈豆腐、白沙豆腐等特色农副产品。

在第二、三产业上，形成以造纸、化工（淬火液厂）、水力发电、豆制品加工、蜂业、旅游业、石材（湘河）和竹木加工业（恒春）为主的乡镇产业。2016年，大围山镇全年实现工业总产值9亿元，第三产业以生态旅游产业为核心，为国家生态旅游示范区、生态旅游名镇，有大围山漂流节、水果旅游节，以及万亩桃林和香薰花海的旅游景观。土特农产品销售和休闲农家乐、家庭旅馆不断繁荣，游客年递增20%以上，接待游客达40万人次，实现旅游收入8000余万元。大围山国家森林公园的森林旅游已成为浏阳旅游业发展的龙头和新的经济增长点。

2016年，全年实现地区生产总值12.5亿元，增长9%；财政总收入1227万元，增长12.7%；实现规模工业产值4.9亿元，增长9%；完成固定资产投资11亿元，增长10%。

2.1.3　历史和人文景观

早在五六千年前的新石器时代，域内已有早先人类定居的踪迹，发现商周文化遗址1处、龙山文化遗址3处，从楚东村新田坳、金钟桥村金钟组、朱家坪、中岳村的遗址中出土了大量的石斧、石凿、石箭簇、穿孔石马片、印纹硬陶。清嘉庆年间（1796～1820年），域内法林寺附近出土一口南宋编钟，钟面上铸有"大宋国潭州浏阳县流阳乡金溪北十二都金钟山，绍熙二年"诸字，由此推断至2019年，大围山镇地域内的行政建置史至少已有828年。

历史上，大围山镇素为兵家必争之地。自唐至清，兵乱、民变迭起，特别是朝代更替之际，战事无不波及域内，劫后外地移民迁入。当前，大围山镇为中国中部地区最大的客家人聚居地，自然村庄分布分散，镇上通用客家语。客家民俗文化（婚嫁、民居、饮食、服饰）传承有夏布、油纸伞、白沙豆腐、木作、砖瓦作、张坊古山贡纸、益兴堂木活字印刷等传统工艺。

2017年，大围山镇获批湖南省第五批省级历史文化名镇，境内有白沙古镇、东门古镇的历史古镇群，以楚东村为中心的传统村落。历史文化古迹众多，拥有全国重点文物保护单位1处，省级文物保护单位3处，长沙市级文物保护单位4处。大围山曾被尊为湘东最大的宗教圣地，现存寺庙主要有红莲寺、玉泉寺、法林寺、古竺装寺、白面将军庙、陈真人庙、钟大仙庙、泉神庙、李氏家庙、龙王庙和马元帅庙。历史古建筑繁多，主要有创建于清光绪二十四年的围山书院、青云观、万寿宫、石牌坊、培英塔、各姓祠堂和吊脚楼，还有清代古桥梁28座，较闻名的有楚东村跳石桥、永福桥（即老木桥）、永幸桥、青兰桥、田心桥和长鳌江桥。

2.2　成　土　因　素

大围山地区的地带性气候为中亚热带湿润季风气候，自第四纪以来，山岳冰川活动强烈。由于山体高大，海拔为 124.2～1607.9m，地貌有中山、低山、台地、丘陵、溪谷平原和湖泊的多种地貌，以中山为主。大围山的地理位置和水热资源较优越，地形格局复杂多变，生物资源种类繁多，土地利用历史悠久且类型多样，不仅拥有发展多种产业经营的独特物质基础，也深刻影响着土壤的发生过程和演变方向。

2.2.1　地形地貌

2.2.1.1　地形地貌概况

大围山属构造剥蚀、侵蚀的中低山地和丘陵、溪谷组合地貌，以中山（海拔＞800m）地貌为主（图 2-1）。山脉绵延迂回 150 余千米，呈近东西走向，与构造线走向基本吻合，在湘东大围山国家级自然保护区域内为最为高耸的一段。山高、山多、谷深、坡陡，最高海拔主峰七星岭 1607.9m，最低海拔花门电站 124.2m，最大相对高差 1483.7m，一般相对高差 500～800m，坡度一般15°～35°，局部可达 40°～70°，切割深度 600～1000m。这种陡坡条件下，土壤形成的环境不稳定，物质也难以原地保持，容易发育成雏形土。

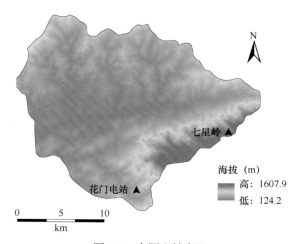

图 2-1　大围山镇高程

地势整体呈东北高、西南低，自主峰七星岭逐渐向西倾斜，并在船底窝形成两条支脉，分别向西南和西北延伸，山谷形成龙须槽和花门两条小溪，在双江中汇合，呈"人"字形轮廓。在海拔 300～350m、500～550m、700～800m、

1000～1100m 和 1200～1300m，有明显的五级夷平面。保护区海拔多＞1100m，在 1200～1300m 范围内（玉泉寺一带），群峰逐渐融合，山顶逐渐浑圆，整合成西宽东窄、西低东高的夷平面，呈带状的台地灌丛草原，长约 17km，面积 20 多平方千米，丘岗起伏平缓，巨大的黑色火成岩点缀其间。这种平缓的山顶，岩石风化和成土后物质容易保持，土层发育相对较深厚。在山顶群峰间洼地（死火山口），雨水汇聚形成高山湿地，俗称"湖"，可能形成潜育土。初步调查有祷泉湖（7hm²）、玉泉湖、天星湖（5hm²）、黄牛湖、烂泥湖、野猪湖、打泉湖、干草湖、金钟湖、长湖、几子湖等 13 个天然零星小沼泽地，总面积约 27hm²，蓄水量约 1 万 m³（顾程华等，2006）。众"湖"之间，还间杂有 14hm² 以上的草场48 块。

另有海拔＞800m 的山峰 10 座，分别为长峰尖（1037.3m）、鸡笼尖（962.2m）、五指石（1598.3m）、纱帽石（1584m）、云雨栋（1143.4m）、聚龙山（860.7m）、狮脑石（1569m）、扁担坳（1563.3m）、船底窝（1449.1m）和白面石（1215.6m）。自然条件呈现明显的垂直变化。

大围山东西走向的支脉形成海拔 300～500m 的低山，主要有三支。一支由玉泉寺西迤至船底窝，降至铜盆坳，经花门、永幸止于双江口；一支由打泉湖、扁担坳西下，分为两岔，其中一岔经探花、泥坞、枧坑，止于三元桥的山枣坳，另一岔延经花门严坪栋、草鞋沟，过欧家槽，止于田心的南甘岭；一支由船底窝西北的鸡笼尖，降而上迤为白沙诸山，下迤为东门诸山，尽于达浒的中洲。

在大围山地区，东西走向的大围山支脉与北南走向的九岭支脉纵横交错，交织成众多山谷地（俗称山冲），较大的冲有花门冲、探花冲、祥园冲和长鳌江冲，冲内土壤经人为水耕熟化后，往往形成水耕人为土。现代发育的溪沟分别向北（西）及南（东）汇入大溪河和小溪河，为浏阳河源头的两大发源地之一。大围山镇地处大溪河南岸、小溪河北岸，由此也造就了"山根东走盘吴尾，水势西流灌楚头"的镇域山水格局。

域内大溪河长约 16km，支流共 14 条，另有小型水库 2 座（株树桥和中埧）及多处山塘。地表水年径流量达 1200mm，出露泉水（龙王泉）属花岗岩裂隙水，流量一般为 0.05～0.2L/s，最大可达 0.725L/s，常年不涸，年储量约 0.4 亿 m³。诸山顶部的溪涧山泉，由涓涓细流汇成小溪，从各山谷中奔流而出，并在沿岸切割出狭长形小型台地，被开辟成众多梯级"冲田"。

自第四纪以来，大围山地区经受山谷冰川沉积及刨蚀，挖掘形成陡坎，河谷多呈宽底缓坡之槽形（"U"形谷），某些山脊呈鱼脊状（刃脊）。叠加上现代流水侵蚀作用的改造，山谷切割强烈，一些地段河谷呈"V"形深沟状峡谷，形成 100 余处流水飞瀑，蔚为壮观（金明英，2001）。龙泉溪是主要水系之一，落差达百余米，有三级叠瀑。枫林瀑布高约 10m，宽 8m。龙潭飞虹瀑布高 12m，宽 5m，沿参差不齐的基岩泻下。马尾槽瀑布发源于大围山南天泉，位于马尾槽"U"形谷中上部（东麓园），海拔约 1000m，由冰川掘蚀而成，高 30 多米，上宽下窄，宽处约 5m，窄处仅约 1m，状如马尾。

2.2.1.2　地形地貌演变

在区域大地构造上，属华南地台。按地注学说分区，属幕阜-武功地穹列而形成的湘东雁形山地丘陵。在亿万年大地构造演变过程和历次地壳运动的基础上，在地球内营力和外营力的相互作用下，发育成大围山地区如今的地貌。

早在 25 亿年以前，大围山地区被海水淹没，并沉积巨厚的砂岩、页岩，距今约 8.4 亿年，火山喷发和岩浆侵入，形成当前出露的雪峰期花岗岩（表 2-1）。岩浆活动使原来沉积的地层褶皱变形、变质，形成当前见到的浅变质砂泥质岩系，包括灰色、灰绿色千枚状板岩、千枚岩、凝灰质粉砂岩、杂砂岩、绿泥石绢云母板岩、变质石英砂岩和二云石英片岩。局部受到热液蚀变，形成角岩及混合岩化之片麻岩类。在震旦纪—新近纪，大围山地区经历几次地壳的升降运动，有时地壳被海水淹没并接受沉积，有时又上升为陆地，接受侵蚀、剥蚀，因而缺失震旦纪—新近纪的连续地层，故今大围山地区出露的仅有冷家溪群、雪峰期花岗岩和第四系地层。

第四纪以来至今，中国自西向东，相同纬度范围，高空雪线逐渐降低，冰期越新，雪线位置越高，范围也逐渐缩小。雪线降低到大围山海拔是大围山第四纪山岳冰川发生的一个条件。大围山处于中国 1000～2000m 高空寒潮强烈影响地带，东部地区平原辽阔，无高大山岭阻隔，强烈的寒潮由北向南长驱直入，畅行无阻。第四纪以来因青藏高原的隆起，中国东部地区来自孟加拉湾的西南暖湿气流得到加强，中国东部地区在东亚季风带控制下，尤其是长江流域及其以南地区，在冷暖气团交锋地带形成丰沛的降水（雨雪）。这就不断为大围山第四纪雪线附近提供大气降水的补给。充足的大气降水和雪线降低到大围山海拔，这为大围山第四纪山岳冰川的发生创造了有利的条件。在距今 110 万～20 万年，大围山地区先后经历了大姑冰期（Q_2、雪线 600～800m）和庐山冰期（Q_3、雪线约 1200m）及一个间冰期，庐山冰期以后，由于雪线上升到大围山海拔以上，故大围山地区没有发生大理冰期（胡家让，1983）。

大姑冰期遗迹分布在海拔 700～800m 地带，保存较差，冰川泥砾直抵山麓河谷地带，属复式山谷-山麓冰川；庐山冰期遗迹分布在海拔>1200m 地带，冰川泥砾未达山麓河谷地带，属复合式冰斗-悬冰川。第四纪冰川期是全球的一件大事，冷暖气候交替，越到更新世中晚期越显著；人类祖先由古猿—猿人—古人—新人的演变进化过程是第四纪冰川期的伟大进步；同时，古气候变动的影响也促使古动植物群的演变、岩石风化和成土、洞庭湖湖泊和水系的变迁。

表 2-1　大围山地区地质年代及地层表

| 年代地层 | | | 同位素年龄值（Ma） | 岩石地层 | | 构造运动 | 地质发展阶段 |
宙（宇）	代（界）	纪（系）		地层	岩性特征		
显生宙（宇）	新生代（界）	第四纪（系）	2.063	第四系	黄土层、红土层、冰川泥砾层		新构造运动盖层褶皱断裂
		新近纪（系）	23.343				
		古近纪（系）	65			喜马拉雅运动	
	中生代（界）	白垩纪（系）	137			燕山运动	盖层发展阶段
		侏罗纪（系）	205				
		三叠纪（系）	250			印支运动	
	古生代（界）	二叠纪（系）	295				
		石炭纪（系）	354				
		泥盆纪（系）	410				
		志留纪（系）	438				
		奥陶纪（系）	490				
		寒武纪（系）	543				褶皱基底发展阶段
元古宙（宇）	新元古代（界）	震旦纪（系）	680				
		青白口纪（系）	1000	岩浆侵入	花岗岩		
	中元古代（界）		1800	冷家溪群	变质砂岩、板岩、角砾岩		
	古元古代（界）		2500				结晶基底形成阶段
太古宙（宇）	新太古代（界）		2800				
	古太古代（界）		3600				

2.2.1.3　地质遗迹

本区现存大量地质遗迹，可分为 3 个大类，4 个类和 6 个亚类，以第四纪冰川地貌最为特殊（表 2-2）。第四纪冰川地貌主要有冰斗、角峰、刃脊、冰窖、冰碛物、"U"形谷、冰臼和羊背石。此外，还伴有花岗岩石蛋（球状风化）地貌、构造形迹（断层）和有特殊意义的水体景观，包括瀑布、湿地、泉水和浏阳河源头。

大围山地区地貌的形成除第四纪以来流水侵蚀作用及风化剥蚀作用外，重要的是还有第四纪山岳冰川的剥蚀铲刮及堆积作用形成的独特冰蚀地貌。海拔 1400m 以上保存有多种冰川侵蚀地貌，山体不同部位残存有冰川堆积物。山间有门类齐全的第四纪山岳冰川（距今 100 万年前最后一期冰川，庐山冰期）遗迹，为湖南省内独有（童潜明，2017）。湘东地区大围山花岗岩中山冰蚀地貌可媲美于驰名中外的第四纪山岳冰川地貌博物馆——江西庐山。

表 2-2　大围山地区主要地质遗迹分类（修改自顾佳妮等，2008）

大类	类	亚类	典型地质遗迹的地理位置
地质构造大类	构造形迹	断裂	扁担坳断层构造遗迹
环境地质现象大类	第四纪冰川地貌	冰蚀地形	扁担坳冰斗、五指石冰斗、七星岭冰斗、玉泉寺冰斗、扁担坳角峰、七星岭角峰、祷泉湖刃脊、七星岭刃脊、扁担坳"U"形谷、玉泉湖冰窖、祷泉湖冰窖、天星湖冰窖
环境地质现象大类	第四纪冰川地貌	冰川沉积物	栗木桥冰碛物、杨梅岭侧碛、春秋坳冰碛物、蒙古包冰碛物、九溪岭冰碛物
风景地貌大类	花岗岩地貌	花岗岩球状风化	玉兰绽放、横行螃蟹、凤巢落蛋
	水体景观	瀑布	枫林瀑布、马尾槽瀑布、龙潭飞虹瀑布
	水体景观	湿地	玉泉湖、祷泉湖、天星湖

1. 冰蚀地貌

冰蚀地貌主要有冰斗、角峰、刃脊、冰窖、冰川"U"形谷、冰川溢口、冰川条痕石、羊背石、冰臼、冰溜遗痕及冰笕（图 2-2）。

图 2-2　祷泉湖冰窖（A）和七星峰狮脑石上的冰臼（B）

冰斗是冰川在雪线附近塑造的椭圆形基岩洼地，呈围椅状，反映古雪线分布。典型冰斗有扁担坳冰斗、七星岭冰斗和玉泉寺冰斗，分布于海拔 1400～1500m，部分冰斗内部发育沼泽湿地。

冰窖有 6 处，以祷泉湖冰窖最典型，形态发育最完整，保存最好（见封面彩图）。祷泉湖冰窖呈近东西走向，圆形或长条形，面积 500m×300m，窖底海拔 1500m，出口处岩坎上及两旁谷坡地带随处可见巨型花岗岩漂砾。窖底有棕黄色冰碛泥砾及直径数米且带有擦痕的花岗岩漂砾。

大围山的角峰和刃脊并不典型，一般呈平缓状，主要因为该区冰川作用时代较早，且山体主要由易于风化的花岗岩组成，长时间的风化作用使得角峰和刃脊趋于平缓，但仍可辨认出祷泉湖刃脊和七星岭角峰，刃脊位于扁担坳南侧。

冰川"U"形谷较为发育，谷长 200～700m、宽 100～300m、深 40～60m，有相应的泥砾堆积物，一般位于"U"形谷出口处和中部，部分"U"形谷中发育有现代溪流。最典型的庐山冰期"U"形谷为船底窝—栗木桥"U"形谷，为国家级地质遗迹点。大姑冰期的"U"形谷保存较差，有水打坝—文竹"U"形谷。

羊背石是冰川运动最有力的例证之一，也是典型、稀有的冰川地貌之一，素有"冰川之魂"之称。中国东部地区仅在庐山和大围山发现，但庐山的羊背石已遭损毁，大围山的羊背石保存完好，属世界上极特殊的遗迹。羊背石位于玉泉湖冰斗出口附近，花岗岩质，近东西走向，长约 2m，宽约 1m，高约 0.5m。呈上流缓、下流较陡的流线形。石面上可见有相互平行、近东西向排列的宽深、清晰的条带状擦痕，指示冰川流向。

冰臼易形成，数量多。多数冰川漂砾表面都有大小不一的冰臼，呈圆形或椭圆形，肚大口小，直径数厘米至十余厘米不等，深 5～7cm。基岩之上的冰臼口垂直向下，冰川漂砾之上的冰臼口垂直朝向砾石石心。冰臼是因冰川底部水流挟带砂粒在冰川基岩上旋转磨蚀形成。冰溜遗痕包括冰川条痕石、冰川熨斗石、基岩冰溜面及羊背石石面上的刻痕。

2. 冰川沉积地貌

冰碛物包括冰川漂砾、冰川沉积物及块砾碛。冰川运动过程中，冻结在其中的岩屑和砾石随冰川移动，在冰川消融区或者搬运能力降低的区域堆积，形成各种冰碛物。大围山地区的泥砾堆积物，与中国东部山地广泛出现的泥砾堆积物类似，都是由砾石和颗粒较细的黏土胶结而成，分选很差，磨圆程度差，均有一定程度的湿热化，明显不同于现代河流堆积物。按特征和所处的地形位置，将泥砾堆积物划分为两类：一类主要位于山下，"U"形谷出口处，为棕红色泥砾堆积物（如文竹坑、九溪岭），胶结较好，风化程度较深；另一类主要位于山上某些谷地的一侧，一般为棕黄色泥砾堆积物（如春秋坳），胶结略差。冰碛物形成的土壤多含半风化石块。

冰川漂砾极多，常成群分布，如船底窝—栗木桥"U"形谷中的冰川漂砾群、九溪岭冰川漂砾群、墩上冰川漂砾群及围山冰川漂砾群。砾石呈扁平状、浑圆状、次棱状，以壮士石最典型、最壮观、最罕见。该巨砾通高 8m，宽 7m，胸径达 22m，重约 5000t。有时两块漂砾还上下叠置成冰桌，如五指石冰桌和祷泉湖冰桌。

块砾碛分布于船底窝—栗木桥"U"形谷中，大围山栗木桥块砾碛为国家级地质遗迹点。由直径 1～5m 的花岗岩漂砾杂乱无章堆积，呈条形垄状，长约1km，呈近东西向。漂砾有的横卧、有的直立、有的斜靠、有的架空。砾石呈棱角状、扁平状、浑圆状，石面不乏磨光面、挖蚀坑的冰川特有动力特征。块砾碛是由冰川沉积作用形成的，易遭后期外力改造，难以保存。

3. 花岗岩地貌

大围山主体由湖南省最古老的花岗岩组成，成岩于约 8.4 亿年前的新元古代震旦纪，属围岩接触类型，演变以中低山地貌为主。第四纪以来，冰期与间冰期的交替出现，使得大围山既保存有山岳冰川地貌，又发育有花岗岩风化作用遗迹。地貌景观有花岗岩山峰和花岗岩球状风化体。五指石和白面石为裸露的花岗岩球状风化体，风化较浅，球体不完美。白面石虽以柱面节理表现为岩墙状，实为石蛋地貌被改造破坏之残迹。大围山花岗岩球状风化很发育，如栗木桥至船底窝公路两旁，风化球体形状为圆球状及椭圆球状，直径 0.5～1.5m，数量 20 余个。沿玉泉山庄至七星峰公路两旁，断续可见大小不等、形态多样的卵形球状风化体，在风化或半风化的花岗岩中有直径几十厘米至数米的洋葱一样的"呈球状层层剥落"的球状风化，如鸟巢、切开葱头、岩壁生蛋或玉兰绽放，具观赏价值（图 2-3）。

图 2-3　大围山花岗岩的球状风化

花岗岩是由地下深处强大压力下的熔岩冷却而成，冷却时产生 3 组节理，当岩体上升接近地面或暴露时，压力松弛，物理、化学和生物风化作用沿着不同方向节理裂隙切割岩体，3 组节理风化由表及里汇合后呈球状层层剥落。球状风化以化学风化为主，物理风化为辅。"正球状风化"主要是物理的热胀冷缩作用，遗留下以石英为主的孤立岩块，称核心石或石蛋，是地貌分类中的"石蛋地形"。

大围山这座花岗岩山体，自第四纪以来，经历了冰期、间冰期气候的交替演变。冰期以刨蚀、磨蚀及拔（掘）蚀作用为主，伴有冰川两侧及底下冰川水的侵蚀作用,促使冰斗(窖)溯源侵蚀,槽谷谷坡后退、底部加宽。间冰期气候温暖,冰川作用消失,代之以流水侵蚀、切割作用为主,并改造冰蚀地貌。流水侵蚀(尤其是散流作用)使花岗岩山体遭受地表球状风化、流水冲刷及植物根劈,形成裸露形石蛋地貌。大围山主要为埋藏型石蛋地貌,它不以侵蚀作用为主导,而是水、气及各种生物沿花岗岩节理裂隙侵入,由表及里层层风化剥落,岩块内部未风化部分呈球形,残留的球形岩块为石蛋。

4. 构造形迹

构造形迹为断层形迹。扁担坳断层构造遗迹出露于扁担坳公路北边花岗岩中,断层破碎带宽约 20m,产状 45°∠75°～80°,边缘为脆性变形碎裂花岗岩,中间为韧性变形劈理带,有硅化构造透镜体,劈理带约 40m。断层属北东盘上冲、南西盘下降,压性逆断层。

2.2.2 气候

2.2.2.1 气候特征

从区域性来看,大围山属中亚热带湿润季风气候区。山脚基带气候干湿季明显,雨量充沛,日照充足,无霜期长,适宜各类喜温作物生长。在山脚的大围山镇,年平均气温 16～17℃,年平均降水量 1200～1600mm,主要集中在 3～7 月(66%～86%)。山地垂直带中上部的年降水量更高,可达 1800～2200mm。这种气候条件有利于岩石的化学风化和土壤发育。

大围山所处的罗霄山脉是湖南、江西两省的自然分界线,亦是天然的生态屏障,为湖南省多雨中心之一。由于罗霄山脉、南岭山脉的阻隔,夏季西行季风沿罗霄山脉地形抬升,降水量增强 3～5 倍,形成大围山独特的小气候区。冬季雨量偏少,呈明显的秋爽冬干特征,每年 10 月至次年 2 月为旱季,雨量仅占全年降水量的 7%～8%。从 3 月中旬至 7 月上旬为雨季,占全年总降水量的50%～55%;以 4～6 月为降雨高峰期,最高降雨月份的雨量>700mm。据统计,1970～1999 年的 30 年间,大围山镇的晴天、阴天共占 78.34%,雨天占 20.85%,雪天占 0.81%。

从地域性看,大围山属中亚热带山地湿润气候区。随海拔升高,气温逐步降低,相对湿度升高,年降水量增加,山顶终年云雾弥漫,降水量可达 2200mm,具有强烈的夏凉多雨山区台地气候特征。在海拔>200m 的山谷台地,属夏凉多雨山区台地气候区,在海拔 800～1000m 及以上的山地,属夏凉冬冻中山气候区。这种气候条件有利于土壤有机质的积累。

大围山群峰"夏无酷暑,冬无严寒"的森林小气候,俨然是大自然恩赐"天然空调"的避暑胜地。大部分山谷台地内,夏季较凉爽。山地年平均气温 11～16℃,极端年最低气温-13℃(1972 年),极端最高气温 38℃(1976 年),≥35℃的高温日数仅 15~17d。1 月平均气温-4~2.5℃，7 月平均气温 20~28℃。海拔>800m，7 月平均气温 20~22℃，几乎无暑热可言。四季多雨，即便是旱季的 7~9 月，月降水量也有约 100mm。全年湿度很高，年相对湿度>83%，旱季也有 78%。年日照 179d，无霜期 243d。境内夏季风向偏南，冬季风向偏北。年平均阴、雨、雾日 152d，年总辐射量为 418.4~426.8J/cm^2。冬季较长，每年均有冰冻，短者约 1 个月，>1000m 高山可超过 2 个月。

在农业气候上，大围山地区属雨量充沛、热量偏少区。这一现象随海拔升高表现愈明显。由于山峰阻挡阳光，大围山山地的年平均日照时间普遍低于山下丘陵、盆地。附近浏阳市的年平均日照为 1860h，浏阳城关为 1678h，但大围山脚的大围山镇仅 1500~1600h，部分深山谷地日照更短。浏阳的喜温作物生长季（即无霜期）为 3~11 月，年平均长达 235~293d，域内为 224~286d。每年 11 月至次年 2 月为有霜期，历年平均在 11 月 28 日出现初霜，12 月 21 日出现初雪，域内初霜期平均为 11 月 25 日，初雪期平均为 12 月 20 日。历年平均 2 月 15 日前后终雪，2 月 26 日前后终霜，域内平均终雪期为 2 月 19 日，平均终霜期为 3 月 2 日。冬季日平均气温<0.5℃的日期历年平均仅为 6d，最冷年份也只有 20d，越冬作物仍可正常生长。

山脚低山丘陵地带，光热资源一般可满足双季稻生长，但有些山高、水冷和日照短的山冲，只能种植一季晚稻。海拔>1000m 的山顶和山体上部只能种植高山蔬菜和中药材。

2.2.2.2 灾害性天气

域内常年灾害性天气主要有寒潮、暴雨、冰雹、干旱、寒露风、冰冻和大风。

1）寒潮。大致出现在 3 月、4 月的上旬、中旬及月底，连续阴雨天数一般在 7~15d，日平均气温 4~8℃，极端最低气温<1℃。此时，正值早稻播种育秧关键时期，常造成烂秧、烂种。

2）暴雨（指 24h 降雨量超过 50mm）。山区域内暴雨、大暴雨平均每年 4~6 次，每年出现的次数均多于邻近的其他平地，为湖南省四大暴雨中心之一，易造成山体滑坡（崩坍）、泥石流等地质灾害，以 4~8 月发生概率较高，特别是 6 月最多。由于幕阜山脉、连云山脉对水汽的阻滞作用，易形成对流性暴雨，大围山中山地区 3 天最大降水量可达 698mm，曾造成浏阳河洪灾。

3）冰雹。多发生在 2~5 月，以 3 月概率最高，多为范围不大、时间不长的灾害，3~4 年出现一次。

4）干旱。连续不下雨天数>40d 为轻旱、>60d 为干旱、>100d 为严重干旱。受副热带高压控制，晴热少雨蒸发旺盛，造成夏秋干旱。据统计，在 1993~2002 年，干旱年有 6 年，占 60%；其中，严重干旱年有 1 年，"厄尔尼诺"现象严重影响域内气候。

5）寒露风。其是指 9 月突然出现的强寒潮，日平均气温不大于 20℃，且持续 2d 以上；或平均气温不大于 23℃，且持续 4d 以上的天气，影响晚稻抽穗扬花，域内几乎年年出现。

6）冰冻。一般出现在 1～2 月，维持 3～5d，长者 10～15d。

7）大风。风速大于 17m/s，瞬间风力达 8 级以上为大风。以 7～8 月出现的概率最高（风起时部分房屋被吹坏，刮倒树木，但灾情均不重）。

2.2.3　成土母岩、母质

湘东大围山位于扬子板块东南缘江南造山带中段、扬子板块和华夏板块的结合地带。域内地质构造较简单，位于雪峰期藤桥－花门－福寿山北东东向复背斜向西延之倾伏端，背斜两翼有北东东向断层切割，导致南东翼围岩与岩体呈断层接触。另外一组北西向断层，规模较小。大围山地区主要地质单元有中元古代冷家溪群板、页岩，新元古代花岗岩和中生代、新生代沉积物，出露的地层由老至新：中元古界（Pt$_2$）冷家溪群、泥盆系（D）、石炭系（C）、二叠系（P）、三叠系（T）、白垩系（K）和第四系（Q），详述如下。

1）第四系（Q）包括中更新统冰碛相陈家咀组棕红色冰碛泥砾层，上更新统冰碛相铁山组棕黄色泥砾层。

2）中元古界冷家溪群。其中，双桥山群（Ptsh）地层从上而下划分为宜丰组和花门组，为连续过渡接触关系。由于局部热液蚀变形成一套巨厚含火山碎屑岩及熔岩的浅变质砂泥质岩系，包括灰色、灰绿色千枚状板岩、千枚岩、凝灰质粉砂岩、绿泥石绢云母板岩、变质石英砂岩、石英二云片岩等，总厚度＞5700m。

成土母岩主要有岩浆岩（花岗岩）和变质岩（板、页岩）两类（图 2-4）。

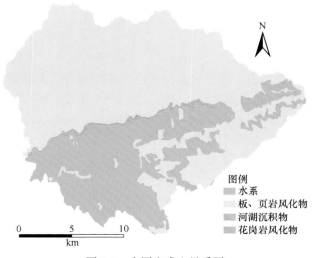

图 2-4　大围山成土母质图

2.2.3.1 岩浆岩

大围山地区出露的花岗岩体主要由中粒堇青石二云母花岗闪长岩（长三背）、少量的二长花岗岩、二云母花岗岩及较少见的黑云母斜长花岗岩组成。产状岩基，为江西九岭复式花岗岩体西延部分，出露面积 74km²，成岩年龄约 8.37 亿年，属于新元古代雪峰晚期。

该岩体长轴近东西向，为新元古代花岗岩侵入中元古代冷家溪群变质层中（图 2-5）。岩体与围岩呈侵入接触，侵入接触面倾向围岩或岩体内部，岩体接触面倾角 40°～70°。在花岗岩岩体中，有后期花岗岩株和细粒电气石白云母二长花岗岩脉侵入，发育大量石英岩脉。外接触带为斑点板岩及角岩的接触变质带。在类型上，类似于富黑云母的过铝花岗岩类，源于富黑云母的变泥质沉积岩的熔融，推测可能是中元古代冷家溪群变泥质沉积岩熔融而成。花岗岩浆的熔融可能发生于高温（800～850℃）、高压（600～700MPa）条件下（李鹏春等，2007）。

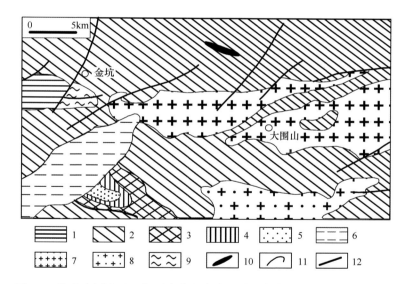

图 2-5 湘东大围山地区新元古代花岗岩地质（湖南省地质矿产局，1988）

1. 冷家溪群第一岩组；2. 冷家溪群第二岩组；3. 石炭系；4. 二叠系；5. 三叠系；6. 白垩系；
7. 前寒武纪花岗岩；8. 加里东期花岗岩；9. 加里东期后花岗岩；10. 基性岩脉；11. 地层界线；12. 断裂

在玉泉山庄一带，残留有围岩，其岩性有混合片麻岩、黑云斜长片麻岩。成岩前后的原生及次生节理（柱状、倾斜及层状）较发育，尤其是层状节理。侵入过程中捕获的围岩成分，形成花岗岩包体（角岩、硅化板岩）。岩体内部有后期酸性及基性岩脉沿裂隙充填。岩体中的包体发育，常见富云母包体，岩体突出部位有与围岩成分相近的棱角状包体，岩体内还有岩浆成因的微花岗岩类包体。经测年，形成年代为 950～900Ma，呈 "S" 形花岗岩的地球化学特征，可能存在新太古代—古元古代基底（约2500Ma）。

该岩石具有中细粒、中粒－粗粒似斑状及细粒结构，主要造岩矿物为斜长石（An＝32～37）、钾长石（主要为微纹长石和微斜长石）、石英、黑云母，次生产物为白云母，属强过铝质花岗岩，含石榴子石、堇青石、二云母的系列富铝矿物，副矿物有锆石、电气石、独居石和磁铁矿。其中，石英30%～35%，斜长石含量28%～35%，正长石5%～10%，黑云母20%。花岗闪长岩薄片分析表明，斜长石含量占长石总量>2/3，但由于黑云母含量较高，导致K_2O的含量大于Na_2O的含量（王孝磊等，2004）。部分岩石片麻状构造明显，并有碎裂和重结晶现象。

常量元素中，SiO_2含量68.25%～72.72%、TiO_2含量0.29%～0.69%、Al_2O_3含量12.94%～14.66%、Fe_2O_3含量0.39%～1.62%、FeO含量2.38%～5.04%、MgO含量0.87%～1.86%、CaO含量0.66%～2.05%、Na_2O含量2.08%～2.83%、K_2O含量3.12%～4.99%、P_2O_5含量0.09%～0.17%。

这类伟晶质花岗岩的特点是块状构造、粒状结构、节理发育、抗风化能力弱、极易发生崩解。在高温多湿的中亚热带气候条件下，由于花岗岩各种矿物膨胀系数不一，极易发生粒状崩解，形成数米乃至数十米厚的风化层。在山顶或地势较平坦处，裸露花岗岩经风化形成残积风化物，在山坡下部有坡积物、洪积冲积物。

花岗岩风化物发育土壤大多土层深厚、土体疏松、含砂较多、质地较轻、为壤土或黏壤土、含钾丰富、其他养分含量少、呈酸性反应。水力侵蚀是主要的水土流失类型，在道路边坡、陡坡、山地灌丛草甸地带，较易受暴雨和冰冻影响，发生冲刷崩塌，植被很难自然恢复，需花费大量人力物力保持水土。

2.2.3.2　变质岩

大围山地区属江南造山带雪峰山东段，前震旦纪的浅变质岩系极为发育。在花岗岩的外围，主要分布中元古代冷家溪群（双桥山群），为湘东北地区出露面积最广的地层。这是一套巨厚的、含火山碎屑岩及熔岩的、低绿（灰色、灰绿色）片岩相浅变质砂泥质岩系，岩性极为单调。岩石以板岩、粉砂质板岩、变质砂岩、变质杂砂岩为主，其原岩以富钾、富铝的泥砂质岩为主，属于由砂质、粉砂质和黏土质岩石组成的、有序或基本有序的、具复理石—类复理石建造特征的浅变质陆源碎屑岩系。冷家溪群出露厚度达12 000m，沉积—成岩时间为1738～1157Ma，下未见底，上与板溪群的接触关系，自北而南由角度不整合变为假整合乃至整合。

花岗岩体与冷家溪群围岩呈侵入接触关系，围岩均为浅变质砂、泥质碎屑岩，接触变质现象明显。变质作用主要为角岩化，分带明显，内接触变质带主要有云母长英角岩、云母片岩、石榴子石－堇青石－黑云母角岩，外接触变质带为带斑点状板岩。这类岩石发育土壤土层一般较薄，砾石多，质地较黏重，保水保肥能力强，含磷、钾丰富，土壤呈酸性至微酸性反应。板、页岩风化物发育的山地土壤适种性广，适宜各种林木（特别是杉木）生长。

2.2.4　生物

2.2.4.1　植被类型

大围山属亚热带常绿阔叶林区、中亚热带常绿阔叶林地带湘东山丘植被区、幕阜山、连云山山地丘陵植被小区。植物区系为华东区系—华中区系的过渡类型，具有明显的华东区系特征。地带性植被为中亚热带常绿阔叶林，主要建群种为壳斗科、樟科、山茶科、八角科、山矾科和冬青科的植物种。植被较好，森林覆盖率高达 99%，有利于土壤有机质积累，土壤有机质含量高，腐殖质层相对较厚（祁承经，1988）。

原生植被大多遭破坏，植被以原始次生林和人工林为主。天然林主要有马尾松（*Pinus massoniana*）、黄山松（*Pinus taiwanensis*）、锥栗（*Castanea henryi*）、枫香树（*Liquidambar formosana*）、檫木（*Sassafras tzumu*）、杉木（*Cunninghamia lanceolata*）和竹类。人工林主要为杉木、马尾松、鹅掌楸（*Liriodendron chinense*）、水杉（*Metasequoia glyptostroboides*）和柳杉（*Cryptomeria fortunei*）。自然优势树种主要有杉、松、栎类和竹。据调查，植物有 23 个群系，3000 多种。其中，木本科植物 87 科 645 种。国家二级、三级保护的珍贵树种 15 种，属二级保护的树种有伯乐树（*Bretschneidera sinensis*）、篦子三尖杉（*Cephalotaxus oliveri*）、香果树（*Emmenopterys henryi*）、伞花木（*Eurycorymbus cavaleriei*）、杜仲（*Eucommia ulmoides*）、银杏（*Ginkgo biloba*）和鹅掌楸，三级保护的植物有穗花杉（*Amentotaxus argotaenia*）、闽楠（*Phoebe bournei*）、瘿椒树（*Tapiscia sinensis*）、凹叶厚朴（*Magnolia officinalis* subsp. *biloba*）、厚朴（*Magnolia officinalis*）、天麻（*Gastrodia elata*）、黄连（*Coptis chinensis*）和八角莲（*Dysosma versipellis*）。还有一批适应性强、经济价值高的优良乡土树种，主要有杉木、马尾松、樟（*Cinnamomum camphora*）、油茶（*Camellia oleifera*）和板栗（*Castanea mollissima*），野生药材有 1100 多种。经济林木主要有油茶、茶叶，果树中金柑为特产。农田多辟于岭谷相间的谷地，水热较充沛，农作物主要是水稻，耕作制以稻 - 稻 - 肥/油/闲或稻 - 肥/油/闲为主，田基间种大豆、麻。

大围山海拔相差大，植被垂直分带较明显（图 2-6）。在海拔<800m 的低山、丘陵，几乎全为次生常绿阔叶林和针叶林，以马尾松、毛竹（*Phyllostachys heterocycla*）和杉木的分布面积最广。仅在沟谷和村落附近有小片残留次生林，以苦槠（*Castanopsis sclerophylla*）、小叶青冈（*Cyclobalanopsis myrsinfolia*）、栲（*Castanopsis fargesii*）、红楠（*Machilus thunbergii*）、大叶青冈（*Cyclobalanopsis jenseniana*）和南方红豆杉（*Taxus wallichiana* var. *mairei*）常见，散生少量南部

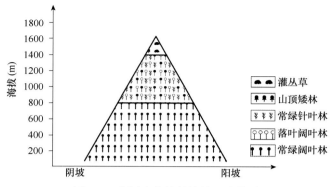

图 2-6　大围山主峰的植被垂直带谱

树种，如乐昌含笑（*Michelia chapensis*）、桃叶石楠（*Photinia prunifolia*）和新木姜子（*Neolitsea aurata*）。次生灌丛有白檀（*Symplocos paniculata*），林内散生膜叶椴（*Tilia membranacea*）、糯米椴（*Tilia henryana* var. *subglabra*）、宁冈青冈（*Cyclobalanopsis ningangensis*），林下常见有棣棠花（*Kerria japonica*）、掌叶复盆子（*Rubus chingii*）。杉木是主要的人工林树种，分布海拔 400～1100m，林分密度宜控制在约 1500 株/hm²，当地 19 年生杉木林胸径主要分布 12～22cm 径阶，胸径和海拔呈负相关关系（楚春晖等，2016；周国强等，2017）。在低山区南北两边山地，有 600 余公顷的毛竹林，毛竹林的垂直分布可达 1450m。水杉也是近年主要造林树种之一，适宜在海拔＜1000m 的中上等立地条件的地方大力营造，当地林场 16 年生水杉人工林的生物量 157.87t/hm²，年平均净生长量 9.87t/hm²（李志辉等，1996）。

海拔 800～1400m 分布常绿阔叶与落叶阔叶林、针阔叶混交林，优势植物种为马尾松、毛竹、响叶杨（*Populus adenopoda*）、银木荷（*Schima argentea*）、白栎（*Quercus fabri*）和锥栗。海拔 800～1200m，主要分布马尾松、甜槠（*Castanopsis eyrei*）、锥栗、化香树（*Platycarya strobilacea*）、银木荷次生林和杉木人工林，散生鹅掌楸、膜叶椴和伯乐树；在山槽谷地还有紫楠（*Phoebe sheareri*）、薄叶润楠（*Machilus leptophylla*）和马鞍树（*Maackia hupehensis*）。在海拔约 1400m 的船底窝，成片分布约 30hm² 的天然黄山松林，是一处很有价值的天然黄山松种源林。黄山松能生长在海拔＞750m 的岩石裸露山坡、岩缝石隙和岗脊峰岭，是湖南省高海拔地带的造林先锋树种之一，可在海拔 1000～1600m适当发展和营造。在玉泉寺附近，10 年生黄山松人工林的生物量 16.75t/hm²，年平均净生长量 1.675t/hm²（胡道连等，1998）。在海拔＞1000m 的山坡，中亚热带阔叶林逐渐消失，大都生长灌丛，如枸杞（*Lycium chinense*）、猫耳刺耳蕨（*Polystichum stimulans*），另有少数生长发育不良的低矮黄山松。

海拔＞1400m 的山顶主要分布草灌群落。在船底窝、五子石和七星岭的高海拔山地，主要有以杜鹃（*Rhododendron simsii*）、白檀（*Symplocos paniculata*）、红叶木姜子（*Litsea rubescens*）、红果山胡椒（*Lindera erythrocarpa*）、日本锦带花（*Weigela japonica*）、四川冬青（*Ilex szechwanensis*）、中国绣球（*Hydrangea chinensis*）、圆锥绣球（*Hydrangea paniculata*）、湖南北海棠、芒、野古草为优势种的灌丛群落。其中，杜鹃灌丛的面积最大，是大围山最具特色的自然景观之一。杜鹃灌丛属中山山地温性落叶阔叶次生灌丛，群落外貌矮平，色泽多变，结构简单，只有灌木层和草本层，灌木层高一般<5m，杜鹃占绝对优势。据样方调查，杜鹃灌丛中木本植物有 19 种，均为高位芽植物，其中落叶木本 15 种，如杜鹃、白檀（*Symplocos hunanensis*）；常绿木本 4 种，如四川冬青、格药柃（*Eurya muricata*）、红果树（*Stranvaesia davidiana*）、鹿角杜鹃（*Rhododendron latoucheae*）。

在海拔>1100m 的山间盆地和洼地，积水形成高山沼泽地，分布耐湿性和喜湿性的沼泽植被和水生杂草，但水生植物种尚缺乏系统的调查资料。

2.2.4.2　特色植物资源

大围山地区特色植物资源主要有残存的香果树群落、油料植物白檀群落、观赏植物杜鹃群落和绣球类、竹类、野菜和农作物。

1）香果树群落。香果树群落生长于海拔 430～1630m 的山谷林中，为第四纪山岳冰川幸存的古老孑遗植物之一，中国特有单种属植物，国家二级重点保护植物。据刘成一等（2011）调查，大围山香果树群落中植物种较丰富，群落区系以北温带分布类型为主，其次为东亚分布、泛热带分布类型，温带成分高于热带成分，共有维管植物 34 种，隶属于 26 科 33 属，其中蕨类植物 3 科 3 属 3 种，裸子植物 1 科 1 属 1 种，被子植物 22 科 29 属 30 种（双子叶植物 20 科 26 属 27 种、单子叶植物 2 科 3 属 3 种）。上游香果树群落的优势种为多脉榆（*Ulmus castaneifolia*）、香果树和青钱柳（*Cyclocarya paliuru*），共有维管植物 60 科 96 属 118 种；下游香果树群落的优势种为黄檀（*Dalbergia hupeana*）、香果树和油茶，共有维管植物 76 科 120 属 163 种（张明月等，2017）。

2）白檀群落。白檀群落生长于海拔 230～1607m 的山坡，重要油料植物，适生于弱酸性土壤，包括白檀、湖南白檀和华白檀 3 种；其中，华白檀散生海拔<800m，白檀分布于海拔 400～1200m，>1200m 有零星分布；湖南白檀偶分布于海拔<1200m，在>1200m 地带成片分布灌丛（刘健等，2015）。

3）杜鹃群落。杜鹃群落主要分布于七星峰、玉泉寺和白面石等海拔>1400m 的溪谷和坡顶，尤以七星峰、五指石一带最密集。据李家湘等（2015）调查，杜鹃群落属山地中生落叶阔叶灌丛，隶属于温性落叶阔叶灌丛群系组，区系以温带性质为主，兼受热带、亚热带区系的强烈影响，共有维管植物 58 种，隶属于 36 科 50 属，其中木本植物 19 种、草本植物 39 种，缺乏木质藤本（表 2-3）。

群落外貌矮平，灌木层个体集中在 1～2m 高度级；生活型以地面芽和高位芽植物为主，反映亚热带中山山顶温凉湿润的气候特点。在海拔＞1200m 保存有约 20km² 的杜鹃灌丛，已查明的有 38 种，许多品种为大围山所独有，主要有开红花的映山红，开粉红色花的鹿角杜鹃、云锦杜鹃（*Rhododendron fortunei*），开粉红至白花的猴头杜鹃（*Rhododendron simiarum*），开淡红紫色花的黄毛杜鹃（*Rhododendron rufum*），观花期为 4 月下旬至 5 月中旬（张旭等，2015）。

表 2-3　大围山杜鹃灌丛灌木层物种组成（李家湘等，2015）

物种	株数
杜鹃（*Rhododendron simsii*）	5689
白檀（*Symplocos paniculata*）	455
四川冬青（*Ilex szechwanensis*）	98
粉花绣线菊（*Spiraea japonica*）	105
圆锥绣球（*Hydrangea paniculata*）	25
格药柃（*Eurya muricata*）	29
红果树（*Stranvaesia davidiana*）	16
尾叶樱桃（*Cerasus dielsiana*）	8
鹿角杜鹃（*Rhododendron latoucheae*）	10
直角荚蒾（*Viburnum foetidum* var. *rectangulatum*）	37
日本锦带花（*Weigela japonica*）	14
日本四照花（*Dendrobenthamia japonica*）	3
中国绣球（*Hydrangea chinensis*）	3
石灰花楸（*Sorbus folgneri*）	2
胡颓子（*Elaeagnus pungens*）	1
三桠乌药（*Lindera obtusiloba*）	1
紫珠（*Callicarpa bodinieri*）	1
小叶栎（*Quercus chenii*）	1
长叶冻绿（*Rhamnus crenata*）	1
合计	6499

大围山为传统竹子主产区之一，竹类主要有毛竹、方竹（*Chimonobambusa quadrangularis*）、水竹（*Phyllostachys heteroclada*）、毛金竹（*Phyllostachys nigra* var. *henonis*）、人面竹（*Phyllostachys aurea*）、箭竹（*Fargesia spathacea*）、箬竹（*Indocalamus tessellatus*）等（鲁平和祝易滔，2008）。据彭尽晖等（2008）调查，大围山有 5 种绣球属植物〔绣球、冠盖绣球（*Hydrangea anomala*）、中国绣球

（*Hydrangea chinensis*）、蜡莲绣球（*Hydrangea strigosa*）、柔毛绣球（*Hydrangea villosa*）]，涵盖绣球属的离瓣组、绣球组、冠盖组 3 个组，特别是中国绣球为大围山稀有，具有观赏价值。1996~1997 年的调查显示，大围山高等植物野菜共有 63 科 157 属 223 种，包括一年生、二年生、多年生草本和灌木、乔木，种类占全国总种数 12%，以草本类最多（占 57%）。珍稀野生蔬菜 14 种，包括蕨（*Pteridium aquilinum* var. *latiusculum*）、黄精（*Polygonatum sibiricum*）、绞股蓝（*Gynostemma pentaphyllum*）、何首乌（*Fallopia multiflora*）、金樱子（*Rosa laevigata*）、五加（*Acanthopanax gracilistylus*）、轮叶沙参（*Adenophora tetraphylla*）、地笋（*Lycopus lucidus*）、土茯苓（*Smilax glabra*）、歪头菜（*Vicia unijuga*）、枳椇（*Hovenia acerba*）、玉竹（*Polygonatum odoratum*）、刺槐（*Robinia pseudoacacia*）和桃金娘（*Rhodomyrtus tomentosa*）（梁称福等，2001；陈佩良和卢仕平，2002；陈正法等，2004a，2004b）。大围山是湖南省主要的中药材基地，野生名贵中药材有黄连、天麻、绞股蓝，栽培药材主要有天麻、黄连、白术（*Atractylodes macrocephala*）、西芎（*Ligusticum sinense*）、杜仲、厚朴和栀子（*Gardenia jasminoides*）。

2.2.4.3　动物

大围山森林繁茂、气候温和、雨量充沛、土壤肥沃、山峦叠嶂、溪谷密布，为动物的栖息繁衍提供了优越的自然环境。已发现野生哺乳动物 60 余种，列入国家一类、二类保护动物 14 种。兽类有猴、野猫、果子狸、豺、狼、野猪、豪猪、獾、獐、鹿、兔、獭、黄鼠狼及鼠类等。1992~1997 年，大围山实验林场鸟类资源初步调查发现，鸟类 111 种，隶属 14 目 34 科；其中，东洋界种类占总种类的 46%，留鸟占 53%，属国家一级保护野生动物有白颈长尾雉，国家二级保护野生动物有白鹇、勺鸡、草鸮、领角鸮、红角鸮、凤头鹃隼、鸢、赤腹鹰、燕隼、斑头鸺鹠 10 种，省级重点保护鸟类 10 种（小鸊鷉、牛背鹭、白鹭、绿鹭、灰胸竹鸡、环颈雉、白胸苦恶鸟、珠颈斑鸠、山斑鸠和红嘴相思鸟）（杨道德等，1998；Komar et al.，2005）。水生及两栖类有大鲵及各种鱼类。爬行类有各种蛇、蜥蜴、龟，还有众多的昆虫，单彩蝶就有 1200 多个品种。针对大围山蝗虫分布的专门调查，经分类鉴定隶属 3 总科 9 科 13 亚科 31 属，可危害竹类、麻类、水稻、菊科植物或经济作物（孙一兵和傅鹏，1999）。

2.2.4.4　人类活动

1986 年 8 月，楚东山村新田坳组、金钟桥村金钟桥组、赵湾村朱家组、中岳村上车组 4 处龙山文化遗址的发掘，出土大量新石器文物证明：早在五六千年前，域内已有人类定居。

大围山镇是重点林业和产材乡镇之一，山地和山林产品的利用自古为重要的经济来源，杉、松、樟、茶叶、茶油和桐油久负盛名。三国时，孙吴置浏阳县，县制肇始。唐代迁县城于城关镇，北宋真宗建玉清昭应官，所用"潭之杉"部分取材浏阳河流域。历宋元明清，特别是清中叶以后，人口日繁，战争纷乱。山林更遭破坏，水源涵养能力降低，水土保持能力下降。1958 年，成立国有林场和采伐队，后转为采育场。1964 年，在东门、大围山、中岳三个乡镇建立毛竹低改基地。国营林场大面积皆伐炼山后造杉，社队则采用"拔大毛"式间伐。20 世纪 70 年代，大量"砍阔栽针"，在山顶平台建牧场，森林、灌丛植被完全被破坏。20 世纪 80 年代，设立省级保护区，开始封禁林场和山顶，在刀坑、冰坑和蛤蟆窝设立珍稀树种和古木大树保护点，加强栽种与飞播，植被逐渐恢复。90 年代，随着山地综合开发和商品林、小水果基地建设，建立毛竹丰产基地 4055hm²，在东门、大围山、中岳三个乡镇分别建立用材林、油茶基地。自 2000 年以来，发展小水果基地面积 >1000hm²，其中桃约 400hm²、梨约 300hm²、奈李约 100hm²、柑橘类 150hm²、板栗约 100hm²、其他水果约 100hm²，但存在建园标准不高，管理粗放，重栽轻管的问题。大力实行退耕还林，坡度 >25° 水土流失严重且生态环境极其脆弱的常耕坡地、高岸田几乎全部退耕还林，有效遏制水土流失。自 2010 年以来，为提高杜鹃花的旅游景观效果，景区管理人员采取砍伐非杜鹃树种的作业，导致高山灌丛呈现物种单一化趋势。在泥坞村、浏河源村规划建设泥坞、千秋两个万亩高效景观竹林基地。山上的黄精、轮叶沙参、何首乌的中药材资源仍有群众零星采挖，上山挖冬笋、春笋现象仍有发生。现残存植被以人工杉木林、日本柳杉（*Cryptomeria japonica*）林、毛竹林、次生阔叶林和灌草丛为主。

耕地面积很有限，水田和旱地少。新中国成立前，塅田早稻产量 3000kg/hm²、晚稻 1500kg/hm²，全年产粮 <4500kg/hm²。山田只能种一季稻，产量 <3000kg/hm²。随着水稻良种引进和良法推广，培肥土壤，改一季稻为双季稻，双季稻面积和产量大幅提升。自 1990 年以后，大围山镇率先调整农业产业结构，大力发展特色水果种植，大面积的水田、旱地改为果园。自 2000 年以后，随着农村剩余劳动力转移到城镇，农业比较效益下降，从事种植业的青壮年劳动力减少，水田抛荒、弃耕和退耕现象明显。原来高岸田大部分演变成荒山、荒草地。故宜加强义务植树和退耕还林、造林。

目前，大围山镇土地总面积 401.67km²；其中，林地 35 455.52hm²，森林覆盖率高达 83.5%，园地和林地面积占土地总面积 >90%。耕地总面积仅 2047.27hm²（约 30 709.05 亩），人均耕地少，仅 0.073hm²（1.09 亩），耕地面积占土地总面积不到 5%。建设用地 734.66hm²，主要为农村居民点建设用地（图 2-7）。大围山森林公园内森林覆盖率更高，林地占公园总面积 99.3%，其中乔木林地占 29.1%，竹林地占 17.0%，国家特别规定灌木林地占 42.8%，未完成造林地 2.6%，其他无立木林地 7.8%。

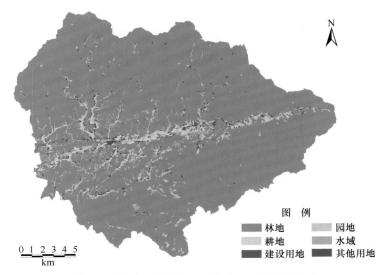

图 2-7　大围山镇土地利用方式现状（2010 年）

2.2.5　时间

　　大围山母岩为湖南省最古老花岗岩，形成于 8.37 亿年前的新元古代。大围山土壤的形成条件依地区、环境而复杂多变，经历 260 万年以来的第四纪气候变迁、新构造运动、地形变迁事件，土壤发育可能经历若干次成土条件的变化，经历若干的发育阶段，甚至带来新的母质，从而发育形成多元土壤。大围山地区多元土壤的年龄久远，最少可追溯到更新世晚期。土壤在当地新风化层或新母质上开始发育的时间算到现今所经历的时间称为土壤的绝对年龄或土壤真实年龄。这需要将土壤发育时间追溯到它的母源。据估计，花岗岩的成土速率约为 50 年 /cm。

　　在陡坡或陡坡山顶，由于侵蚀强烈，土壤发育程度较差，多发育幼年土。在平缓的坡脚、山麓或浑圆的台地，物质和环境较稳定，一般分布成熟土壤。山麓新堆积物上的土壤，年龄多在百年以内。

2.2.6　其他成土因素

　　在大围山地区，河流溪谷附近分布季节性洪水泛滥的山间平原，经常在植被没有明显变化的条件下，土壤表面就增加了大量的新母质。在新冲积、泛滥母质基础上，开始新的土壤形成过程。

　　疏松花岗岩红壤的侵蚀和水土流失也是土壤形成过程中有待解决的问题。在地形抬升区，侵蚀基准面下切，土体受到不同程度的侵蚀、剥蚀、崩岗和水蚀，在新的条件下开始成土过程。在地形下降区，堆积作用开始，原来的土壤可能被新的覆盖层掩埋，演变为地质埋藏土壤。地质灾害带来的滑坡、崩塌和泥石流，引起土体的迁移、埋藏和成土过程的变化，对地质灾害带上的土壤覆盖层不断破坏又不断地恢复。腐殖质层搅乱甚至消失，发生层打乱或混合，遭受掩埋或淹没，甚至完全失去肥力。在大围山海拔＞1000m的冰窖分布区，周边泥土由于雨水冲刷，逐渐填入湖中，致使除玉泉湖以外其他湖的湖面逐渐消失，演变成现今的沼泽湿地。新植幼林地和农作旱地，均存在水力面蚀现象（张玉荣和钟武洪，1999）。在马尾松林的裸露地、陡坡茶园和"癞子头"式的荒山坡地，呈现更多沟蚀、崩岗现象。强烈的水土流失不仅带走肥沃表土，极端情况下甚至侵蚀风化B层，直至母质层出露。通过退耕还林、植树造林和封山育林，植被覆盖逐渐恢复，但随后土壤剖面的重建和恢复过程则是漫长、艰难的。

　　地质灾害也是影响成土过程的重要因素。大围山地区盛行火烧和炼山等方式清理采伐剩余物、开垦整地造杉和陡坡植杉，容易导致坡地土壤疏松、地表裸露，加上连续的强暴雨和暴雨冲刷，常引发山洪、泥流、塌方、崩岗和崩坡的地质灾害（李贻格，1986）。水冲砂压不仅淹没水田和旱地，还冲垮河坝河堤、山塘渠道。例如，双坳山区的千枚岩破碎，大量片石夹杂在深厚疏松的土体内，引起崩山，崩塌到溪沟里，流水掺和泥砂、石片，常形成泥石流。小型泥石流，大多堆积在沟谷和冲口，状如扇形小石山。大型泥石流则奔向河床，沿河冲刷并沉积，破坏力最大。泥石流冲毁原有河道、道路、耕地和房屋，代之以卵石滩和沙滩。泥流淤积河床，经历洪水，大小溪流积沙成洲或填平。

参 考 文 献

陈佩良，卢仕平. 2002. 大围山野菜资源开发利用探讨. 作物研究，(2)：88-89.

陈正法，梁称福，肖润林，等. 2004a. 大围山区高等植物类野菜的分类与利用. 长江蔬菜，(2)：5-6.

陈正法，梁称福，肖润林，等. 2004b. 湖南浏阳市大围山区高等植物类野菜资源特征及其开发利用. 广西植物，24 (4)：291-296.

楚春晖，佘济云，陈冬洋，等. 2016. 大围山杉木林林分生长与影响因子耦合分析. 西南林业大学学报，36 (2)：108-112.

顾程华，陈亮明，李金花. 2006. 浏阳大围山高山湿地的保护与开发. 江西林业科技，(2)：36-38.

顾佳妮，陈安东，赵志中. 2008. 旅游地学在中国地质公园事业中的地位和作用——以湖南浏阳大围山地质公园地质遗迹保护现状为例 // 中国地质学会旅游地学与地质公园研究分会. 中国地质学会旅游地学与地质公园研究分会第 29 届年会暨北京延庆世界地质公园建设与旅游发展研讨会论文集. 北京：58-63.

胡道连，李志辉，谢旭东. 1998. 黄山松人工林生物产量及生产力的研究. 中南林学院学报，18 (1)：60-64.

胡家让. 1983. 湖南第四纪山岳冰川遗迹. 北京：地质出版社.

湖南省地质矿产局. 1988. 湖南省区域地质志. 北京：地质出版社.

金明英. 2001. 浏阳市旅游资源概况及其开发建议. 湖南地质，20 (1)：65-69.

李家湘，张旭，谢宗强，等. 2015. 湖南大围山杜鹃灌丛的群落组成及结构特征. 生物多样性，23 (6)：815-823.

李鹏春，陈广浩，许德如，等. 2007. 湘东北新元古代过铝质花岗岩的岩石地球化学特征及其成因讨论. 大地构造与成矿学，31 (1)：126-136.

李贻格. 1986. 浏阳河流域山洪暴发原因的初步分析. 生态学杂志，5 (1)：33-37.

李志辉，何立新，周育平，等. 1996. 水杉人工林生物产量及生产力的研究. 中南林学院学报，16 (2)：47-51.

梁称福，陈正法，刘志明，等. 2001. 大围山珍稀野生蔬菜资源及开发与保护. 湖南农业科学，(1)：51-54.

刘成一，廖建华，陈月华，等. 2011. 湖南大围山香果树群落特征及物种多样性分析. 中南林业科技大学学报，

31 (11)：110-113，141.

刘健，刘强，蒋丽娟. 2015. 大围山白檀群落垂直分布特征及其多样性分析. 西北林学院学报，30 (4)：121-126.

鲁平，祝易滔. 2008. 浏阳市竹类资源开发利用现状与发展思路. 湖南林业科技，35 (6)：89-90.

彭尽晖，周朴华，周红灿，等. 2008. 湖南省绣球属植物资源调查. 湖南农业大学学报（自然资源版），34 (5)：563-567.

祁承经. 1988. 湖南植被. 长沙：湖南科学技术出版社.

孙一兵，傅鹏. 1999. 湖南省大围山自然保护区蝗虫调查. 湖南教育学院学报，68 (17)：64-68.

童潜明. 2017. 湖南第四纪冰川的证据. 地质论评，63 (2)：337-346.

王孝磊，周金城，邱检生，等. 2004. 湘东北新元古代代强过铝花岗岩的成因：年代学和地球化学证据. 地质论评，50 (1)：65-76.

杨道德，吴香文，宋澄，等. 1998. 湖南浏阳大围山实验林场鸟类资源及保护对策. 中南林学院学报，18 (4)：69-77.

杨锋，汤辛农，肖泽宏，等. 1989. 湖南土壤. 长沙：湖南科学技术出版社.

张明月，刘楠楠，刘佳，等. 2017. 湖南大围山和八面山香果树种群的年龄结构和演替动态比较. 西北植物学报，37 (8)：1603-1615.

张旭，李家湘，喻勋林，等. 2015. 湖南大围山杜鹃灌丛木本植物种群空间格局. 生态学杂志，34 (11)：3034-3039.

张玉荣，钟武洪. 1999. 湖南省大围山杉木新造幼林水土流失的研究. 林业科学，35（专刊I）：66-70.

周国强，陈彩虹，楚春晖，等. 2017. 大围山杉木人工林不同海拔直径分布研究. 西北林学院学报，32 (1)：86-91.

Komar O, Benz B W, Chen G. 2005. Late summer ornithological inventories of Mt. Shunhuang and Mt. Dawei in Hunan, China. Zoological Research, 26 (1): 31-39.

第 3 章　大围山成土过程、土壤发生特性与发生分类

在土壤形成过程中，同步或连续地发生着不计其数的各种物理、化学和生物反应，产生了土壤各种性状和物质组成。土壤形成过程简称成土过程，是指地壳表面的岩石风化体及搬运的沉积体，在成土因素的综合作用下，经过一系列物理、化学和生物作用及一系列物质迁移、转化和能量转换作用，形成具有一定剖面形态、各种物理、化学、生物性质和肥力特征的土壤历程。成土过程的综合作用形成了土壤发生层，进一步与诊断层相联系。认识大围山主要成土过程，对于理解亚热带山地土壤的形成和演变规律、土壤类型的空间分布具有重要作用。

3.1　主要成土过程

成土过程可以看作成土因素的函数。大围山地处湘东罗霄山脉西缘，属中亚热带湿润季风气候区，地形有中山、低山、丘陵和溪谷，以中山为主。成土母质包括花岗岩风化物和板、页岩风化物 2 种（浏阳县土壤普查办公室，1982；长沙市土壤肥料工作站，1985）。土地利用类型包括林地、园地和耕地 3 种，以林地和园地为主。大围山的主要成土过程包括有机质积累过程、富铝化过程和黏化过程，还有潜育化过程、人为成土过程。

3.1.1　有机质积累过程

有机质积累过程是指在各种草本和木本植物作用下，在土体中，特别是在土壤表层进行的腐殖质积累过程，它普遍存在于各种土壤形成过程之中。大围山地处湿热的湘东地区中山地带，地貌以低山、中山为主，生物输入量较大。在植被覆盖良好、海拔较低处，土壤腐殖质以富里酸型为主，随着海拔升高，胡富比增大，光密度曲线上移，缩合程度增强，腐殖质结构和芳构化程度加大。大围山植被生长良好、生物量大、覆盖度高，非常有利于土壤有机质的积累（邱牡丹等，2014；盛浩等，2015，2017），使得大围山土壤有机质含量高，腐殖质层较厚。特别是在海拔 800～1400m 的中、低山地带，由于气候温和、湿度大，植物生长繁茂，生物输入量大。在海拔＞1400m 的中山顶部，虽温度较低，生物生长量较小，但由于山顶生长的草本、灌丛植被为土壤带来了大量茎叶和根系残体的输入，土壤腐殖质的积累过程很明显。在高山低洼或小盆地处，草甸和沼泽植被茂盛。由于长期积水与高地下水位，土体内常年处于厌氧

反应状态，土壤微生物分解和矿化缓慢，大量沼泽植物残体堆积在土表，形成泥炭累积过程。

在中山植被垂直带中，森林、灌丛和草甸植被下土壤有机质积累作用较旺盛，主要涉及林下型、草甸型 2 种表层（图 3-1）。在土壤剖面上，常形成暗色的腐殖质表层，如暗沃表层、暗瘠表层。在大围山 24 个山地土壤的调查小样区中，林下型表层样区分布在海拔 170～1500m 的中、低山区，草甸型表层样点则分布在海拔＞1500m 的高山区。随海拔升高，表层土壤有机质含量增加，范围为 13.76～182.41g/kg。在海拔相近的位置，草甸型表层的有机质含量普遍高于林下型表层。

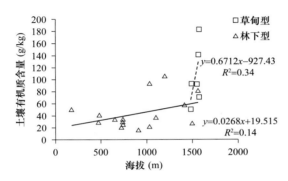

图 3-1　大围山林下型表层和草甸型表层的土壤有机质含量

3.1.2　富铝化过程

富铝化过程是指热带、亚热带高温多雨地区，土体内硅酸盐的矿化水解，释放出盐基物质，使土壤呈中性或弱碱性，随着盐基离子和硅酸的大量淋失，铁铝在土体内发生相对富集的过程。因此，该过程分为两方面的作用，即脱硅作用和富铁铝化作用，在两个作用的相互影响下形成了富铁铝化风化壳及其上层的红色酸性土壤。大围山地处中亚热带低山、中山区，水热丰沛、花岗岩化学风化强烈、生物循环活跃，土壤呈中度富铁铝化现象，铁质特性和铝质现象普遍，易形成低活性黏粒富铁层，但尚未达到高度富铁铝化，故难以形成铁铝层。

在大围山同一母岩或母质发育条件下，土壤硅铁铝率有海拔越高其值越大的规律。以花岗岩风化物发育的土壤为例，在海拔 100～800m 红壤土体 B 层的硅铁铝率、硅铝率分别为 4.68、5.65，海拔 800～1200m 黄壤 B 层的硅铁铝率、硅铝率分别为 4.70、5.67，海拔 1200～1400m 黄棕壤 B 层硅铁铝率、硅铝率分别为 5.29、6.33，在海拔 1400～1600m 山地灌丛草甸土 B 层硅铁铝率、硅铝率分别为 5.70、6.96。上述各项的比值从大至小依次为山地灌丛草甸土＞黄棕壤＞黄壤＞红壤，说明红壤的脱硅富铁铝化作用最强，其次为黄壤，山地灌丛草甸土受山地水热条件的影响，脱硅富铁铝化作用最弱，土壤风化度也最低（表 3-1）。

表 3-1 大围山花岗岩风化物发育土壤的硅铁铝率（Saf 值）和硅铝率（Sa 值或 Ki 值）

土类	亚类	剖面编号	发生层	SiO_2（g/kg）	Al_2O_3（g/kg）	Fe_2O_3（g/kg）	$SiO_2/$（Fe_2O_3＋Al_2O_3）	$SiO_2/$ Al_2O_3	海拔（m）
红壤	红壤	43-LY03	A	667	166	55	5.64	6.83	179
			B	666	181	59	5.18	6.26	
	红壤	43-LY04	A	698	170	63	5.65	6.98	482
			B	686	196	68	4.87	5.95	
	黄红壤	43-LY21	A	654	180	52	5.22	6.18	650
			BC	593	173	49	4.94	5.83	
	红壤性土	43-LY18	A	609	216	70	3.97	4.79	736
			BC	625	232	79	3.76	4.58	
	黄红壤	43-LY19	A	690	173	61	5.54	6.78	743
			B	684	215	74	4.44	5.41	
黄壤	黄壤性土	43-LY14	A1	610	178	52	4.91	5.83	911
			BC	597	202	62	4.20	5.02	
	黄壤	43-LY13	A	629	182	41	5.14	5.88	1032
			B	592	203	63	4.14	4.96	
	黄壤	43-LY11	A	570	189	68	4.17	5.13	1102
			B	624	198	71	4.36	5.36	
	黄壤	43-LY10	A	557	134	49	5.73	7.07	1198
			B	602	178	65	4.66	5.75	
	黄壤性土	43-LY12	A	586	157	47	5.33	6.35	1199
			AC	661	157	45	6.05	7.16	
黄棕壤	暗黄棕壤	43-LY17	A	549	168	51	4.65	5.56	1379
			B	662	202	66	4.61	5.57	
	暗黄棕壤	43-LY09	A	705	173	51	5.83	6.93	1414
			B	778	178	46	6.38	7.43	
山地草甸土	沼泽性草甸土	43-LY24	Ag	706	129	41	7.74	9.30	1482
			Bg	714	146	54	6.73	8.31	
黄棕壤	暗黄棕壤	43-LY06	A	708	149	60	6.43	8.08	1488
			B	699	172	69	5.50	6.91	
	暗黄棕壤	43-LY16	A	557	186	54	4.30	5.09	1489
			B	608	198	60	4.38	5.22	
	暗黄棕壤	43-LY08	A	694	171	50	5.82	6.90	1498
			B	687	179	46	5.61	6.52	

续表

土类	亚类	剖面编号	发生层	SiO₂（g/kg）	Al₂O₃（g/kg）	Fe₂O₃（g/kg）	SiO₂/（Fe₂O₃+Al₂O₃）	SiO₂/Al₂O₃	海拔（m）
山地草甸土	山地灌丛草甸土	43-LY05	A	636	144	61	5.91	7.51	1550
			B	692	181	70	5.21	6.50	
黄棕壤	暗黄棕壤	43-LY23	A	713	164	64	5.92	7.39	1560
			BC	729	195	67	5.21	6.36	
山地草甸土	山地灌丛草甸土	43-LY22	A	632	134	53	6.40	8.02	1564
			AC	683	173	52	5.63	6.71	
	山地灌丛草甸土	43-LY07	A	536	110	46	6.54	8.28	1573
			AC	704	156	52	6.33	7.67	
	山地灌丛草甸土	43-LY15	A	607	175	59	4.85	5.90	1573
			B	653	200	67	4.57	5.55	

在大围山调查的 24 个山地土壤样点中，土壤铝饱和度高，为 56%～84%。土壤游离铁含量为 16～53g/kg，铁的游离度为 26%～78%，B 层的游离铁含量和铁的游离度均比 A 层略高。随着海拔升高，淋溶层和淀积层的游离铁含量和铁的游离度均降低，其中淋溶层游离铁含量的降低幅度要比淀积层更高。这也反映了随着海拔升高，土壤水分增加、土温下降，土壤的富铝化作用有降低的趋势，淋溶层的变幅高于淀积层（图 3-2）。

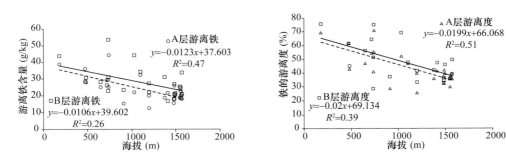

图 3-2　大围山土壤游离铁（Fe₂O₃）含量、铁的游离度与海拔的关系

3.1.3　黏化过程

黏化过程是指土壤剖面受淋溶淀积或土体风化作用形成黏粒和累积黏粒的过程，可分为残积黏化和淀积黏化。黏化过程也是大围山地区主要成土过程之一。

淀积黏化是指土体风化过程中，土壤表层的层状硅酸盐黏粒分解随下渗水流而淋溶淀积，并形成黏化层的过程。此过程形成的黏化层结构面上有明显的黏粒胶膜，具有清晰的光性定向黏粒，多发生在温暖湿润地区。大围山地处中亚热带，土壤黏化过程以淀积黏化为主。

在大围山基带或山地垂直带谱中，淀积黏化是淋溶土和部分富铁土土纲的主要成土过程。由于降雨充沛，易溶性盐类和碳酸盐强烈淋溶，土壤黏粒沿剖面出现明显的淋溶淀积现象，形成淀积黏化层。随地势升高，降水量趋多，淋溶愈强，B 层 /A 层黏粒比值升高，黏粒淋溶淀积作用增强。在亚热带山地土壤淀积层中，常见铁铝氧化物的积累，但胶体组成变化不大，说明黏土矿物并未遭分解或破坏，仍处于开始脱钾阶段。黏化率是指黏化层中黏粒量与淋溶层或下部母质层黏粒含量的比值，该比值越大，黏化度越高。大围山土壤的黏化率为 0.18～13.9，其中在海拔 400～1500m 土体内出现黏化率大于 1.2 倍的黏化层。

3.1.4　潜育化过程

潜育化过程是指土壤受长期渍水影响，土壤有机质嫌气分解，铁锰强烈还原，形成灰蓝－灰绿色的潜育层的过程。潜育化过程要求土壤有长期渍水、土壤有机质处于厌氧分解状态的条件，土壤矿物质中的铁锰处于低价还原状态，可产生菱锰矿、菱铁矿的次生矿物，将土体染成灰蓝色或青灰色。大围山地区的潜育化过程主要发生在海拔＞1000m 的中山区域空气潮湿的长期积水地段、低洼谷地，长期的潜育化过程形成潜育土。

3.1.5　原始成土过程

在大围山地区一些高海拔的山顶（如七星峰、五指石），冷凉气候盛行，岩石的生物风化作用强烈，以原始成土过程为主。原始成土过程可有效解释岩石到土壤的变化，传统上受到广泛重视。山顶年均气温较低、降雨量大，常见地表大块岩石和砾石出露地表。在岩石表面上，普遍附着苔藓、地衣和土壤小动物，成为高海拔带土壤形成的始发动力。在大围山山顶，低等生物与高等植物（如灌丛、草甸）均有分布，原始成土过程常与其他土壤成土过程（如有机质积累过程、富铝化过程）交织在一起，共同形成山顶的土壤类型。各种证据显示，大围山山顶地带在发生着原始成土过程，但显然并不是最主要的成土过程。

3.1.6　人为成土过程

人为土壤的形成过程是指在耕作条件下，通过耕作、培肥改良和灌溉等农业措施，促使土壤中的水、肥、气、热的环境因素不断协调，土壤结构改善，土壤有机质和各类养分含量不断增加，土壤肥力和生产力显著提高的过程。在旱作条件下，定向培肥的土壤过程称为旱耕熟化过程，在淹水耕作条件下，定向培肥的土壤过程称为水耕熟化过程。在大围山低丘坡麓和地势平坦的溪谷平原区，分布着水稻土，在丘陵岗地和一些高山坡地不宜植稻的地段，零星地种植着一些旱地作物，分布有菜园土。

3.2　土壤发生特性

3.2.1　土壤地球化学过程

在大围山垂直带上，土壤地球化学过程与原生矿物风化、次生黏土矿物新生和风化淋溶过程密切相关，强烈影响着山地岩石的风化和土体的发育度。

1. 大围山土壤交换性能

在大围山垂直带的基带，气候湿热，原生矿物风化强烈，随海拔升高，温度降低、湿度增加，岩石和矿物的风化作用减弱，土壤黏粒数量减少，粉砂/黏粒（S/C）增大，粉砂/黏粒从山脚的 0.64 上升至山顶的 7.24（图 3-3）。

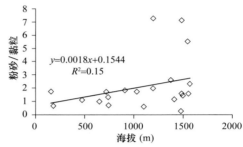

图 3-3　大围山表层土壤粉砂／黏粒与海拔的关系

大围山表层土壤的交换性 H^+ 含量为 0.28～0.97cmol（+)/kg，交换性 Al^{3+} 含量为 0.73～8.53cmol（+)/kg，盐基饱和度 2.7%～19.6%，阳离子交换量（CEC）为 5.7～37.2cmol（+)/kg（表 3-2）。随着海拔升高，CEC 相应升高；盐基饱和度随海拔升高，呈先升高后降低的趋势；交换性酸占 CEC 的百分比也随海拔升高而降低（图 3-4）。

表 3-2　大围山不同海拔带表层土壤的交换性能与海拔关系

剖面编号	交换性 H^+（cmol/kg）	交换性 Al^{3+}（cmol/kg）	交换性 Ca^{2+}（cmol/kg）	交换性 Mg^{2+}（cmol/kg）	交换性 K^+（cmol/kg）	交换性 Na^+（cmol/kg）	CEC（cmol/kg）	海拔（m）
43-LY03	0.61	8.46	0.07	0.20	0.50	0.55	15.5	179
43-LY25	0.43	3.74	0.05	0.22	0.25	0.58	5.7	473
43-LY04	0.54	4.91	0.33	0.28	0.31	0.33	15.1	482
43-LY21	0.73	0.73	0.18	0.51	0.73	0.66	14.8	650
43-LY20	0.50	3.78	0.04	0.15	0.41	0.42	9.5	719
43-LY18	0.62	5.14	0.04	0.22	0.36	0.32	13.5	736
43-LY26	0.44	1.70	0.08	0.56	0.56	0.21	9.7	739
43-LY19	0.35	4.74	0.03	0.23	0.34	0.32	13.4	743
43-LY14	0.28	2.93	0.05	0.28	0.41	0.40	9.7	911
43-LY13	0.50	3.56	0.07	0.44	0.56	0.53	17.0	1032
43-LY11	0.50	4.75	0.29	0.30	0.49	0.43	18.8	1102
43-LY10	0.43	8.21	0.28	0.25	0.60	0.62	29.6	1198
43-LY12	0.42	3.10	1.87	0.60	0.75	0.67	19.8	1199

剖面编号	交换性 H$^+$（cmol/kg）	交换性 Al^{3+}（cmol/kg）	交换性 Ca^{2+}（cmol/kg）	交换性 Mg^{2+}（cmol/kg）	交换性 K$^+$（cmol/kg）	交换性 Na$^+$（cmol/kg）	CEC（cmol/kg）	海拔（m）
43-LY17	0.58	2.37	0.43	0.72	0.88	0.82	37.2	1379
43-LY09	0.43	3.70	0.43	0.30	0.53	0.55	14.1	1414
43-LY24	0.41	4.51	0.16	0.65	0.41	0.62	11.4	1482
43-LY06	0.97	8.53	0.17	0.29	0.57	0.57	25.5	1488
43-LY16	0.59	3.94	0.05	0.29	0.52	0.52	17.3	1489
43-LY08	0.39	4.46	0.20	0.18	0.33	0.32	13.8	1498
43-LY05	0.54	6.53	0.23	0.27	0.58	0.57	27.3	1550
43-LY23	0.51	5.01	0.05	0.24	0.21	0.16	24.2	1560
43-LY22	0.35	5.43	0.06	0.30	0.26	0.26	33.2	1564
43-LY07	0.68	6.62	0.37	0.35	0.65	0.72	36.9	1573
43-LY15	0.54	5.98	0.05	0.32	0.81	0.70	27.9	1573

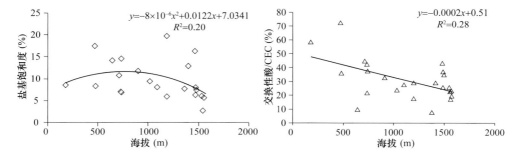

图 3-4　大围山表层土壤盐基饱和度、交换性酸/CEC 与海拔的关系

2. 土壤的风化淋溶系数（ba 值）和风化指数（μ 值）

根据地理发生分类，在土类上，大围山垂直带的基带土壤为红壤，随着海拔升高，依次出现红壤、黄壤、黄棕壤和山地草甸土。由于海拔和成土环境的差异，不同土壤类型的 ba 值和 μ 值存在明显差异，变动范围分别为 0.23～0.74 和 0.35～6.94。其中，海拔 100～800m 的红壤带，ba 值为 0.23～0.63（均值为 0.43），μ 值为 0.73～6.94（均值为 1.97）；海拔 800～1200m 的黄壤带，ba 值为 0.31～0.67（均值为 0.47），μ 值为 0.59～1.62（均值为 0.95）；海拔 1200～1500m 的黄棕壤带，ba 值为 0.38～0.65（均值为 0.53），μ 值为 0.58～1.57（均值为 0.88）；海拔 1400～1600m 的山地草甸土带，ba 值为 0.46～0.74（均值为 0.55），μ 值为 0.35～0.68（均值为 0.56）。

从表 3-3 中不同海拔带的土壤 ba 值和 μ 值可看出，随着海拔升高，土壤 ba 值升高，μ 值降低。在海拔 100～800m，红壤的风化淋溶系数最低，土壤风化指数最高，说明红壤的风化淋溶作用最强，而在海拔 1400～1600m，山地草甸土风化淋溶系数最高，土壤风化指数最低，其风化淋溶作用最弱。在土壤垂直带上，风化淋溶程度从强至弱依次为红壤＞黄壤＞黄棕壤＞山地草甸土。

表 3-3　大围山土体中矿质全量元素、风化淋溶系数和风化指数

| 剖面编号 | 发生层 | 土壤矿质全量元素（占烘干土，g/kg） | | | | | | | | | ba 值 | μ 值 | 海拔（m） |
		SiO_2	Al_2O_3	Fe_2O_3	MnO	CaO	MgO	Na_2O	K_2O	P_2O_5			
43-LY03	A	666.55	166.05	54.84	—	0.51	4.39	1.02	29.00	0.20	0.27	—	179
	B	666.46	180.79	59.41	—	0.15	4.31	0.09	28.56	0.15	0.23		
43-LY25	A	713.30	148.13	57.05	0.30	1.17	5.31	1.11	37.85	0.37	0.40	6.95	473
	B	696.49	150.37	59.95	0.36	1.41	5.44	1.46	35.82	0.26	0.38		
	BC	694.92	145.68	51.78	0.55	4.75	11.08	7.91	38.83	0.28	0.63		
43-LY04	A	698.17	170.44	63.40	0.49	1.37	12.39	1.12	42.18	0.24	0.48	1.62	482
	B	686.10	196.13	67.84	0.71	—	14.87	1.03	42.67	0.27	0.44		
	C	672.70	161.74	56.04	0.58	0.93	15.48	2.02	46.95	0.10	0.57		
43-LY21	A	653.60	179.73	52.11	0.55	—	11.80	2.48	50.02	0.58	0.49	1.03	650
	BC	592.76	173.33	49.42	0.53	—	10.92	2.47	47.03	0.37	0.48		
	C	663.02	183.42	61.38	0.84	0.40	15.96	2.35	45.94	0.42	0.52		
43-LY20	A	658.97	187.61	53.04	0.60	0.21	10.65	2.64	51.61	0.77	0.47	1.07	719
	B	561.05	189.08	60.23	1.05	1.69	12.68	3.50	43.36	0.75	0.47		
	Cg	694.51	158.22	47.86	0.62	1.63	12.65	3.02	55.13	0.29	0.63		
43-LY18	A	609.31	215.50	70.02	0.61	2.11	12.07	1.45	45.71	0.33	0.40	1.63	736
	B	624.71	232.22	78.93	0.42	0.69	9.35	1.98	39.26	0.42	0.31		
	C	658.16	207.06	68.62	0.90	2.02	13.55	2.33	45.10	0.16	0.44		
43-LY26	A	652.31	123.87	44.97	0.75	1.75	7.88	1.85	29.71	0.33	0.47	0.77	739
	B	736.20	155.15	56.13	0.62	1.69	8.61	2.17	36.78	0.23	0.44		
	C	629.69	156.68	62.99	0.85	1.46	5.89	1.55	32.49	0.24	0.35		
43-LY19	A	689.96	172.91	61.47	0.39	0.57	8.58	1.44	32.71	0.31	0.35	0.73	743
	B	584.15	215.14	70.57	0.38	—	8.83	1.84	38.30	0.19	0.31		
	C	784.14	214.13	77.95	0.58	0.52	13.01	1.46	45.39	0.28	0.40		
43-LY14	A	610.34	178.02	51.94	0.59	0.52	13.80	2.23	54.71	0.32	0.56	0.59	911
	BC	597.17	201.66	61.69	0.68	0.78	14.65	1.28	53.36	0.35	0.49		
43-LY13	A	629.26	181.89	40.84	0.88	0.98	9.90	1.62	57.01	0.39	0.50	1.10	1032
	B	609.49	185.87	58.67	0.53	0.41	10.63	2.27	38.46	0.35	0.39		
	C	631.76	219.03	65.36	1.00	—	9.31	1.49	46.70	0.34	0.35		

剖面编号	发生层	土壤矿质全量元素（占烘干土，g/kg）									ba 值	μ 值	海拔（m）
		SiO_2	Al_2O_3	Fe_2O_3	MnO	CaO	MgO	Na_2O	K_2O	P_2O_5			
43-LY11	A	570.07	188.96	68.42	0.73	—	15.91	2.50	39.05	0.30	0.46		
	B	635.99	194.89	70.15	0.72	—	15.00	2.21	42.44	0.19	0.45	0.77	1102
	C	651.24	179.53	63.75	0.83	—	16.37	2.17	43.85	0.25	0.52		
43-LY10	A	557.23	134.44	48.61	0.61	0.02	10.19	2.34	30.40	0.46	0.47		
	B	602.48	178.02	64.70	0.89	—	15.57	2.48	39.24	0.28	0.49	0.70	1198
	C	621.57	179.50	64.59	0.92	—	14.48	2.17	40.44	0.33	0.47		
43-LY12	A	586.01	156.61	46.74	0.89	1.26	11.69	1.68	55.43	0.40	0.61		
	AC	660.98	157.22	45.30	0.59	3.76	11.86	2.19	59.38	0.31	0.67	1.20	1199
	C	613.74	209.09	50.16	0.84	0.85	14.64	2.46	67.77	0.22	0.56		
43-LY17	Ah	549.31	168.46	50.51	0.37	1.08	8.17	1.45	39.97	0.22	0.41		
	B	626.49	210.17	63.96	0.95	1.63	15.04	1.85	51.32	0.32	0.48	1.31	1379
	C	729.39	185.47	66.76	0.85	1.08	17.18	2.05	43.10	0.44	0.52		
43-LY09	A	705.49	173.08	50.66	0.59	2.09	12.16	4.38	46.45	0.48	0.53		
	B	752.24	164.06	47.00	0.68	1.83	11.63	3.62	47.45	0.28	0.55	0.59	1414
	C	873.08	168.66	14.25	0.24	1.67	2.15	3.35	60.68	0.19	0.47		
43-LY24	A	706.09	129.03	41.02	0.33	2.78	9.91	5.11	38.23	0.62	0.62		
	Bg	724.42	127.53	45.49	0.36	1.41	10.08	3.00	37.64	0.56	0.58	1.58	1482
	C	680.31	172.15	60.94	0.66	7.39	13.20	9.65	45.81	0.52	0.65		
43-LY06	A	707.65	148.74	61.36	0.76	3.01	14.00	4.19	39.17	0.95	0.61		
	B	714.74	172.66	71.76	0.84	4.71	16.86	3.50	44.59	0.82	0.61	0.60	1488
	C	712.25	169.49	65.46	1.15	2.41	18.85	2.93	45.66	0.65	0.63		
43-LY16	A	556.57	185.52	54.31	0.89	—	13.77	3.31	46.10	0.55	0.49		
	B	629.04	201.07	60.15	0.99	—	15.29	1.96	53.51	0.44	0.50	0.61	1489
	C	586.98	194.48	59.86	0.90	0.06	14.26	2.08	47.65	0.37	0.47		
43-LY08	A	693.93	170.78	50.47	0.64	1.82	14.65	1.62	36.38	0.51	0.48		
	B	717.33	170.84	43.75	0.88	—	10.89	1.02	32.51	0.48	0.38	0.61	1498
	C	707.61	199.74	41.76	0.53	6.84	17.00	0.90	33.00	0.56	0.47		
43-LY05	A	636.11	143.92	60.54	0.31	3.47	11.09	4.07	32.09	0.63	0.53		
	B	720.38	183.04	72.70	0.90	2.91	18.56	4.05	42.06	0.58	0.57	0.56	1550
	C	703.31	190.17	68.08	0.97	2.19	20.14	3.27	45.94	0.49	0.58		
43-LY23	A	712.64	163.50	63.52	0.65	2.21	14.26	4.29	39.64	1.20	0.55		
	B	728.65	194.74	67.46	1.03	1.48	17.95	4.24	47.26	0.83	0.55	0.35	1560
	C	758.38	213.33	67.66	1.04	1.58	19.27	2.08	54.34	0.74	0.54		

续表

剖面编号	发生层	土壤矿质全量元素（占烘干土，g/kg）									ba 值	μ 值	海拔（m）
		SiO$_2$	Al$_2$O$_3$	Fe$_2$O$_3$	MnO	CaO	MgO	Na$_2$O	K$_2$O	P$_2$O$_5$			
43-LY22	A	631.89	134.30	52.74	0.40	3.78	8.54	8.63	35.14	0.95	0.60		
	AC	682.86	173.05	51.69	0.73	3.73	14.17	10.00	53.85	0.91	0.68	0.67	1564
	C	729.32	176.93	50.20	0.88	4.21	15.21	10.27	62.46	0.83	0.74		
43-LY07	A	535.84	109.76	45.59	0.27	1.36	5.50	5.50	25.20	0.89	0.48		
	B	661.17	179.10	61.77	0.49	3.12	12.79	6.73	41.94	0.66	0.53	0.68	1573
	C	760.37	207.00	54.01	0.69	4.94	14.84	7.98	53.57	0.73	0.57		
43-LY15	A	607.01	175.17	59.12	0.64	0.11	12.78	2.51	39.80	1.01	0.46		
	B	650.76	195.55	63.71	0.81	1.71	14.25	2.47	42.38	0.83	0.46	0.47	1573
	C	628.29	217.94	64.15	0.92	1.13	17.31	1.47	49.32	0.67	0.47		

注："—"表示未检出

3. 土壤黏土矿物类型

随着海拔升高，气候、植被和土壤的垂直带变化明显，土壤中黏土矿物的组成变化也较大。随着地势升高，黏土矿物逐渐由1：1型的高岭石组为主转变成2：1型的蒙蛭组为主。大围山黏土矿物类型的山地垂直带分布规律大致如下：山脚海拔在100～800m的红壤、黄红壤基带，细土部分的原生矿物风化殆尽，次生黏土矿物以无序高岭石、水云母为主；至山腰海拔在800～1400m的黄壤、黄棕壤带，水云母、无序高岭石、1.4nm过渡矿物和三水铝石的含量和比例逐渐升高；到山顶海拔1400～1600m山地草甸土，黏土矿物则以水云母、蛭石、无序高岭石、1.2nm混层矿物、1.4nm过渡矿物和三水铝石为主（表3-4）。

表 3-4　大围山土壤黏土矿物的相对含量

土壤类型（土类）	剖面编号	黏土矿物相对含量（%）								混层比（%S）		海拔（m）
		S	I/S	It	Kao	Ha	C	I/V	V	I/S	C/S	
红壤	43-LY03	—	—	3	79	—	—	15	3	—	—	179
	43-LY25	—	—		79	—	—	16	5	—	—	473
	43-LY04	—	—	4	77	—	—	16	3	—	—	482
	43-LY21	—	—	20	50	—	—	26	4	—	—	650
	43-LY20	—	—	8	60	—	—	30	2	—	—	719
	43-LY18	—	—	2	75	—	—	10	13	—	—	736
	43-LY26	—	—	6	42	—	14	27	11	—	—	739
	43-LY19	—	—	8	70	—	—	17	5	—	—	743

续表

土壤类型 （土类）	剖面 编号	黏土矿物相对含量（%）								混层比（%S）		海拔 （m）
		S	I/S	It	Kao	Ha	C	I/V	V	I/S	C/S	
黄壤	43-LY14	—	—	47	29	—	16	6	2	—	—	911
	43-LY13	—	—	22	23	—	24	23	8	—	—	1032
	43-LY11	—	—	9	63	—	—	19	9	—	—	1102
	43-LY10	—	—	28	13	—	20	30	9	—	—	1198
	43-LY12	—	44	15	41	—	—	—	—	40	—	1199
黄棕壤	43-LY17	—	—	42	20	—	16	18	4	—	—	1379
	43-LY09	—	—	25	17	—	23	32	3	—	—	1414
山地草甸土	43-LY24	—	—	44	9	—	15	24	8	—	—	1482
黄棕壤	43-LY06	—	—	31	12	—	18	28	11	—	—	1488
	43-LY16	—	—	33	27	—	21	17	2	—	—	1489
	43-LY08	—	—	20	40	—	15	21	4	—	—	1498
山地草甸土	43-LY05	—	—	31	—	—	20	32	17	—	—	1550
黄棕壤	43-LY23	—	—	36	9	—	13	26	16	—	—	1560
山地草甸土	43-LY22	—	—	64	22	—	—	—	14	—	—	1564
	43-LY07	—	—	30	10	—	12	39	9	—	—	1573
	43-LY15	—	—	32	9	—	13	32	14	—	—	1573

注：S 为蒙脱石，It 为伊利石，Kao 为高岭石，C 为绿泥石，V 为蛭石，Ha 为埃洛石，I/S 为伊蒙混层，C/S 为绿蒙混层，I/V 为伊利石蛭石混层；"—"表示未检出

3.2.2　土壤物质迁移

在山地景观上，由于重力、水力和生物作用的驱动，土壤物质永远处于运动状态。随着时间的推移、环境变化及土壤的演化，土壤物质以不同的形态不断运动和迁移。本小节主要从土壤的矿质全量元素、土壤黏粒、游离铁及溶解性有机质的迁移与富集上，阐述大围山地区土壤的物质迁移特点。

1. 矿质元素在土壤剖面中的迁移

土壤矿质元素在风化壳及土壤中不断迁移，这是元素在地表条件下整个迁移运动系统中的一个重要环节。矿质元素在土壤中迁移、富集的能力和形式，不仅取决于矿质元素内部的矛盾性，更重要的是还取决于一定的外部环境作用。在一定程度上，元素迁移富集的内因是不变的。因此，大围山土壤中矿质元素迁移和富集的关键因素取决于复杂多变的山地外部自然环境。在大围山海拔 100~800m，花岗岩风化物发育的红壤 A 层主要以氧化铁、氧化铝和氧化磷富集，B 层由于富铝化作用的影响，其氧化铁和氧化铝的富集系数增大。随着海拔升高，氧化铁和

氧化铝的富集系数逐渐降低，在黄棕壤和山地草甸土中氧化铁和氧化铝的富集系数大多＜1，而氧化钙的富集系数随海拔升高有增大的趋势（表3-5）。

表 3-5　大围山地区花岗岩发育土壤中主要矿质元素的迁移与富集

土类	编号	发生层	SiO_2（%）	Al_2O_3（%）	Fe_2O_3（%）	MnO（%）	CaO（%）	MgO（%）	Na_2O（%）	K_2O（%）	P_2O_5（%）	备注
		A	66.66	16.61	5.48	—	0.05	0.44	0.10	2.90	0.02	
		B	66.65	18.08	5.94		0.02	0.43	0.01	2.86	0.02	
		母质	75.88	17.44	5.71	0.03	0.06	0.51	0.02	3.22	0.01	
	43-LY03		0.88	0.95	0.96	—	0.82	0.86	4.64	0.90	1.82	与 A 层比
		成土富集系数	0.88	1.04	1.04		0.24	0.85	0.41	0.89	1.36	与 B 层比
			$Na_2O>P_2O_5>Fe_2O_3>Al_2O_3>K_2O>SiO_2>MgO>CaO$									在 A 层中
			$P_2O_5>Fe_2O_3>Al_2O_3>K_2O>SiO_2>MgO>Na_2O>CaO$									在 B 层中
红壤		A	71.33	14.81	5.71	0.03	0.12	0.53	0.11	3.79	0.04	
		B	69.65	15.04	6.00	0.04	0.14	0.54	0.15	3.58	0.03	
		母质	69.49	14.57	5.18	0.06	0.48	1.11	0.79	3.88	0.03	
	43-LY25		1.03	1.02	1.10	0.55	0.25	0.48	0.14	0.97	1.32	与 A 层比
		成土富集系数	1.00	1.03	1.16	0.65	0.30	0.49	0.18	0.92	0.93	与 B 层比
			$P_2O_5>Fe_2O_3>SiO_2>Al_2O_3>K_2O>MnO>MgO>CaO>Na_2O$									在 A 层中
			$Fe_2O_3>Al_2O_3>SiO_2>P_2O_5>K_2O>MnO>MgO>CaO>Na_2O$									在 B 层中
		A	60.93	21.55	7.00	0.06	0.21	1.21	0.15	4.57	0.03	
		B	62.47	23.22	7.89	0.04	0.07	0.94	0.20	3.93	0.04	
		母质	65.82	20.71	6.86	0.09	0.20	1.36	0.23	4.51	0.02	
	43-LY18		0.93	1.04	1.02	0.68	1.04	0.89	0.62	1.01	2.06	与 A 层比
		成土富集系数	0.95	1.12	1.15	0.47	0.34	0.69	0.85	0.87	2.63	与 B 层比
			$P_2O_5>CaO>Al_2O_3>Fe_2O_3>K_2O>SiO_2>MgO>MnO>Na_2O$									在 A 层中
			$P_2O_5>Fe_2O_3>Al_2O_3>SiO_2>K_2O>Na_2O>MgO>CaO>MnO$									在 B 层中
		A	57.01	18.90	6.84	0.07	—	1.59	0.25	3.91	0.03	
		B	63.60	19.49	7.02	0.07		1.50	0.12	4.24	0.02	
		母质	65.12	17.95	6.38	0.08		1.64	0.10	4.29	0.03	
黄壤	43-LY11		0.88	1.05	1.07	0.88	—	0.97	2.58	0.91	1.20	与 A 层比
		成土富集系数	0.98	1.09	1.10	0.87		0.92	1.25	0.99	0.76	与 B 层比
			$Na_2O>P_2O_5>Fe_2O_3>Al_2O_3>MgO>K_2O>MnO>SiO_2$									在 A 层中
			$Na_2O>Fe_2O_3>Al_2O_3>K_2O>SiO_2>MgO>MnO>P_2O_5$									在 B 层中

土类	编号	发生层	SiO$_2$ （%）	Al$_2$O$_3$ （%）	Fe$_2$O$_3$ （%）	MnO （%）	CaO （%）	MgO （%）	Na$_2$O （%）	K$_2$O （%）	P$_2$O$_5$ （%）	备注
黄壤	43-LY10	A	55.72	13.44	4.86	0.06	0.00	1.02	0.23	3.04	0.05	
		B	60.25	17.80	6.47	0.09	—	1.56	0.25	3.92	0.03	
		母质	62.16	17.95	6.46	0.09	—	1.45	0.12	4.04	0.03	
			0.90	0.75	0.75	0.66	—	0.70	2.00	0.75	1.39	与 A 层比
		成土富集系数	0.97	0.99	1.00	0.97	—	1.08	2.12	0.97	0.85	与 B 层比
			Na$_2$O＞P$_2$O$_5$＞SiO$_2$＞Fe$_2$O$_3$＞K$_2$O＞Al$_2$O$_3$＞MgO＞MnO										在 A 层中
			Na$_2$O＞MgO＞Fe$_2$O$_3$＞Al$_2$O$_3$＞K$_2$O＞K$_2$O＞SiO$_2$＞MnO										在 B 层中
黄棕壤	43-LY17	A	54.93	16.85	5.05	0.04	0.11	0.82	0.15	4.00	0.02	
		B	62.65	21.02	6.40	0.10	0.16	1.50	0.19	5.13	0.03	
		母质	72.94	18.55	6.68	0.09	0.11	1.72	0.21	4.31	0.04	
			0.75	0.91	0.76	0.44	1.00	0.48	0.71	0.93	0.50	与 A 层比
		成土富集系数	0.86	1.13	0.96	1.12	1.51	0.88	0.90	1.19	0.73	与 B 层比
			CaO＞K$_2$O＞Al$_2$O$_3$＞Fe$_2$O$_3$＞SiO$_2$＞Na$_2$O＞P$_2$O$_5$＞MgO＞MnO										在 A 层中
			CaO＞K$_2$O＞Al$_2$O$_3$＞MnO＞Fe$_2$O$_3$＞Na$_2$O＞MgO＞SiO$_2$＞P$_2$O$_5$										在 B 层中
	43-LY23	A	71.26	16.35	6.35	0.07	0.22	1.43	0.43	3.96	0.12	
		B	72.87	19.47	6.75	0.10	0.15	1.80	0.42	4.73	0.08	
		母质	75.84	21.33	6.77	0.10	0.16	1.93	0.21	5.43	0.07	
			0.94	0.77	0.94	0.63	1.40	0.74	2.06	0.73	1.62	与 A 层比
		成土富集系数	0.96	0.91	1.00	0.99	0.94	0.93	2.04	0.87	1.12	与 B 层比
			Na$_2$O＞P$_2$O$_5$＞CaO＞SiO$_2$＞Fe$_2$O$_3$＞Al$_2$O$_3$＞MgO＞K$_2$O＞MnO										在 A 层中
			Na$_2$O＞P$_2$O$_5$＞Fe$_2$O$_3$＞CaO＞SiO$_2$＞MnO＞MgO＞Al$_2$O$_3$＞K$_2$O										在 B 层中
山地草甸土	43-LY15	A	60.70	17.52	5.91	0.06	0.01	1.28	0.25	3.98	0.10	
		B	65.08	19.56	6.37	0.08	0.17	1.43	0.25	4.24	0.08	
		母质	62.83	21.79	6.42	0.09	0.11	1.73	0.15	4.93	0.07	
			0.97	0.80	0.92	0.70	0.10	0.74	1.71	0.81	1.51	与 A 层比
		成土富集系数	1.04	0.90	0.99	0.88	1.51	0.82	1.68	0.86	1.24	与 B 层比
			Na$_2$O＞P$_2$O$_5$＞SiO$_2$＞Fe$_2$O$_3$＞K$_2$O＞Al$_2$O$_3$＞MgO＞MnO＞CaO										在 A 层中
			Na$_2$O＞CaO＞P$_2$O$_5$＞SiO$_2$＞Fe$_2$O$_3$＞Al$_2$O$_3$＞MnO＞K$_2$O＞MgO										在 B 层中

注："—"表示未检出

水稻土铁、锰均有不同程度的迁移与淀积。在花岗岩风化物发育的麻沙泥中，铁、锰在土壤剖面上的垂直分异较为明显，氧化铁集中分布在犁底层，而氧化锰的迁移比氧化铁稍快，主要聚集在水耕氧化还原层。然而，在板、页岩风化物发育的青隔黄泥田中，铁、锰在土壤剖面上的垂直分异并不明显，氧化铁主要聚集在水耕氧化还原层，氧化锰则主要聚集在犁底层中（表 3-6）。

表 3-6　铁、锰在水稻土土壤剖面上的迁移

剖面编号	母质类型	层次	Fe$_2$O$_3$		MnO		合计	
			含量（g/kg）	Br/Ap（C 或 G）	含量（g/kg）	Br/Ap（C 或 G）	含量（g/kg）	Br/Ap（C 或 G）
43-CS13	花岗岩风化物	Ap1	29.6	1.77	0.21	5.26	29.81	1.80
		Ap2	78.4	0.67	0.26	4.25	78.66	0.68
		Br	52.4		1.11		53.51	
		BC	62.1	0.84	2.32	0.48	64.42	0.83
43-CS14	板、页岩风化物	Ap1	51.1	1.34	0.74	1.07	51.84	1.34
		Ap2	64.1	1.07	1.01	0.78	65.11	1.07
		Br	68.6		0.79		69.39	
		G	44.3	1.55	0.63	1.26	44.93	1.54
		Cg	42.7	1.61	0.46	1.72	43.16	1.61

2. 黏粒的在土壤剖面中的迁移

海拔 100～800m 地带的气候湿热，岩石与矿物的风化作用强烈，红壤中黏粒的形成与淀积量较大，黏粒含量为 200～500g/kg，且淀积层的黏粒含量高于淋溶层。随着海拔升高，降水量增加，土体淋溶作用增强。在海拔 800～1200m 的黄壤中，淋溶层黏粒含量有所下降，土壤黏粒含量为 200～400g/kg，但淀积层的黏粒迁移富集要比红壤更为强烈（图 3-5）。随着海拔继续上升，风化作用减弱。当海拔＞1200m，黄棕壤和山地草甸土淀积层的黏粒含量均低于淋溶层，黏粒沿土壤剖面的迁移富集能力降低（图 3-5）。

3. 土壤游离铁和活性铁在剖面中的迁移

土壤游离铁在土壤剖面上存在迁移富集，在海拔较低的红壤和黄壤剖面上，由于脱硅富铁铝化作用和淋溶淀积作用强烈，游离铁在土壤剖面上分异较明显，淋溶层土壤游离铁遭受强烈淋失，在淀积层富集量大，铁的游离度为 40.2%～78.2%，淋溶层活性铁含量一般比淀积层的高。随着海拔升高，土壤游离铁含量下降，在土壤剖面上的迁移和富集作用也相应减弱。在海拔＞1200m 的黄棕壤和山地草甸土中，铁的游离度为 30.1%～42.8%，活性铁含量相对升高，铁的活化度为 10.15%～29.04%（表 3-7）。

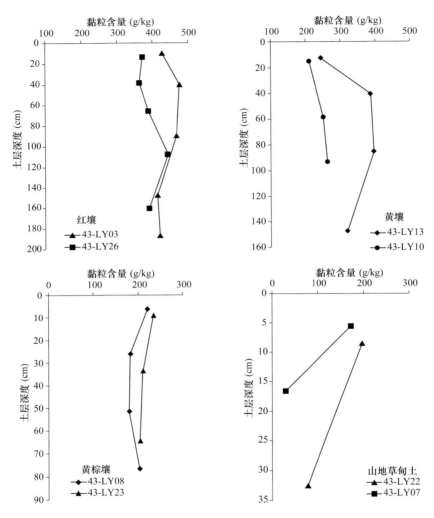

图 3-5　大围山土壤黏粒含量的剖面分布

表 3-7　大围山土壤游离铁与活性铁的剖面迁移

土类	剖面编号	土层深度 （cm）	游离铁 （g/kg）	活性铁 （g/kg）	铁的游离度 （%）	铁的活化度 （%）
		0～20	38.4	2.8	70.1	7.31
		20～60	46.1	1.7	77.6	3.64
红壤	43-LY03	60～120	49.2	1.6	78.2	3.31
		120～174	39.0	2.1	75.9	5.44
		174～200	42.0	1.9	73.5	4.46

土类	剖面编号	土层深度（cm）	游离铁（g/kg）	活性铁（g/kg）	铁的游离度（%）	铁的活化度（%）
红壤	43-LY26	0～27	25.0	4.2	55.5	16.81
		27～50	27.2	2.9	55.4	10.68
		50～75	30.1	2.7	53.6	9.11
		75～140	31.7	2.6	49.0	8.23
		140～180	33.3	2.8	52.8	8.44
黄壤	43-LY13	0～25	21.7	3.5	53.1	15.90
		25～56	42.0	3.4	71.6	8.17
		56～100	45.6	3.3	67.3	7.24
		＞100	38.4	3.6	58.8	9.26
	43-LY10	0～30	19.7	3.7	40.5	18.91
		30～87	27.0	4.1	41.8	15.31
		87～100	26.0	4.2	40.2	16.15
黄棕壤	43-LY06	0～25	25.6	3.3	42.6	12.77
		25～80	30.7	3.1	42.8	10.15
		80～125	22.4	3.0	34.1	13.55
		125～160	21.1	3.1	32.2	14.65
	43-LY23	0～17	22.5	4.0	35.5	17.67
		17～50	25.0	3.5	35.9	14.15
		50～79	24.4	3.7	36.2	15.11
		＞79	20.4	3.7	30.1	18.33
山地草甸土	43-LY22	0～19	20.0	4.1	38.0	20.67
		19～46	18.3	5.3	35.4	29.04
	43-LY07	0～11	17.7	4.3	38.9	23.98
		11～22	20.3	4.9	39.1	23.95

4. 溶解性有机质迁移

随着海拔升高，降水量增大，表土中溶解性有机质也容易随着土壤水的垂直向下迁移而发生淋溶和淀积。在大围山土壤垂直带，从土壤亚类上看，观察到基带的红壤、高海拔带的暗黄棕壤在淀积层土壤中的溶解性有机碳（DOC）密度明显高出表土层（表 3-8）（马欣等，2016）。此外，大围山土壤垂直带上，DOC/SOC 在土壤剖面上无明显变化或升高的趋势。这反映出大围山土壤垂直带上，溶解性有机质存在一定程度的垂直迁移，并在底土中积累。

表 3-8　大围山土壤 DOC 与 DOC/SOC 的剖面分布

土层深度（cm）	DOC（t/hm²）				DOC/SOC（%）			
	红壤（165m）	黄红壤（790m）	暗黄棕壤（1380m）	山地灌丛草甸土（1575m）	红壤（165m）	黄红壤（790m）	暗黄棕壤（1380m）	山地灌丛草甸土（1575m）
0～20	0.51	0.86	0.41	3.95	1.4	2.1	0.9	3.6
20～40	0.76	0.63	0.82	0.89	3.3	1.6	1.7	1.8
40～60	0.73	0.38	0.77	1.14	3.8	1.7	2.0	3.9
60～80	0.77	0.31	0.43	0.57	4.1	1.9	1.9	2.8
80～100	0.79	0.18	0.20	0.24	5.1	1.1	1.8	1.3

3.3　土壤地理发生分类和分布

19 世纪末，俄国土壤学家道库恰耶夫以土壤成土因素学说创立了土壤发生分类体系。直至今天，土壤发生学理论对中国土壤分类仍起着广泛的指导作用。由于历史原因，中国主要的农业部门、农业经营主体和科研、教育机构仍在广泛沿用土壤发生分类体系。

另外，实践应用中的土壤发生分类体系也有不少问题。例如，注重成土因素对土壤分类的影响，以成土母质、成土环境和推断的成土过程作为土壤分类的重要依据。过分强调中心成土概念，以定性的划分方式将同一母质、一定海拔范围内不同性质的土壤划分为一类，土壤类型划分边界模糊。忽略土壤本身的理化属性，也缺乏定量化和标准化的分类标准（张杨珠等，2014a，2014b，2015）。目前，土壤地理发生分类和土壤系统分类在中国处于并行使用的阶段。

3.3.1　土壤的地理发生分类

大围山地区的土壤发生分类体系主要在湖南省第二次土壤普查中建立。该体系采用 5 级分类系统：土纲、土类、亚类为高级分类单元，可为中、小比例尺土壤制图服务；土属、土种为基层分类单元，主要为大比例尺土壤调查制图服务（浏阳县土壤普查办公室，1982；杨锋，1989）。

1. 土纲

土纲是土壤发生分类体系中最高一级的分类单元，反映主要成土过程。根据湖南省第二次土壤普查，大围山地区共有铁铝土纲、淋溶土纲、半水成土纲和人为土纲 4 个土纲；其中，铁铝土和人为土分布在海拔＜1200m 的中山、低山丘陵区和低丘沟谷地带，淋溶土主要分布在海拔 1200～1500m 的中山、高山区。在海拔＞1300m 的山顶或陡坡处，受地形影响，水土易流失、风大、温度低、紫外线照射强，乔木难以生长，植物群落为杜鹃、菝葜、野古草等低矮灌木或草本植物，分布着半水成土。

2. 土类

土类是土纲的续分，主要考虑一定自然和人为因素作用下，经过一个主导或几个相结合的成土过程，体现主要成土过程的强弱，以及附加或次要成土过程对土壤性质造成的影响。土壤发生类型与当地生物、气候条件相吻合。例如，在土壤垂直带上，红壤、黄壤和黄棕壤 3 个土类，就各具一定特征的成土过程：红壤形成于高温多湿、干湿季节明显的气候，淋溶作用和脱硅富铁铝化作用较强；黄壤形成于温暖湿润的山地气候，淋溶作用和脱硅富铁铝化作用较红壤弱，游离铁被水化；黄棕壤形成于温凉湿润的山地气候，盐基淋溶仍较强，但脱硅富铁铝化作用较弱，铁的游离度更低。由此，在土壤性质上产生质的区别。大围山海拔800～1200m 的黄壤受植被和降雨的双重影响，脱硅富铁铝化作用比低海拔带的红壤要弱许多。大围山地区主要土类有红壤、黄壤、黄棕壤、山地草甸土和水稻土 5 个土类。

3. 亚类

亚类是土类的辅助单元，反映同一成土过程，不同发育程度土壤之间差异或土类之间的相互过渡。例如，反映不同发育程度土壤之间差异的有黄壤土类，由于淋溶淀积程度不同，土壤发育阶段各异，可分为黄壤和黄壤性土两个亚类。反映土类之间过渡的有红壤土类，在垂直带谱上过渡的土壤，在大围山海拔500～800m 分布有黄红壤，其土壤性质既有红壤特点，也有黄壤特点，为红壤向黄壤的过渡土壤类型。根据湖南省第二次土壤普查，大围山土壤主要亚类有红壤、黄红壤、红壤性土、黄壤、黄壤性土、暗黄棕壤、山地灌丛草甸土和潴育性水稻土。

4. 土属

土属主要反映地区性成土因素的影响造成亚类土壤性质发生变化的基层分类单元。成土母质是土壤发育的基础，在地区性成土因素中最能反映土壤性质之间的差异。因此，成土母质是大围山地区划分土属的主要依据。在高山洼地，地区性滞水作用的影响容易形成沼泽性草甸土。大围山地区主要成土母质有花岗岩风化物和板、页岩风化物两种。因此，大围山地区主要土属有花岗岩红壤，板、页岩红壤，花岗岩黄红壤，耕型花岗岩黄红壤，板、页岩黄红壤，花岗岩红壤性土，花岗岩黄壤，花岗岩黄壤性土，花岗岩暗黄棕壤，花岗岩山地灌丛草甸土，沼泽性草甸土，麻沙泥和黄泥田 13 个土属。

5. 土种

土种是土壤发生分类体系中的基层分类单元，主要反映同一土属在土壤剖面构型、障碍层次上的变异，以及土壤发育程度和肥力性状变化的量级差异。根据大围山土壤剖面层次构型、土层厚度、土壤属性等因素，土种主要划分依据为如下两个方面。

1）旱地土壤按土层和土壤有机质的厚薄不同来划分土种。根据《全国第二次土壤普查暂行技术规程》的有关规定，把腐殖层分为薄（<10cm）、中（10～20cm）、厚（>20cm），土层分为薄（<40cm）、中（40～80cm）、厚（>80cm）。

2）水稻土按障碍层次划分不同土种。例如，大围山地区水稻土主要障碍层有青泥层、砾石层和岩板层等。黄泥田耕作层或犁底层之下出现10～30cm的青泥层，则为青隔黄泥田。

根据湖南省第二次土壤普查的资料，大围山地区土壤发生分类系统共包括铁铝土、淋溶土、半水成土和人为土4个土纲，红壤、黄壤、黄棕壤、山地草甸土和水稻土5个土类，8个亚类和13个土属（表3-9，图3-6）。

表 3-9　大围山地区土壤发生分类体系

土纲	土类	亚类	土属
铁铝土	红壤	红壤	花岗岩红壤
			板、页岩红壤
		黄红壤	花岗岩黄红壤
			耕型花岗岩黄红壤
			板、页岩黄红壤
		红壤性土	花岗岩红壤性土
	黄壤	黄壤	花岗岩黄壤
		黄壤性土	花岗岩黄壤性土
淋溶土	黄棕壤	暗黄棕壤	花岗岩暗黄棕壤
半水成土	山地草甸土	山地灌丛草甸土	花岗岩山地灌丛草甸土
			沼泽性草甸土
人为土	水稻土	潴育性水稻土	麻沙泥
			黄泥田

3.3.2　土壤发生学分类垂直带的分布

对于大围山土壤垂直地带的分布规律，侯红波（2004）运用土壤地理发生学理论和方法，针对大围山土壤的初步野外调查和室内分析，认为大围山海拔1200m以下的土壤受高温多雨的影响，土体物质迁移多为溶解迁移，其风化淋溶系数、分解系数、富铁铝化系数的相对值均较高，有明显的脱硅富铁铝化现象，而海拔1200m以上的土壤由于水热条件的变化，土壤物质迁移多为黏粒包裹的悬粒迁移，土壤风化淋溶系数明显大于黄壤，但分解系数和富铁铝化系数低于铁铝土纲，脱硅富铁铝化现象弱。在海拔1100m以上的山间盆地和凹地，生长着耐湿性和喜湿性的沼泽植被和水生杂草，土壤有明显的泥炭化过程，属沼泽土。

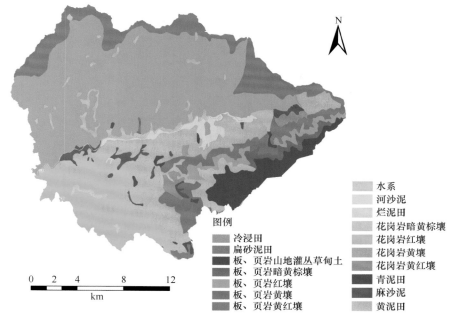

图 3-6　大围山镇土壤类型图（土属）

　　综合大围山地区成土环境、成土过程和土壤性质，结合前人研究成果，将大围山主峰北坡的土壤垂直带分布规律归纳如下：海拔 140～500m 为板、页岩红壤，花岗岩红壤；海拔 500～800m 为板、页岩黄红壤，花岗岩黄红壤；海拔 800～1200m 为山地花岗岩黄壤；海拔 1200～1400m 为山地花岗岩黄棕壤；海拔 1400～1600m 为山地灌丛草甸土，在海拔 1100m 以上的山间盆地和凹地有沼泽性草甸土分布（表 3-9）。由于坡向不同，水热条件的差异，山地西南坡与西北坡各类土壤分布的上下限有所变化，如表 3-10 所示，大致西南坡比西北坡同一土壤类型分布的海拔相差 50～180m（图 3-7）（长沙市土壤肥料工作站，1985）。

表 3-10　大围山不同坡向土壤垂直带谱分布差异　　　　　（单位：m）

亚类	坡向	
	西北坡 NW	西南坡 SW
红壤	<400	<500
黄红壤	400～750	500～800
黄壤	750～1100	800～1200
黄棕壤	1100～1220	1200～1400
山地灌丛草甸土	1220～1608	1400～1608

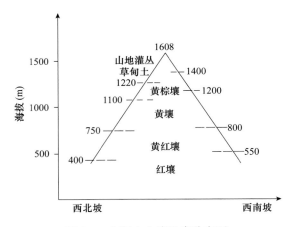

图 3-7　大围山土壤垂直分布图

参 考 文 献

长沙市土壤肥料工作站. 1985. 长沙市土壤. 长沙：长沙市土壤肥料工作站.

侯红波. 2004. 浏阳大围山土壤研究初探. 湖南林业科技, 31 (3)：27-28.

浏阳县土壤普查办公室. 1982. 湖南省浏阳县土壤志. 长沙：浏阳县土壤普查办公室.

罗卓, 欧阳宁相, 张杨珠, 等. 2018. 大围山花岗岩母质发育土壤在中国土壤系统分类中的归属. 湖南农业大学
　　学报（自然科学版）, 44 (3)：301-308.

马欣, 盛浩, 魏亮, 等. 2016. 湘东大围山不同海拔带土壤溶解性有机碳含量. 生态学杂志, 35 (3)：641-646.

邱牡丹, 盛浩, 颜雄, 等. 2014. 湘东丘陵 4 种林地深层土壤颗粒有机碳及其组分的分配特征. 农业现代化研究,
　　35 (4)：493-499.

全国土壤普查办公室. 1979. 全国第二次土壤普查暂行技术规程. 北京：农业出版社.

盛浩, 李洁, 周萍, 等. 2015. 土地利用变化对花岗岩红壤表土活性有机碳组分的影响. 生态环境学报, 24 (7)：
　　1098-1102.

盛浩, 宋迪思, 周萍, 等. 2017. 土地利用变化对花岗岩红壤底土溶解性有机质数量和光谱特征的影响. 生态学
　　报, 37 (14)：4676-4685.

杨锋. 1989. 湖南土壤. 北京：农业出版社.

张杨珠, 周清, 黄运湘, 等. 2014a. 湖南土壤分类的研究概况与展望. 湖南农业科学, (9)：31-38.

张杨珠, 周清, 黄运湘, 等. 2015. 基于中国土壤系统分类体系的湖南省土壤系统分类研究Ⅰ. 湖南土壤系统分
　　类的原则和指标及高级单元初拟. 湖南农业科学, (3)：43-48.

张杨珠, 周清, 盛浩, 等. 2014b. 湖南省现行土壤分类体系中红壤分类的现状、问题与建议. 湖南农业科学,
　　(21)：29-34.

张义, 张杨珠, 盛浩, 等. 2016. 湘东大围山地区板岩风化物发育土壤的发生特性与系统分类. 湖南农业科学,
　　(5)：45-50.

第4章　大围山土壤诊断特征、土壤系统分类与分布

自 20 世纪 80 年代湖南省第二次土壤普查结束以后，省域和地域范围内的土壤调查与发生分类研究转入低谷期，90 年代后基于定量诊断分类的系统分类逐步兴起。在湘西、湘东和湘南地区，韦启璠等（1995）、冯跃华等（2005）和李军等（2013）分别针对雪峰山、井冈山和蓝山县的山地土壤，开展了土壤系统分类的前期研究，但仅仅涉及高级分类单元。目前，湖南省尚无山地土壤在各个分类等级上的诊断特征和土壤系统分类研究，特别是基层土壤分类单元的划分（土族、土系）。

本章采用中国土壤系统分类的方法，针对大围山地区在不同海拔带上共设置 26 个土壤调查样区，野外调查成土环境条件，挖掘土壤剖面和划分土壤发生层，室内分析土壤理化性质，对照中国土壤系统分类标准，划分诊断层和诊断特性，进行诊断检索，在不同分类等级上开展大围山地区的土壤系统分类，对比发生分类与系统分类的结果，确立大围山地区土壤在中国土壤系统分类中的归属。

4.1　土壤系统分类的方法

4.1.1　技术路线设计

大围山地区土壤系统分类应用的技术路线主要包括 4 个部分：资料收集与样点布设、样点采集与信息记录、样品分析与数据统计、诊断检索与系统分类（图 4-1）。

4.1.2　区域资料收集与代表性样点布设

采用综合地理单元法，确定单个土壤调查小样区的具体位置。按大围山镇行政范围与大围山区地理单元范围 2 个地理空间，通过查阅历史资料（浏阳县土壤普查办公室，1982；长沙市土壤肥料工作站，1985；湖南省农业厅，1987；杨锋，1989），结合大围山地区的数字高程图（DEM）、成土母质图、土壤图、交通图和土地利用类型图、地形因子图，形成综合地理单元图，再考虑各个综合地理单元类型对应的湖南省第二次土壤普查的土壤类型及其代表的面积大小，逐个确定单个土体的调查位置。

本次土壤调查共确定 26 个调查小样区（图 4-2）；其中，花岗岩区 23 个，板、

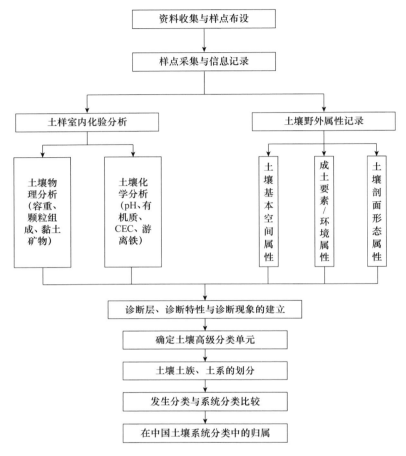

图 4-1　大围山土壤系统分类的技术路线

图 4-2　研究区土壤调查小样区的空间分布

页岩区 3 个；海拔<800m 的土壤调查点 10 个，>800m 的土壤调查点 16 个。调查点主要地貌为中山，固结母质主要为花岗岩风化物和板、页岩风化物，非固结母质主要为残积物、坡积物。

4.1.3　样点采集与信息记录

4.1.3.1　野外采样装备

图件类：土壤图、母质图、地形图、地质图、土地利用现状图、交通图和行政区划图。

设备类：GPS、数码相机和数码摄像机。

工具类：挖掘土壤剖面的工具（锹、铲、锄头、耙）、土钻、塑料簸箕、塑料水桶、喷水壶。

仪器类：温度计、便携式 pH 仪、时域反射仪、养分速测仪。

文献类：野外调查手册、土壤剖面调查记录表、土壤系统分类检索表。

辅助材料类：调查路线 / 调查样点图、背包、装土布袋或自封袋、标本盒、记录本、橡皮筋、记号笔、铅笔、胶带纸、标签和滤纸。

工具箱及其内物品：比色卡（中国标准土壤色卡或 Munsell 土色卡）、帆布质剖面标尺、剖面刀、地质锤、环刀和环刀托、放大镜（≥×10）、剪刀、50ml 玻璃或塑料烧杯。

用于测定土壤反应：10% 稀盐酸试剂检测石灰反应（碳酸钙）；铁氰化钾或 α, α'- 联吡啶或邻啡罗啉试剂检测亚铁反应；混合指示剂检测酸碱性。

4.1.3.2　土壤剖面挖掘和分层、形态描述与样品采集

选择预定剖面样点时，仔细观察并选定区域内代表性位置（图 4-3）。样点挖掘点选择人为干扰少的地段，尽量避开居民点、交通道路、沟渠边、堆肥点这类易受人为干扰的地段。样点挖掘时，剖面观察面应朝着阳光照射的方向。剖面规格为 1.2m（观察面宽）×（1.2～2）m（观察面深；如遇岩石，则露出岩石下面 10cm）×（3～4）m（水平面长，为了拍摄照片）。剖面挖掘完成后，由左边 1/4～1/3 宽度用剖面刀自上而下修成自然面，右边的部分修整为光滑面。自上而下垂直放置和固定好帆布标尺，剖面摄影时，镜头尽可能与观察面垂直。

按照土壤发生学理论对剖面划分发生层，记录样点的基本空间属性（5 类）、成土要素 / 环境属性（7 类）和土壤剖面形态属性（9 类）（图 4-4）。野外土壤采样与描述主要参考张甘霖和李德成（2016）主编的《野外土壤描述与采样手册》。

按先后顺序，分别采集土壤容重环刀样、土壤化学指标分析样，某些代表性强的特殊土壤类型，还应采集土壤整段标本和土壤新生体、土壤结构体标本。

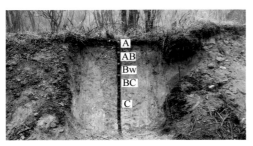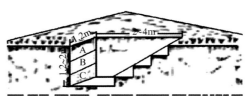

图 4-3　土壤剖面挖掘、发生层划分和剖面描述

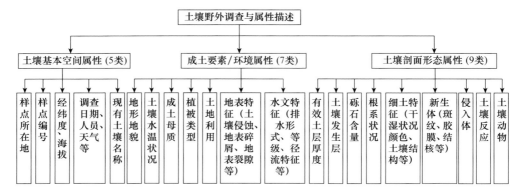

图 4-4　土壤野外调查与属性描述构成

4.1.4　室内分析、数据统计和诊断检索

采集土样经自然风干，按照测定指标要求进行分级过筛、贮存待测。室内土壤分析测试主要参考《土壤调查实验室分析方法》（张甘霖等，2012）。

测试指标如下：

1）pH：分别用水浸提和氯化钾浸提—电位法

2）CEC：乙酸铵—EDTA 交换法

3）ECEC：交换性酸＋盐基离子总量

4）全氮：硒粉、硫酸铜、硫酸消化—蒸馏法（凯氏法）

5）全磷：碱熔—钼锑抗比色法

6）全钾：碱熔—火焰光度（ICP）法

7）土壤有机碳：重铬酸钾—硫酸消化法

8）矿质全量：碳酸锂—硼酸熔融—ICP 法

9）颗粒组成及质地：吸管法

10）容重：环刀法

11）黏土矿物组成鉴定：X 射线衍射法

12）无定形氧化铁：酸性草酸铵浸提—邻啡罗啉比色法

13）游离铁：柠檬酸钠—连二亚硫酸钠—重碳酸钠（DCB）浸提—邻啡罗啉比色法

14）全铁：碳酸锂—硼酸熔融—ICP 法

15）交换性氢、交换性铝：氯化钾浸提（酸性土壤）—滴定法

16）交换性钾、交换性钠：乙酸铵—EDTA 浸提—火焰光度法

17）交换性钙、交换性镁：乙酸铵—EDTA 浸提—原子吸收光谱法

土壤系统分类的高级单元确定，依据中国科学院南京土壤研究所土壤系统分类课题组主编、中国科学技术大学出版社于 2001 年出版的《中国土壤系统分类检索》（第三版）。

中国土壤系统分类为多级分类，共六级，即土纲、亚纲、土类、亚类、土族和土系。前四级为高级分类级别，主要供中小比例尺土壤图确定制图单元用；后两级为基层分类级别，主要供大比例尺土壤图确定制图单元用。

土纲为最高土壤分类级别，根据主要成土过程产生的性质或影响主要成土过程的性质划分。根据主要成土过程产生的性质划分的土纲：有机土（根据泥炭化过程产生的有机土壤物质特性划分）、人为土（根据水耕等人为过程产生的性质划分）、灰土（根据灰化过程产生的灰化淀积层划分），干旱土（根据在干旱水分状况影响下，由弱腐殖化过程所产生的钙积、石膏、盐积层等划分）、盐成土（根据盐渍化过程产生的盐积层和碱积层划分）、均腐土（根据腐殖化过程所产生的暗沃表层、均腐殖质特性和高盐基饱和度划分）、铁铝土（根据高度富铝化过程产生的铁铝层划分）、潜育土（根据潜育过程产生的潜育特征划分）。根据影响主要成土过程的母质性质划分的土纲：火山灰土（根据影响成土过程进一步发展的火山灰特征划分）（龚子同，1999，2007）。

亚纲是土纲的辅助级别，主要根据影响现代成土过程的控制因素所反映的性质（如水分状况、温度状况和岩性特征）划分。按水分状况划分的亚纲：人为土纲中的水耕人为土，淋溶土纲中的干润淋溶土、湿润淋溶土和常湿淋溶土，富铁土纲中的干润富铁土、湿润富铁土和常湿富铁土，雏形土纲中的潮湿雏形土、干润雏形土、湿润雏形土和常湿雏形土。按温度状况划分的亚纲：淋溶土纲中的冷凉淋溶土和雏形土纲中的寒冻雏形土。按岩性特征划分的亚纲：新成土纲中的砂质新成土、冲积新成土和正常新成土（龚子同，1999，2007）。

土类是亚纲的续分。土类类别多根据反映主要成土过程强度或次要成土过程或次要控制因素的表现性质划分。根据主要成土过程强度的表现性质划分的土类：正常有机土中反映泥炭化过程强度的高腐正常有机土、半腐正常有机土、纤维正常有机土类。根据次要控制因素的表现性质划分的土类：反映母质岩性特征的钙质干润淋溶土、钙质湿润富铁土、钙质湿润雏形土、富磷岩性均腐土等，反映气候控制因素的寒冻冲积新成土、干旱冲积新成土、干润冲积新成土和湿润冲积新成土等（龚子同，1999，2007）。

亚类是土类的辅助级别，主要根据是否偏离中心概念，是否具有附加过程的特性和是否具有母质残留的特性划分。代表中心概念的亚类为普通亚类，具有附加过程特性的亚类为过渡性亚类，如灰化、漂白、黏化、斑纹等；具有母质残留特性的亚类为继承亚类，如石灰性、酸性、含硫等（龚子同，1999，2007）。

土族是土壤系统分类的基层分类单元。它是在亚类范围内，主要反映与土壤利用类型有关的土壤理化性质发生明显分异的续分单元。同一亚类的土族划分是地域性成土因素引起土壤性质在不同地理区域的具体体现。不同类别的土壤划分土族所依据的指标不同。反映地区性土壤相对稳定性的指标有土壤颗粒大小级别、不同颗粒大小级别土壤矿物学类型、土壤温度状况、土壤酸碱性等（张甘霖等，2013）。

土系是中国土壤系统分类最低级别的基层分类单元，它是由自然界中形态特征相似的单个土体组成的聚合土体。其性状的变异范围较窄，在分类上更具直观性。同一土系的土壤成土母质、所处地形部位及水热状况均相似。在一定垂直深度内，土壤的特征土层的种类、形态、排列层序和层位，以及土壤生产利用的适宜性能大体一致。土系的鉴别指标多种多样，其主要影响土壤利用管理和土壤地区性差异的指标：特征土层的厚度和出现深度、表层土壤质地、土体内新生体、侵入体和岩石碎屑及土壤颜色（张甘霖等，2013）。

4.2　大围山土壤的诊断特征

诊断层、诊断特性和诊断现象是土壤系统分类的基础。凡用于鉴别土壤类别的，在性质上有一系列定量规定的土层称为诊断层。如果用于分类目的的不是土层，而是具有定量规定的土壤性质（形态的、物理的和化学的）则称为诊断特性。诊断层又因其在单个土体中出现的部位不同，续分为诊断表层和诊断表下层。此外，把在性质上已发生明显变化，不能完全满足诊断层或诊断特性的规定条件，但在土壤分类上又有重要意义，即足以作为划分土壤类别依据的称为诊断现象。诊断现象主要用于土类或亚类一级的划分。

4.2.1　土壤诊断层

在《中国土壤系统分类检索》（第三版）中，设有 33 个诊断层、25 个诊断特性和 20 个诊断现象。根据本次大围山土系调查的单个土体剖面的主要形态特征和物理、化学及矿物学性质，对照《中国土壤系统分类检索》中诊断层、诊断特性和诊断现象的标准，在大围山地区 26 个土壤调查小样区中，共涉及 7 个诊断层，即诊断表层有暗瘠表层、淡薄表层和水耕表层；诊断表下层有低活性富铁层、黏化层、雏形层和水耕氧化还原层；9 个诊断特性，即石质接触面、准石质接触面、土壤水分状况（包括湿润土壤水分状况、常湿润土壤水分状况、滞水土壤水分状况）、土壤温度状况（包括热性土壤温度状况、温性土壤温度状况）、潜育特征、氧化还原特征、腐殖质特性、铁质特性和铝质特性；2 个诊断现象，即铝质现象、潜育现象，详述如下（表 4-1）。

表 4-1　大围山地区土壤系统分类诊断层、诊断特性与诊断现象

诊断表层	诊断表下层	诊断特性和诊断现象
暗瘠表层、淡薄表层、水耕表层	雏形层、低活性富铁层、水耕氧化还原层、黏化层	石质接触面，准石质接触面，土壤水分状况（包括湿润土壤水分状况、常湿润土壤水分状况、滞水土壤水分状况），土壤温度状况（包括热性土壤温度状况、温性土壤温度状况），潜育特征，氧化还原特征，腐殖质特性，铁质特性，铝质特性；铝质现象，潜育现象

大围山地区土壤诊断层、诊断特性和诊断现象在海拔带上具有一定的垂直带分异规律。从诊断表层来看，在山体下部或山麓，诊断表层以淡薄表层、水耕表层为主，随海拔升高，在山体中上部 1000m 左右转变为以暗瘠表层为主。从诊断表下层来看，在山体下部或山麓，以低活性富铁层、水耕氧化还原层为主，至山体中上部 900m 左右转变为以黏化层为主。雏形层在大围山 200～1500m 的土壤垂直带上均有分布，在土壤垂直带上无明显分异。

从诊断特性看，随着海拔升高，土壤温度状况在 800m 左右由热性逐渐转为温性，土壤水分状况在 900m 左右由湿润，逐渐转为常湿，在山顶低洼处甚至出现滞水，有时出现潜育特征。在大围山土壤垂直带上，铁质特性和铝质特性突出，盐基不饱和、贫盐基普遍，山顶常出现腐殖质特性和石质接触面。

4.2.1.1　暗瘠表层

暗瘠表层是指土壤有机碳含量高或较高、盐基不饱和的暗色腐殖质表层，除盐基饱和度 <50% 和土壤结构的发育比暗沃表层稍差外，其余均同暗沃表层。在大围山土壤调查的 26 个土系中，共有 12 个土系具有暗瘠表层，占比 46%，主要分布于植被丰富、海拔较高的的中山或高山区，植被以乔木、低矮灌木和草本为主，海拔范围为 700～1600m，成土母质均为花岗岩风化物。大围山的暗瘠表层可续分为 2 类：草甸型暗瘠表层和林下型暗瘠表层。

暗瘠表层的厚度为 17～31cm，润态色调以 10YR 为主，明度为 2～4，彩度为 1～8，土壤有机质含量为 17.1～158.7g/kg，盐基饱和度为 4.3%～45.9%（表 4-2）。

表 4-2　典型土系代表性土体暗瘠表层属性统计

指标	厚度（cm）	明度（润态）	彩度（润态）	有机质（g/kg）	全氮（N）（g/kg）	全磷（P）（g/kg）	全钾（K）（g/kg）	盐基饱和度（%）
最小值	17	2	1	17.1	0.30	0.22	20.9	4.30
最大值	31	4	8	158.7	6.04	1.20	46.0	45.90
平均值	25	2.7	2.6	65.3	2.89	0.72	32.7	21.51

4.2.1.2 淡薄表层

淡薄表层主要分布在植被稀疏的低山和部分海拔较高、坡度较大的中高山土壤中。淡薄表层是发育程度较差的淡色或较薄的腐殖质表层。在大围山土系调查的 26 个小样区中，共有 12 个小样区土壤剖面具有淡薄表层，厚度为 7～49cm，明度为 3～5，彩度为 2～8，土壤有机质为 16.9～58.5g/kg，盐基饱和度为 6.86%～31.36%（表 4-3）。

表 4-3　典型土系代表性土体淡薄表层属性统计

指标	厚度（cm）	明度（润态）	彩度（润态）	有机质（g/kg）	全氮（N）（g/kg）	全磷（P）（g/kg）	全钾（K）（g/kg）	盐基饱和度（%）
最小值	7	3	2	16.9	0.26	0.20	24.1	6.86
最大值	49	5	8	58.5	1.63	0.58	47.3	31.36
平均值	23	3.8	5.8	33.2	0.98	0.36	34.6	11.89

4.2.1.3 水耕表层

因长期淹水耕作形成的人为表层，淹水时，土壤呈半流体泥糊状，土壤有机质的嫌气分解使得土壤呈青灰色；排水后，受氧化作用，孔隙周围产生红棕色的锈纹锈斑。潜育水耕人为土的耕作层厚度为 15cm、游离铁含量为 31.4g/kg，犁底层厚度为 7cm、游离铁含量为 42.0g/kg，容重比 1.03；铁聚水耕人为土的耕作层厚度为 14cm、游离铁含量为 14.4g/kg，犁底层厚度为 6cm、游离铁含量为 58.1g/kg，容重比 1.47（表 4-4）。

表 4-4　典型土系代表性土体水耕表层属性统计

土类	耕作层		犁底层		容重比
	厚度（cm）	游离铁（g/kg）	厚度（cm）	游离铁（g/kg）	
潜育水耕人为土	15	31.4	7	42.0	1.03
铁聚水耕人为土	14	14.4	6	58.1	1.47

4.2.1.4 低活性富铁层

低活性富铁层形成于气候湿热的热带、亚热带，由中度富铝化作用形成的具低活性黏粒和富含游离铁的土层，全称为低活性黏粒-富铁层。在大围山地区，低活性富铁层主要形成于气候湿热低的海拔带，成土母质主要为花岗岩风化物和板、页岩风化物，均分布于普通黏化湿润富铁土（2 个土系）。低活性富铁层厚度为 120～173cm，游离铁含量为 31.4～42.0g/kg，铁的游离度为 51.9%～76.0%，

CEC_7 为 14.4～22.9cmol（＋）/kg 黏粒（表 4-5）。

表 4-5　典型土系代表性土体低活性富铁层属性统计

亚类	厚度（cm）	游离铁（g/kg）	铁的游离度（%）	CEC_7［cmol（＋）/kg 黏粒］	质地类型	土系数量
普通黏化湿润富铁土	120～173	31.4～42.0	51.9～76.0	14.4～22.9	黏壤土至黏土	2

4.2.1.5　水耕氧化还原层

水耕氧化还原层是指水耕条件下铁锰自水耕表层或兼自其下垫土层的上部亚层还原淋溶，或兼有由下面具潜育特征或潜育现象的土层还原上移；并在一定深度中氧化淀积的土层。在大围山调查的 26 个小样区中，水耕氧化还原层仅出现于潜育水耕人为土（1 个土系）、铁聚水耕人为土（1 个土系）中（表 4-6）。

表 4-6　典型土系代表性土体水耕氧化还原层属性统计

土纲	土类	锈纹锈斑（%）	铁锰结核（%）	土系数量
人为土	潜育水耕人为土	15～40	—	1
	铁聚水耕人为土	15～40	5～15	1

注："—"表示未检出

4.2.1.6　黏化层

黏化层主要是由表层黏粒分散后随悬浮液向下迁移并淀积于一定深度中而形成的黏粒淀积层，或由原土层中原生矿物发生土内风化作用，就地形成黏粒并聚集而成的次生黏化层。在大围山地区一般分布在海拔较高、水分条件好、淋溶较强的地带，在 26 个土壤调查小样区中，共有 8 个小样区的土壤剖面上形成了黏化层，其中黏化湿润富铁土包括 2 个土系，铝质常湿淋溶土包括 6 个土系，8 个黏化层的理化属性数据见表 4-7。

表 4-7　典型土系代表性土体黏化层属性统计

土类	平均出现深度（cm）	胶膜（%）	黏粒平均含量（g/kg）	质地类型	土系数量
黏化湿润富铁土	48	10～15	444	砂质黏壤土至黏土	2
铝质常湿淋溶土	40	2～5	226	砂质壤土至黏壤土	6

4.2.1.7　雏形层

雏形层形成于各种气候、地形、母质和植被条件下发育程度较弱的土壤中，形成的风化 B 层无或基本上无物质淀积，未发生明显黏化。大围山地区雏形土的分布面积较广，在海拔 400～1500m 均有分布，铝质常湿雏形土雏形层平均厚度 102cm，质地类型为壤质砂土至砂质壤土，砾石比为 10%～25%；酸性常湿雏形土雏形层平均厚度 27cm，质地类型为砂土至壤质砂土，砾石比为 30%；简育常湿雏形土雏形层平均厚度 193cm，质地类型为砂质壤土至壤土，砾石比为 5%；铝质湿润雏形土雏形层平均厚度 101cm，质地类型为壤土至黏壤土，砾石比为 20%～40%；铁质湿润雏形土雏形层平均厚度 135cm，质地类型为砂质黏壤土至黏壤土，砾石比为 15%；简育湿润雏形土雏形层平均厚度 124cm，质地类型为砂质壤土至壤土，砾石比为 10%（表 4-8）。

表 4-8　典型土系代表性土体雏形层属性统计

土类	上界 （cm）	下界 （cm）	平均厚度 （cm）	质地类型	砾石比（%）	土系数量
铝质常湿雏形土	19	121	102	壤质砂土至砂质壤土	10～25	6
酸性常湿雏形土	19	46	27	砂土至壤质砂土	30	1
简育常湿雏形土	7	200	193	砂质壤土至壤土	5	1
铝质湿润雏形土	20	121	101	壤土至黏壤土	20～40	2
铁质湿润雏形土	25	160	135	砂质黏壤土至黏壤土	15	1
简育湿润雏形土	14	138	124	砂质壤土至壤土	10	1

4.2.2　土壤诊断特性和诊断现象

4.2.2.1　石质接触面与准石质接触面

在大围山地区石质接触面与准石质接触面母岩类型主要为花岗岩，出现深度在 34～90cm，分布于潜育土（1 个土系）、富铁土（1 个土系）、淋溶土（2 个土系）、雏形土（7 个土系）、新成土（2 个土系）中（表 4-9）。

表 4-9　典型土系代表性土体石（准）质接触面属性统计

土纲	土类	深度（cm）	母岩类型	土系数量
潜育土	普通简育滞水潜育土	35	花岗岩	1
富铁土	普通黏化湿润富铁土	75	板、页岩	1
淋溶土	腐殖铝质常湿淋溶土	83	花岗岩	1
	普通铝质常湿淋溶土	40	花岗岩	1
雏形土	腐殖铝质常湿雏形土	25	花岗岩	1
	普通铝质常湿雏形土	63～90	花岗岩	4
	腐殖酸性常湿雏形土	46	花岗岩	1
	黄色铝质湿润雏形土	51	花岗岩	1
新成土	普通湿润正常新成土	34～60	花岗岩	2

4.2.2.2　土壤水分状况

大围山地处中亚热带湿润季风气候区，年平均降水量 1500～2200mm。在海拔＞800m 的地带，常年云雾缭绕，全年各月水分均能下渗通过整个土壤。因此，土壤水分状况为常湿润水分状况。在海拔＞1000m 的高山沼泽谷底地带，由于排水不畅，地表常年积水，形成滞水水分状况（表 4-10）。

表 4-10　土壤水分状况统计

亚纲	土壤水分状况	土系数量
水耕人为土	人为滞水	2
滞水潜育土	滞水	1
湿润富铁土	湿润	2
常湿淋溶土	常湿润	5
湿润淋溶土	湿润	1
常湿雏形土	常湿润	9
湿润雏形土	湿润	4
正常新成土	常湿润	1
正常新成土	湿润	1

4.2.2.3　潜育特征和潜育现象

祷泉湖系属潜育土纲，分布于海拔＞1000m 的高山沼泽湖底，成土母质为花岗岩风化物，受降水和潮湿空气的影响，土体常年积水，表土层以下到 80cm 具有潜育特征，色调 2.5Y～5Y，润态明度为 2～3，润态彩度为 1～2。中塅系地处低丘沟谷地带，土壤剖面 43cm 以下受长期地下水滞水的影响，土体下部出现潜育特征，大观园系因底部排水不畅，110cm 处以下有轻度潜育现象，土壤润态颜色为 10YR 3/1。

4.2.2.4　氧化还原特征

氧化还原特征是由于潮湿水分状况、滞水水分状况或人为滞水水分状况的影响，大多数年份在某一时期内，土壤呈季节性水分饱和状态，发生氧化还原交替作用所形成。在大围山调查的 26 个小样区中，出现氧化还原特征的有人为土（2 个土系）、雏形土（1 个土系）（表 4-11）。

表 4-11　典型土系代表性土体氧化还原特征属性统计

土纲	土类	锈纹锈斑（%）	铁锰结核（%）	土系数量
人为土	潜育水耕人为土	15～40	—	1
人为土	铁聚水耕人为土	15～40	5～15	1
雏形土	铝质湿润雏形土	2～5	—	1

注："—"表示未检出

4.2.2.5　土壤温度状况

土壤温度状况是指土表下 50cm 深处或浅于 50cm 的石质、准石质接触面处的土壤温度。大围山地处中亚热带湿润季风气候，受经纬度、海拔和小地形的影响，年平均气温 16～19℃，50cm 深度处年平均土温 11.5～21.1℃，大部分年平均土温＞16℃，为热性土壤温度状况；只有部分海拔＞700～800m 的中高山区 50cm 深度处土温＜16℃，为温性土壤温度状况。

4.2.2.6　腐殖质特性

腐殖质特性是指热带亚热带土壤或黏质开裂土壤中除 A 层或 A＋AB 层有腐殖质的生物积累外，B 层具有腐殖质的淋淀积累或重力积累的特性。在本次大围山调查的 26 个小样区中，共有 9 个土系具有腐殖质特性，分布在海拔＞600m 的中山区，其中淋溶土中 3 个土系，雏形土中 5 个土系，新成土 1 个土系（表 4-12）。

表 4-12　典型土系代表性土体氧化还原特征属性统计

土纲	亚类	有机碳储量（kg/m^2）	土系数量
淋溶土	腐殖铝质常湿淋溶土	18.6～25.7	3
雏形土	腐殖铝质常湿雏形土	17.1～37.8	3
雏形土	腐殖酸性常湿雏形土	27.9	1
雏形土	腐殖简育常湿雏形土	14.8	1
新成土	普通湿润正常新成土	12.1	1

4.2.2.7　铁质特性

铁质特性是指土壤中游离铁非晶质部分的浸润和赤铁矿、针铁矿微晶的形成，并充分分散于土壤基质内使土壤红化的特性。在本次调查的 26 个小样区中，共有 17 个土系具备铁质特性，占本次调查 26 个小样区的 65%，广泛分布于富铁土（2 个土系）、淋溶土（6 个土系）、雏形土（9 个土系）中（表 4-13）。

表 4-13　典型土系代表性土体铁质特性属性统计

土类	范围（cm）	色调	游离铁（g/kg）	铁的游离度（%）	土系数量
黏化湿润富铁土	0～200	5YR4/8～5YR5/8	28.5～42.9	53.4～75.1	2
铝质常湿淋溶土	0～180	5YR3/3～10YR5/6	22.1～36.9	34.3～62.7	5
铝质湿润淋溶土	0～107	5YR4/8～5YR5/8	29.1	44.4	1
铝质常湿雏形土	0～160	2.5YR5/4～10YR7/4	21.2～33.4	37.6～44.7	5
铝质湿润雏形土	0～160	5YR2/3～10YR3/4	26.4～33.6	52.1～59.5	2
铁质湿润雏形土	0～160	5YR4/8～5YR5/8	49.4	72.3	1
简育湿润雏形土	0～110	2.5YR4/2～10YR4/4	31.6	54.2	1

4.2.2.8 铝质特性与铝质现象

在本次调查的 26 个小样区中，共有 19 个土系具备铝质特性与现象，占本次调查 26 个小样区的 73%，广泛分布于潜育土（1 个土系）、淋溶土（6 个土系）、雏形土（10 个土系）和新成土（2 个土系）中（表 4-14）。

表 4-14 典型土系代表性土体铝质特性与铝质现象属性统计

土类	范围（cm）	CEC_7 [cmol (+)/kg 黏粒]	pH（KCl）	铝饱和度（%）	Al（KCl）[cmol (+)/kg 黏粒]	土系数量
简育滞水潜育土	0~90	34.9~66.1	4.1~4.3	67.8~71.4	18.2~18.5	1
铝质常湿淋溶土	0~180	35.3~201.7	4.2~4.4	67.5~84.1	8.2~43.7	5
铝质湿润淋溶土	0~200	128.4	4.1	70.4	41.6	1
铝质常湿雏形土	0~160	51.5~139.8	4.0~4.3	65.6~75.4	18.2~29.0	7
铝质湿润雏形土	11~160	25.8~58.8	4.1~4.2	72.8~73.6	17.1~21.3	2
铁质湿润雏形土	45~160	42.9	4.1	77.8	13.4	1
湿润正常新成土	0~100	213.7~464.1	4.2~4.3	57.9~70.6	49.6~72.1	2

4.2.3 土壤发生层与发生层特性的表达符号

1. 土壤发生层及表达符号

O：有机层，主要指枯枝落叶层、草根盘结层和泥炭层。

A：腐殖质表层或受耕作影响的表层。

B：物质淀积层或聚积层，或风化 B 层。

C：母质层。

R：基岩。

2. 发生层特性及表达符号

g：潜育特征。

h：腐殖质聚积。

p：耕作影响；Ap1 表示耕作表层；Ap2 表示犁底层。

b：埋藏层；置于属性符号后面。例如，Btb 表示埋藏黏积层，Apb 表示埋藏熟化层。

r：氧化还原。例如，水耕人为土、潮湿雏形土中的斑纹层 Br。

t：黏粒聚积；只用 t 时，一般专指黏粒淀积。例如，Bt 表示黏化层；Btm 表示黏磐。

w：就地风化形成有结构的土层。例如，Bw 表示风化 B 层。

注意事项　①主要发生层出现深度的记载：位于矿质土壤 A 层之上的 O 层，由 A 层向上记载其深度，并前置"+"，例如，Oi：+4~0cm；Ah：0~15cm。

②同一母质不同层次表达为 C1、C2、……；异源母质表达为 1C、2C、……。

4.3 大围山土壤的系统分类和分布

4.3.1 土壤系统分类

按中国土壤系统分类的标准，本次调查大围山地区的 26 个小样区共划分出人为土、富铁土、淋溶土、潜育土、雏形土和新成土 6 个土纲，湿润富铁土、湿润淋溶土和水耕人为土等 8 个亚纲，铝质湿润淋溶土、黏化湿润富铁土和铝质湿润雏形土等 13 个土类，普通黏化湿润富铁土、腐殖铝质常湿淋溶土和腐殖铝质常湿雏形土等 16 个亚类，黏质高岭石型酸性热性 – 普通简育湿润富铁土等 24 个土族和红山系等 26 个土系（表 4-15，表 4-16）。

表 4-15　湘东大围山地区土壤系统分类

土纲	亚纲	土类	亚类	土族	土系	海拔（m）
人为土	水耕人为土	铁聚水耕人为土	普通铁聚水耕人为土	黏壤质混合型非酸性热性 – 普通铁聚水耕人为土	北麓园系	152
人为土	水耕人为土	潜育水耕人为土	普通潜育水耕人为土	黏壤质混合型非酸性热性 – 普通潜育水耕人为土	中塅系	164
富铁土	湿润富铁土	黏化湿润富铁土	普通黏化湿润富铁土	黏质高岭石型酸性热性 – 普通黏化湿润富铁土	红山系	179
雏形土	湿润雏形土	铝质湿润雏形土	普通铝质湿润雏形土	粗骨壤质硅质混合型热性 – 普通铝质湿润雏形土	大窝系	473
淋溶土	湿润淋溶土	铝质湿润淋溶土	普通铝质湿润淋溶土	砂质硅质混合型热性 – 普通铝质湿润淋溶土	泥坞系	482
雏形土	湿润雏形土	铝质湿润雏形土	黄色铝质湿润雏形土	砂质硅质混合型热性 – 黄色铝质湿润雏形土	山星系	650
雏形土	湿润雏形土	简育湿润雏形土	斑纹简育湿润雏形土	黏壤质硅质混合型酸性热性 – 斑纹简育湿润雏形土	大观园系	719
新成土	正常新成土	湿润正常新成土	普通湿润正常新成土	粗骨黏壤质硅质混合型酸性热性 – 普通湿润正常新成土	安洲系	736
富铁土	湿润富铁土	黏化湿润富铁土	普通黏化湿润富铁土	粗骨黏质高岭石混合型酸性热性 – 普通黏化湿润富铁土	白面石系	739
雏形土	湿润雏形土	铁质湿润雏形土	红色铁质湿润雏形土	黏质高岭石型酸性热性 – 红色铁质湿润雏形土	鸡公山系	743
雏形土	常湿雏形土	铝质常湿雏形土	普通铝质常湿雏形土	壤质硅质混合型温性 – 普通铝质常湿雏形土	栗木桥下系	911
淋溶土	常湿淋溶土	铝质常湿淋溶土	普通铝质常湿淋溶土	黏质伊利石混合型温性 – 普通铝质常湿淋溶土	船底窝系	1032

土纲	亚纲	土类	亚类	土族	土系	海拔（m）
雏形土	常湿雏形土	铝质常湿雏形土	普通铝质常湿雏形土	粗骨砂质硅质混合型温性－普通铝质常湿雏形土	栗木桥系	1102
淋溶土	常湿淋溶土	铝质常湿淋溶土	腐殖铝质常湿淋溶土	黏壤质硅质混合型温性－腐殖铝质常湿淋溶土	樱花谷系	1198
淋溶土	常湿淋溶土	铝质常湿淋溶土	普通铝质常湿淋溶土	粗骨砂质硅质混合型温性－普通铝质常湿淋溶土	樱花系	1032
淋溶土	常湿淋溶土	铝质常湿淋溶土	腐殖铝质常湿淋溶土	壤质硅质混合型温性－腐殖铝质常湿淋溶土	五指峰下系	1379
淋溶土	常湿淋溶土	简育常湿淋溶土	腐殖简育常湿淋溶土	壤质硅质混合型酸性温性－腐殖简育常湿淋溶土	红莲寺系	1414
潜育土	滞水潜育土	简育滞水潜育土	普通简育滞水潜育土	粗骨砂质混合型酸性温性－普通简育滞水潜育土	祷泉湖系	1482
雏形土	常湿雏形土	铝质常湿雏形土	腐殖铝质常湿雏形土	壤质硅质混合型温性－腐殖铝质常湿雏形土	陈谷系	1488
淋溶土	常湿淋溶土	铝质常湿淋溶土	普通铝质常湿淋溶土	砂质硅质混合型温性－普通铝质常湿淋溶土	巨石系	1489
雏形土	常湿雏形土	铝质常湿雏形土	腐殖铝质常湿雏形土	壤质硅质混合型温性－普通铝质常湿雏形土	扁担坳系	1498
淋溶土	常湿淋溶土	铝质常湿淋溶土	腐殖铝质常湿淋溶土	粗骨壤质硅质混合型温性－腐殖铝质常湿淋溶土	狮脑石系	1550
新成土	正常新成土	湿润正常新成土	普通湿润正常新成土	粗骨壤质硅质混合型酸性温性－普通湿润正常新成土	五指石系	1560
雏形土	常湿雏形土	酸性常湿雏形土	腐殖酸性常湿雏形土	粗骨砂质硅质混合型温性－腐殖酸性常湿雏形土	七星峰下系	1564
雏形土	常湿雏形土	铝质常湿雏形土	腐殖铝质常湿雏形土	粗骨砂质硅质混合型温性－腐殖铝质常湿雏形土	七星峰系	1573
淋溶土	常湿淋溶土	铝质常湿淋溶土	腐殖铝质常湿淋溶土	壤质硅质混合型温性－腐殖铝质常湿淋溶土	五指峰系	1573

表 4-16 湘东大围山地区土系在中国土壤系统分类系统中的归属统计

土纲	亚纲	土类	亚类	土族	土系	海拔（m）
人为土	1	2	2	2	2	140～170
潜育土	1	1	1	1	1	1482
富铁土	1	1	1	2	2	160～800
淋溶土	2	3	4	8	9	470～1550
雏形土	2	5	7	9	10	460～1570
新成土	1	1	1	2	2	730～1570
合计	8	13	16	24	26	124～1608

在大围山地区的土壤系统分类中，土纲以雏形土为主。在各等级上，系统分类比发生分类具有更强的划分能力。按中国土壤系统分类的标准，大围山土壤土纲的垂直带谱为雏形土、富铁土（＜900m）—雏形土、淋溶土（900～1500m）—雏形土、新成土（＞1500m）。

雏形土纲是土壤剖面发育程度较低的未成熟土壤，除具有明显诊断特性的土纲和无诊断特性或仅有淡色表层或暗色表层的新成土纲之外，其余都归入雏形土纲。雏形土在大围山各海拔带均有分布，是分布范围和面积最广的土纲。富铁土是根据该类土壤在形成过程中因受中度富铝化作用，导致土体中氧化铁相对富集，并呈现铁质特性和低活性黏粒特征而确定的。在大围山海拔＜800m 的低山丘陵区，由于温暖湿润的气候及较为低平的地形，土体中层状铝硅酸盐次生黏土矿物容易分解，盐基离子淋失较为强烈，脱硅富铁铝化作用明显。因此，该地带土壤容易受中度富铝化作用和低活性黏粒累积作用的影响，进而形成低活性富铁层，发育成富铁土。

淋溶土纲必须含有黏化层这一诊断层，主要形成于温带湿润气候地区。层状硅酸盐次生黏土矿物风化形成黏粒，随土壤水沿剖面发生迁移淀积，形成黏化层。在大围山海拔＞900m 的山体中部地带，由于水热条件的变化，土体内淋溶系数增大，但富铝化作用较弱，多形成活性较高的黏化层，发育成淋溶土。新成土纲是指具有弱度或者没有土层分化的土壤，一般有一个淡薄表层或人为扰动层次及不同的岩性特征。在大围山地区，新成土纲一般分布在海拔＞1400m 的山顶或陡坡处。由于山顶陡坡地带不断进行着侵蚀和堆积作用，一方面土体不断被侵蚀，土壤始终处于年轻状态；另一方面不断的沉积和堆积作用，使土壤形成过程一次又一次地被打断，而无法进一步发育成其他类型的土壤。

4.3.2　土壤系统分类与发生分类的比较

4.3.2.1　土壤发生分类与系统分类的参比

土壤发生分类是以地带性生物气候条件为首要依据，而土壤系统分类则是以定量限定的诊断层和诊断特性所反映的属性为依据。由于土壤地理发生分类与土壤系统分类的分类原则和方法不同，两者之间参比的对应性不强，只能是一种近似参比。

按照《中国土壤》（全国土壤普查办公室，1998）和《湖南土壤》（杨锋，1989）的分类标准，在高级分类单元上，大围山土壤地理发生分类与土壤系统分类参比如下：发生分类中的湿热铁铝土亚纲按是否具有低活性富铁层、黏化层、雏形层等诊断层和常湿、湿润土壤水分状况可参比到系统分类中的湿润富铁土、湿润淋溶土、湿润雏形土和正常新成土亚纲中；湿暖淋溶土亚纲按其具备相应的诊断层和诊断特性可参比到系统分类中的常湿淋溶土、常湿雏形土和正常新成土亚纲；淡半水成土可参比到滞水潜育土、常湿淋溶土、常湿雏形土和正常新成土亚纲中，人为水成土则对应系统分类的水耕人为土（表 4-17）。

表 4-17　大围山土壤发生分类与土壤系统分类高级分类单元参比

土壤发生分类				土壤系统分类			
土纲	亚纲	土类	亚类	土纲	亚纲	土类	亚类
铁铝土	湿热铁铝土	红壤	红壤	富铁土	湿润富铁土	黏化湿润富铁土	普通黏化湿润富铁土
				淋溶土	湿润淋溶土	铝质湿润淋溶土	普通铝质湿润淋溶土
				雏形土	湿润雏形土	铝质湿润雏形土	普通铝质湿润雏形土
			黄红壤	富铁土	湿润富铁土	黏化湿润富铁土	普通黏化湿润富铁土
						铁质湿润雏形土	红色铁质湿润雏形土
				雏形土	湿润雏形土	铝质湿润雏形土	黄色铝质湿润雏形土
						简育湿润雏形土	斑纹简育湿润雏形土
			红壤性土	新成土	正常新成土	湿润正常新成土	普通湿润正常新成土
	湿暖铁铝土	黄壤	黄壤	雏形土	常湿雏形土	铝质常湿雏形土	普通铝质常湿雏形土
				淋溶土	常湿淋溶土	铝质常湿淋溶土	腐殖铝质常湿淋溶土
							普通铝质常湿淋溶土
			黄壤性土	雏形土	常湿雏形土	铝质常湿雏形土	普通铝质常湿雏形土
				新成土	正常新成土	湿润正常新成土	普通湿润正常新成土
淋溶土	湿暖淋溶土	黄棕壤	暗黄棕壤	淋溶土	常湿淋溶土	铝质常湿淋溶土	腐殖铝质常湿淋溶土
							普通铝质常湿淋溶土
						简育常湿淋溶土	腐殖简育常湿淋溶土
				雏形土	常湿雏形土	铝质常湿雏形土	腐殖铝质常湿雏形土
							普通铝质常湿雏形土
				新成土	正常新成土	湿润正常新成土	普通湿润正常新成土
半水成土	淡半水成土	山地草甸土	山地灌丛草甸土	潜育土	滞水潜育土	简育滞水潜育土	普通简育滞水潜育土
				淋溶土	常湿淋溶土	铝质常湿淋溶土	腐殖铝质常湿淋溶土
				雏形土	常湿雏形土	铝质常湿雏形土	腐殖铝质常湿雏形土
						酸性常湿雏形土	腐殖酸性常湿雏形土
				新成土	正常新成土	湿润正常新成土	石质湿润正常新成土
人为土	人为水成土	水稻土	潴育性水稻土	人为土	水耕人为土	铁聚水耕人为土	普通铁聚水耕人为土
						潜育水耕人为土	普通潜育水耕人为土

在目前中国两种土壤分类制并存的背景下，以具有诊断属性指标与重要鉴别性状的土系为中心，将具抽象概念的土种与之参比，不仅能推动土壤信息的交流，也有助于挖掘土壤调查历史资料的应用潜力。土种与土系是以属性为主要依据、实体为对象、联系景观条件为原则，通过土壤的地理分布区相似、成土物质类型与属性相似和土壤形态与理化性状相似进行参比。

通过收集湖南省第二次土壤普查中有关大围山地区的土壤分类资料，在基层分类单元上，针对大围山地区地理发生分类中的土种与土壤系统分类中的土系进行参比。花岗岩风化物发育的厚腐厚土花岗岩红壤可参比到普通黏化湿润富铁土中的红山系和普通铝质湿润淋溶土中的泥坞系，厚腐厚土板、页岩黄红壤可参比到普通黏化湿润富铁土中的白面石系，薄腐花岗岩红壤性土可参比到普通湿润正常新成土中的安洲系，沼泽性草甸土可参比到普通简育滞水潜育土中的祷泉湖系等（表 4-18）。

表 4-18　大围山土壤发生分类与土壤系统分类基层分类单元参比

土壤发生分类		土壤系统分类	
土属	土种	土族	土系
花岗岩红壤	厚腐厚土花岗岩红壤	黏质高岭石型酸性热性－普通黏化湿润富铁土	红山系
		砂质硅质混合型热性－普通铝质湿润淋溶土	泥坞系
板、页岩红壤	厚腐厚土板、页岩红壤	粗骨壤质硅质混合型热性－普通铝质湿润雏形土	大窝系
板、页岩黄红壤	厚腐厚土板、页岩黄红壤	粗骨质黏质高岭石混合型酸性热性－普通黏化湿润富铁土	白面石系
花岗岩黄红壤	厚腐厚土花岗岩黄红壤	黏质高岭石型酸性热性－红色铁质湿润雏形土	鸡公山系
	中腐中土花岗岩黄红壤	砂质硅质混合型热性－黄色铝质湿润雏形土	山星系
耕型花岗岩黄红壤	黄红麻沙土	黏壤质硅质混合型酸性热性－斑纹简育湿润雏形土	大观园系
花岗岩红壤性土	薄腐花岗岩红壤性土	粗骨黏壤质硅质混合型酸性热性－普通湿润正常新成土	安洲系
花岗岩黄壤	厚腐厚土花岗岩黄壤	粗骨砂质硅质混合型温性－普通铝质常湿雏形土	栗木桥系
		粗骨砂质硅质混合型温性－普通铝质常湿淋溶土	樱花系
		黏壤质硅质混合型温性－腐殖铝质常湿淋溶土	樱花谷系
		黏质伊利石混合型温性－普通铝质常湿淋溶土	船底窝系
花岗岩黄壤性土	厚腐花岗岩黄壤性土	壤质硅质混合型温性－普通铝质常湿雏形土	栗木桥下系
花岗岩暗黄棕壤	厚腐厚土花岗岩暗黄棕壤	壤质硅质混合型温性－腐殖铝质常湿淋溶土	五指峰下系
		砂质硅质混合型温性－普通铝质常湿淋溶土	巨石系
		壤质硅质混合型温性－腐殖铝质常湿雏形土	陈谷系
	中腐厚土花岗岩暗黄棕壤	壤质硅质混合型温性－普通铝质常湿雏形土	扁担坳系
	薄腐厚土花岗岩暗黄棕壤	壤质硅质混合型酸性温性－腐殖简育常湿淋溶土	红莲寺系

土壤发生分类		土壤系统分类	
土属	土种	土族	土系
花岗岩暗黄棕壤	中腐中土花岗岩暗黄棕壤	粗骨壤质硅质混合型酸性温性 - 普通湿润正常新成土	五指石系
沼泽性草甸土	沼泽性草甸土	粗骨砂质混合型酸性温性 - 普通简育滞水潜育土	祷泉湖系
花岗岩山地灌丛草甸土	麻沙草甸土	粗骨壤质硅质混合型温性 - 腐殖铝质常湿淋溶土	狮脑石系
		壤质硅质混合型温性 - 腐殖铝质常湿淋溶土	五指峰系
		粗骨砂质硅质混合型温性 - 腐殖铝质常湿雏形土	七星峰系
		粗骨砂质硅质混合型温性 - 腐殖酸性常湿雏形土	七星峰下系
麻沙泥	麻沙泥	黏壤质混合型非酸性热性 - 普通铁聚水耕人为土	北麓园系
黄泥田	青隔黄泥	黏壤质混合型非酸性热性 - 普通潜育水耕人为土	中墩系

4.3.2.2　土壤发生分类与系统分类的分类数量比较

土壤发生分类与土壤系统分类的根本差异在于"条件和属性""中心和边界"及"分区和分类"之间的差异。土壤发生分类重视成土条件和推测的成土过程，不重视土壤本身的属性，结果是把同一地区、同一母质、类似海拔带处于不同发育阶段的土壤都划分为同一个土类或亚类。土壤系统分类在遵循土壤发生学理论的基础上，重视土壤本身性质，以定量的诊断层和诊断特性为依据，划分土壤类型，体现土壤发育程度的差异。

按土壤地理发生分类标准，大围山地区 26 个调查小样区共划分出 4 个土纲，其中铁铝土 13 个，占比 50%；淋溶土 6 个，占比 23%；半水成土 5 个，占比 19%；人为土 2 个，占比 8%；按土壤系统分类标准，划分出 6 个土纲，以雏形土数量最多，共 10 个，占比 38%；淋溶土 9 个，占比 34%；新成土 2 个，占比 8%；富铁土 2 个，占比 8%；人为土 2 个，占比 8%；潜育土 1 个，占比 4%（表 4-19）。与土壤地理发生分类相比，基于土壤诊断的系统分类方法，划分的土壤类型的数量更多。

表 4-19　土壤发生分类与系统分类划分的土纲数量和比例

土壤发生分类			土壤系统分类		
土纲	个数	比例（%）	土纲	个数	比例（%）
铁铝土	13	50	雏形土	10	38
淋溶土	6	23	淋溶土	9	34
半水成土	5	19	新成土	2	8
人为土	2	8	富铁土	2	8
			人为土	2	8
			潜育土	1	4

4.3.2.3　土壤垂直带分布的比较

随着海拔升高，土壤水热条件呈规律性变化，土壤类型在大围山垂直带上呈规律性分布。在土壤发生分类体系中，由于只考虑地带性的环境因素，土纲的垂直分布规律十分明显，在海拔 1000～1200m 及以下均发育为铁铝土纲，在海拔 1200～1500m 的中山均分布为淋溶土纲，在海拔高于 1500m 的高山地带则分布发育程度低的半水成土（图 4-5）。

土壤系统分类体系的基础是土壤诊断层和诊断特性，综合考虑土壤温度、土壤水分、地形、植被和母质的诸多成土因素作用下土壤性质的差异，所划分出土壤垂直带上土纲的分布规律与发生分类体系有所不同。雏形土纲的分布范围最广，在任意海拔带上均有出现；富铁土纲主要分布于海拔低于 900m 的低山丘陵区，淋溶土纲主要分布在海拔 900～1500m 的中山区，新成土则主要分布海拔高于 1500m 的高山顶部和陡坡地带（图 4-5）。

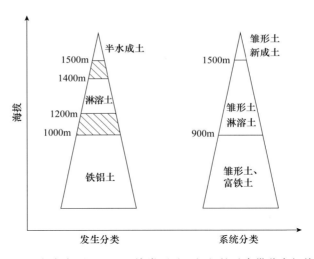

图 4-5　湘东大围山地区土壤类型（土纲）的垂直带分布规律

参 考 文 献

长沙市土壤肥料工作站. 1985. 长沙市土壤. 长沙：长沙市土壤肥料工作站.

冯跃华. 2005. 井冈山土壤发生特性与系统分类研究. 土壤学报, 42 (5)：720-729.

龚子同, 陈志诚, 张甘霖, 等. 1999. 中国土壤系统分类（理论·方法·实践）. 北京：科学出版社.

龚子同, 张甘霖, 陈志诚, 等. 2007. 土壤发生与系统分类. 北京：科学出版社.

湖南省农业厅. 1987. 湖南土种志. 长沙：湖南省农业厅.

李军, 张杨珠, 赵荣进, 等. 2013. 蓝山县山地土壤发生特性与系统分类研究. 湖南农业科学, (5)：45-48.

浏阳县土壤普查办公室. 1982. 湖南省浏阳县土壤志. 长沙：浏阳县土壤普查办公室.

全国土壤普查办公室. 1998. 中国土壤. 北京：中国农业出版社.

韦启璠, 龚子同. 1995. 湘西雪峰山土壤形成特点及其分类. 土壤学报, 32：134-142.

杨锋. 1989. 湖南土壤. 北京：农业出版社.

张甘霖，龚子同，杨金玲，等. 2012. 土壤调查实验室分析方法. 北京：科学出版社.

张甘霖，李德成. 2016. 野外土壤描述与采样手册. 北京：科学出版社.

张甘霖，王秋兵，张凤荣，等. 2013. 中国土壤系统分类土族和土系划分标准. 土壤学报，50(4)：826-834.

中国科学院南京土壤研究所土壤系统分类课题组. 2001. 中国土壤系统分类检索. 3 版. 合肥：中国科学技术大
　学出版社.

第5章　大围山典型土系

5.1　人　为　土　纲

5.1.1　普通潜育水耕人为土亚类

5.1.1.1　中塅系（Zhongduan Series）（冯旖等，2016）

土族：黏壤质混合型非酸性热性 - 普通潜育水耕人为土

拟定者：张杨珠，黄运湘，盛浩，廖超林，欧阳宁相

分布与成土环境：该土系主要分布于湘东北地区低山丘陵沟谷地（图 5-1），海拔 150～180m；成土母质为板、页岩风化物；土地利用状况为水田，典型种植制度为双季稻 - 油菜 / 休闲或一季稻；属于中亚热带湿润季风气候，年平均气温 16～17℃，年平均降水量 1400～1500mm。

图 5-1　中塅系典型景观

土系特征与变幅：诊断层包括水耕表层、水耕氧化还原层；诊断特性包括人为滞水土壤水分状况、潜育特征、氧化还原特征、热性土壤温度状况。土壤色调 2.5Y～10YR，明度 3～4，彩度 2～4。土体厚度在 130cm 以上，土体构型为 Ap1-Ap2-Br-Bg。细土质地粉砂质壤土、壤土。土壤剖面的中下部（43～130cm）野外速测呈强度亚铁反应，具潜育特征。土壤酸性反应，pH（H$_2$O）和 pH（KCl）分别为 5.2～5.8 和 3.9～4.9，土壤有机碳含量为 8.04～20.04g/kg，全铁含量为

27.5～48.0g/kg，游离铁含量为 9.4～29.4g/kg。

对比土系：北麓园系，同一亚纲，土地利用类型均为水田；但北麓园系土壤剖面在 1m 深度以内未出现潜育特征，不属于潜育水耕人为土土类，且成土母质为花岗岩风化物，故划为不同土系。

利用性能综述：该土系土体发育深厚，耕层质地粉砂质壤土，通透性和耕性较好，但耕作层较浅薄，应注重深耕深翻以加深耕层；耕层土壤呈酸性反应，呈一定程度的酸化现象，有必要因地制宜施用石灰，提升耕层 pH，土壤有机质、全氮和全钾含量丰富，但全磷含量较低，可适当增施磷肥。

参比土种：青隔黄泥

代表性单个土体：位于浏阳市大围山镇中塅村赵家组，地理位置：113°58′2″E，28°28′21″N，海拔 164m，低丘沟谷地带，成土母质为板、页岩风化物，土地利用类型为水田，典型种植制度为双季稻‐油菜或一季稻。估算的 50cm 土温为 18.6℃。剖面野外调查时间为 2015 年 1 月 23 日，野外编号为 43-CS14，土体剖面参见图 5-2，土体理化性质参见表 5-1、表 5-2。

图 5-2　中塅系代表性单个土体剖面

表 5-1　中塅系代表性单个土体物理性质

| 土层 | 深度（cm） | 石砾（>2mm%V） | 细土颗粒组成（g/kg） | | | 质地 | 容重（g/cm） |
			砂粒（2～0.05mm）	粉粒（0.05～0.002mm）	黏粒（<0.002mm）		
Ap1	0～15	2	158	636	206	粉砂质壤土	1.14
Ap2	15～22	10	165	620	215	粉砂质壤土	1.17
Br	22～43	10	392	395	213	壤土	1.57
Bg1	43～81	30	364	416	220	壤土	1.40
Bg2	81～119	30	228	557	215	粉砂质壤土	1.49
Bg3	119～130	0	237	534	229	粉砂质壤土	1.70

表 5-2　中塅系代表性单个土体化学性质

土层	pH（H₂O）	pH（KCl）	全铁（g/kg）	游离铁（g/kg）	CEC［cmol（+）/kg］	有机碳（g/kg）	全氮（N）（g/kg）	全磷（P）（g/kg）	全钾（K）（g/kg）
Ap1	5.4	4.6	35.7	21.9	12.87	20.04	2.00	0.78	29.66
Ap2	5.7	4.9	44.8	29.4	11.42	17.45	1.66	0.43	31.82

土层	pH（H₂O）	pH（KCl）	全铁（g/kg）	游离铁（g/kg）	CEC［cmol（+）/kg］	有机碳（g/kg）	全氮（N）（g/kg）	全磷（P）（g/kg）	全钾（K）（g/kg）
Br	5.8	4.6	48.0	28.1	8.80	13.58	1.28	0.06	32.55
Bg1	5.4	3.9	34.5	15.8	8.56	15.48	1.27	0.10	30.38
Bg2	5.3	4.1	27.5	12.5	8.02	18.12	1.21	0.00	29.34
Bg3	5.2	4.1	29.9	9.4	5.59	8.04	0.81	0.06	30.34

　　Ap1：0～15cm，黄棕色（2.5Y 5/6，干），浊黄橙色（10YR 6/3，润），粉砂质壤土，中量细根系，棱块状结构，很高量根孔、粒间孔隙，土体稍坚实，多量铁锰斑纹，向下层渐变平滑过渡。

　　Ap2：15～22cm，亮黄棕色（2.5Y 6/6，干），浊黄橙色（10YR 6/3，润），粉砂质壤土，少量细根系，棱块状结构，高量根孔、粒间孔隙，土体坚实，中量铁锰斑纹，向下层渐变平滑过渡。

　　Br：22～43cm，浊黄色（2.5Y 6/3，干），浊黄橙色（10YR 6/3，润），壤土，棱块状结构，中量粒间孔隙，土体坚实，多量铁锰斑纹，少量黏粒胶膜，少量铁锰结核，向下层清晰波状过渡。

　　Bg1：43～81cm，淡黄色（2.5Y 7/3，干），棕色（10YR 4/4，润），壤土，棱块状结构，少量粒间孔隙，土体坚实，多量铁锰斑纹，少量黏粒胶膜，向下层渐变平滑过渡。

　　Bg2：81～119cm，灰黄色（2.5Y 7/2，干），暗灰黄色（10YR 4/4，润），粉砂质壤土，棱块状结构，少量粒间孔隙，土体稍坚实，强度亚铁反应，向下层渐变平滑过渡。

　　Bg3：119～130cm，灰黄色（2.5Y 7/2，干），浊黄棕色（10YR 5/3，润），粉砂质壤土，片状结构，少量粒间孔隙，土体稍坚实，中度亚铁反应。

5.1.2　普通铁聚水耕人为土亚类

5.1.2.1　北麓园系（Beiluyuan Series）（冯旖等，2016）

土族：黏壤质混合型非酸性热性－普通铁聚水耕人为土

拟定者：张杨珠，周清，廖超林，张伟畅，欧阳宁相

分布与成土环境：该土系主要分布于湘东地区低山丘陵坡麓地带（图5-3），海拔140～170m；成土母质为花岗岩风化物；土地利用状况为水田，典型种植制度为双季稻、双季稻－油菜或一季稻；属于中亚热带湿润季风气候，年平均气温16～17℃，年平均降水量1400～1500mm。

土系特征与变幅：诊断层包括水耕表层、水耕氧化还原层，诊断特性包括人为滞水土壤水分状况、氧化还原特征、热性土壤温度状况。土壤色调为2.5Y～10YR，明度3～6，彩度1～8。土体厚度在130～140cm及以上，土体构型

图 5-3　北麓园系典型景观

Ap1-Ap2-Br，土壤质地为黏壤土、砂质黏壤土或壤土。土壤呈酸性反应，pH（H$_2$O）和 pH（KCl）分别为 5.2～6.4 和 4.2～5.4；土壤有机碳含量为 2.17～23.72g/kg。全铁含量为 20.7～54.8g/kg；全铝含量为 68.9～75.0g/kg；全硅含量为 319.0～371.3g/kg；全锰含量为 0.21～2.32g/kg。游离铁含量为 10.0～40.6g/kg，活性铁含量为 2.1～6.3g/kg。

对比土系：中塅系，同一亚纲，土地利用类型均为水田；但中塅系 60cm 以内出现厚度＞10cm 具有潜育特征的土层，且成土母质为板、页岩风化物，故划分为不同土系。

利用性能综述：土体发育较深厚，但耕作层较浅薄；耕层土壤质地为壤土，通透性好，耕性好，犁底层土体稍坚实，保水保肥能力好。耕层土壤有机质、全氮、全钾含量丰富，全磷含量较高。但耕层土壤呈酸性，酸化较为严重。宜搞好农田基本建设，强化灌溉排水条件；注重深耕深翻、加深耕层；增施有机肥和实行秸秆还田以培肥土壤，改善土壤结构；施用石灰，提升耕层土壤 pH；大力种植绿肥，实行用地养地相结合；适当增施磷肥，平衡土壤养分。

参比土种：麻沙泥

代表性单个土体：位于浏阳市大围山镇北麓园村葵花组，地理位置：114°4′3″E，28°28′5″N，海拔152m，低丘下部，成土母质为花岗岩风化物，土地利用类型为水田，典型种植制度为双季稻-油菜或一季稻。估算的50cm 土温为18.6℃。剖面野外调查时间为2015年1月20日，野外编号为43-CS13，土体剖面参见图5-4，

图 5-4　北麓园系代表性单个土体剖面

土体理化性质参见表 5-3、表 5-4。

表 5-3 北麓园系代表性单个土体物理性质

| 土层 | 深度（cm） | 石砾（>2mm%V） | 细土颗粒组成（g/kg） | | | 质地 | 容重（g/cm） |
			砂粒（2~0.05mm）	粉粒（0.05~0.002mm）	黏粒（<0.002mm）		
Ap1	0~14	2	407	370	223	壤土	1.00
Ap2	14~20	2	364	333	303	黏壤土	1.47
Br1	20~29	2	381	361	258	壤土	1.46
Br2	29~53	0	671	143	188	砂质壤土	1.42
Br3	53~64	0	328	483	189	壤土	1.54
Br4	64~116	0	381	408	211	壤土	1.52
Br5	116~140	0	338	458	204	壤土	1.47

表 5-4 北麓园系代表性单个土体化学性质

土层	pH（H₂O）	pH（KCl）	全铁（g/kg）	游离铁（g/kg）	CEC［cmol（+)/kg］	有机碳（g/kg）	全氮（N）（g/kg）	全磷（P）（g/kg）	全钾（K）（g/kg）
Ap1	5.2	4.2	20.7	10.0	11.19	23.72	2.08	0.44	40.74
Ap2	5.6	4.5	54.8	40.6	8.66	8.54	0.85	0.26	25.90
Br1	6.2	5.0	40.5	25.8	8.44	5.74	0.71	0.33	28.23
Br2	6.2	5.1	36.8	22.8	7.31	3.89	0.46	0.32	27.05
Br3	6.3	5.2	31.6	21.0	5.71	2.17	0.39	0.25	25.98
Br4	6.4	5.2	41.9	25.8	6.72	2.19	0.52	0.38	28.55
Br5	6.2	5.4	43.4	27.3	7.09	2.18	0.56	0.37	29.19

Ap1：0~14cm，橄榄棕色（2.5Y 4/4，干），黑棕色（10YR 2/3，润），大量细根，团块状结构，很高量根孔、粒间孔隙，土体疏松，向下层平滑清晰过渡。

Ap2：14~20cm，亮黄棕色（2.5Y 6/8，干），浊黄橙色（10YR 6/3，润），少量极细根，团块状结构，中量根孔、粒间孔隙，土体坚实，少量的铁锰胶膜，向下层平滑清晰过渡。

Br1：20~29cm，亮黄棕色（2.5Y 6/6，干），浊黄橙色（10YR 6/4，润），块状结构，少量粒间孔隙，土体坚实，少量铁锰胶膜，向下层平滑清晰过渡。

Br2：29~53cm，亮黄棕色（2.5Y 6/6，干），浊黄橙色（10YR 6/4，润），块状结构，少量粒间孔隙，土体坚实，大量铁锰斑纹和黏粒胶膜、中量锰结核，向下层平滑清晰过渡。

Br3：53~64cm，浊黄色（2.5Y 6/4，干），浊黄橙色（10YR 6/3，润），块状结构，少量粒间孔隙，土体坚实，大量铁锰斑纹和黏粒胶膜，中量锰结核，向下层波状清晰过渡。

Br4：64～116cm，亮黄棕色（2.5Y 6/6，干），浊黄橙色（10YR 6/3，润），块状结构，少量粒间孔隙，土体坚实，少量的铁锰胶膜和很少量的黏粒胶膜，向下层清晰平滑过渡。

Br5：116～140cm，黄棕色（2.5Y 5/4，干），浊黄橙色（10YR 6/3，润），块状结构，少量粒间孔隙，土体坚实，中量的铁锰胶膜和很少量的铁锰结核。

5.2　潜育土纲

5.2.1　普通简育滞水潜育土亚类

5.2.1.1　祷泉湖系（Daoquanhu Series）

土族：粗骨砂质混合型酸性温性-普通简育滞水潜育土

拟定者：张杨珠，周清，黄运湘，张义，欧阳宁相

分布与成土环境：该土系主要分布于湘东花岗岩中、高山湿地沼泽湖区域（图 5-5），海拔 1300～1500m，成土母质为花岗岩风化物。土地利用状况为草地，中亚热带山地冷凉气候，年平均气温 13～14℃，年平均无霜期 280～290d，年平均日照 1500～1700h，年平均降水量 2000～2200mm。

图 5-5　祷泉湖系典型景观

土系特征与变幅：本土系诊断层为暗瘠表层，诊断特性包括准石质接触面、滞水土壤水分状况、潜育特征、温性土壤温度状况，诊断现象有铝质现象。土体构型为 Ahg-Bg-BC，土层发育深厚，一般厚度＞150cm，土壤剖面长期受滞水影响，土壤以淹水还原状态为主，0～77cm 土层均有潜育特征，土壤表层质地为砂质黏土，土壤润态颜色色调以 2.5YR 为主，在剖面 24～160cm 处有 18%～

图 5-6　祷泉湖系代表性单个土体剖面

40% 花岗岩风化岩石碎屑，pH（H₂O）和 pH（KCl）分别为 5.1～5.6 和 3.8～4.2，土壤有机碳含量为 5.71～50.60g/kg，全铁含量为 19.8～62.1g/kg，全铝含量为 74.7～172.2g/kg，全硅含量为 666.1～849.1g/kg，土壤游离铁含量为 8.9～14.9g/kg，铁的游离度为 31.3%～63.9%。

对比土系：无

利用性能综述：表层土壤有机质含量高，土壤质地偏黏。由于地表滞水作用强烈，土体长期处于淹水还原状态下，0～77cm 土层均有潜育特征，土壤结构松软。地势高、原生湿地植被保存完好，应禁止开发利用，降低人为干扰（如减少旅游踩踏、游道硬化），控制旅游容量，恢复和保育湖边灌草丛植被和湿地植被，保护地面植被覆盖，阻止水土泥沙的流失，重点保育好浏阳河源头，发挥其涵养水源的生态效益。

参比土种：沼泽性草甸土

代表性单个土体：位于浏阳市大围山国家级自然保护区内七星岭景区附近的祷泉湖底，地理位置：114°9′12″E，28°26′2″N，海拔 1481.5m，高山沼泽湖底地带，成土母质为花岗岩风化物，土地利用类型为草地。估算的 50cm 土温为 13.4℃。野外调查时间为 2015 年 1 月 26 日，编号为 43-LY24，土体剖面参见图 5-6，土体理化性质参见表 5-5、表 5-6。

Ahg：0～12cm，暗橄榄棕色（2.5Y 3/3，干），黑色（2.5Y 2/1，润），大量细根，砂质黏土，发育程度强的中团粒状结构，中量石英颗粒，大量细根孔、粒间孔隙，土体疏松，中度亚铁反应，向下波状模糊过渡。

表 5-5　祷泉湖系代表性单个土体物理性质

土层	深度（cm）	石砾（>2mm%V）	细土颗粒组成（g/kg）			质地	容重（g/cm）
			砂粒（2～0.05mm）	粉粒（0.05～0.002mm）	黏粒（<0.002mm）		
Ahg	0～12	10	541	79	380	砂质黏土	0.93
Bg1	12～32	20	592	240	170	砂质壤土	1.25
Bg2	32～53	30	621	243	136	砂质壤土	1.21
Bg3	53～77	40	866	65	69	砂土	1.57
BC	77～91	35	604	222	174	砂质壤土	1.57

表 5-6　祷泉湖系代表性单个土体化学性质

土层	pH（H₂O）	pH（KCl）	游离铁（g/kg）	铁的游离度（%）	CEC₇[cmol（＋）/kg 黏粒]	有机碳（g/kg）	全氮（N）（g/kg）	全磷（P）（g/kg）	全钾（K）（g/kg）
Ahg	5.2	3.9	10.7	37.4	29.9	50.60	0.30	0.62	31.7
Bg1	5.1	3.8	10.0	31.3	39.9	29.48	0.39	0.56	31.2
Bg2	5.3	3.9	14.9	34.4	57.5	13.14	0.28	0.50	38.3
Bg3	5.3	4.2	8.9	63.9	115.1	5.71	0.31	0.22	22.1
BC	5.6	4.2	13.3	40.8	65.7	5.83	1.44	0.43	34.4

　　Bg1：12～32cm，橄榄棕色（2.5Y 4/3，干），黑色（2.5Y 2/1，润），大量细根，砂质黏土，发育程度中等的小块状结构，大量石英颗粒，大量细根孔、细粒间孔隙，土体疏松，中度亚铁反应，向下平滑清晰过渡。

　　Bg2：32～53cm，浅淡黄色（2.5Y 8/4，干），黑棕色（2.5Y 3/2，润），中量细根，砂质黏土，发育程度弱的中块状结构，大量石英颗粒，少量细粒间孔隙，土体疏松，中度亚铁反应，向下平滑清晰过渡。

　　Bg3：53～77cm，淡灰色（10YR 7/1，干），橄榄黑（5Y 3/2，润），少量细根，砂土，发育程度弱的中块状结构，大量石英颗粒，少量细粒间孔隙，土体疏松，中度亚铁反应，向下平滑清晰过渡。

　　BC：77～91cm，浅淡黄色（5Y 8/4，干），暗橄榄棕色（2.5Y 3/3，润），砂质壤土，发育程度很弱的小块状结构，大量石英颗粒，少量细粒间孔隙，土体稍坚实，向下平滑清晰过渡。

5.3　富　铁　土　纲

5.3.1　普通黏化湿润富铁土亚类

5.3.1.1　白面石系（Baimianshi Series）（张义等，2016）

　　土族：粗骨黏质高岭石混合型酸性热性 - 普通黏化湿润富铁土

　　拟定者：张杨珠，周清，黄运湘，张义，欧阳宁相

　　分布与成土环境：该土系分布于湘东地区浏阳市大围山板、页岩低山中坡地带（图 5-7），海拔 700～800m，成土母质为板、页岩风化物。土地利用状况为林地，中亚热带湿润季风气候，年平均气温 15～16℃，年平均降水量 1400～1600mm。

　　土系特征与变幅：诊断层包括淡薄表层、低活性富铁层、黏化层，诊断特性包括准石质接触面、湿润土壤水分状况、热性土壤温度状况和铁质特性。土体厚度较厚，深度≥100cm，土壤发育较成熟，土体构型为 Ah-AB-Bw-Bt-R，土壤表层受到轻度水力侵蚀，土壤有机质和养分含量较高，土壤表层质地为粉砂质黏壤土，Bt 层结构面上有中量黏粒胶膜，土壤润态颜色色调以 5YR 为主，土壤剖

图 5-7　白面石系典型景观

面底部有大量岩石碎屑，板岩碎屑含量达 25%～80%。pH（H$_2$O）和 pH（KCl）分别为 4.7～5.0 和 4.1～4.5，土壤有机碳含量为 2.11～19.53g/kg，全铁含量为 31.5～45.2g/kg，游离铁含量为 17.5～22.2g/kg，铁的游离度为 49.0%～55.6%。

对比土系：红山系，同属一个亚类，地形部位类似，但红山系土族控制层段内岩石碎屑含量低于 25%，高岭石含量超过 50%，故划为不同土系。

利用性能综述：土体发育较成熟，表层土壤有机质含量较高，全磷含量偏低，土壤质地以黏壤土为主，质地适中，石砾含量高。在土地利用上应以林业用地为主，应提高地表植被覆盖度，加强封山育林，防止水土流失。因在旅游景区之内，在发展旅游业的同时，应注意保持水土。

参比土种：厚腐厚土板、页岩黄红壤

代表性单个土体：位于浏阳市大围山镇永莘村白面石组，地理位置：114°4′41″E，28°24′14″N，海拔 739.0m，低山中坡地带，成土母质为板、页岩风化物，土地利用类型为林地。估算的 50cm 土温为 16.4℃。野外调查时间为 2015 年 4 月 24 日，编号为 43-LY26，土体剖面参见图 5-8，土体理化性质参见表 5-7、表 5-8。

图 5-8　白面石系代表性单个土体剖面

表 5-7 白面石系代表性单个土体物理性质

| 土层 | 深度（cm） | 石砾（>2mm%V） | 细土颗粒组成（g/kg） | | | 质地 | 容重（g/cm） |
			砂粒（2～0.05mm）	粉粒（0.05～0.002mm）	黏粒（<0.002mm）		
Ah	0～27	10	147	481	372	粉砂质黏壤土	0.99
AB	27～50	30	238	399	363	黏壤土	1.32
Bw	50～75	50	133	479	388	粉砂质黏壤土	1.29
Bt	75～140	65	190	366	444	黏土	1.21

表 5-8 白面石系代表性单个土体化学性质

土层	pH（H₂O）	pH（KCl）	游离铁（g/kg）	铁的游离度（%）	CEC₇［cmol（+）/kg 黏粒］	有机碳（g/kg）	全氮（N）（g/kg）	全磷（P）（g/kg）	全钾（K）（g/kg）
Ah	5.0	4.1	17.5	55.6	42.5	19.53	1.37	0.33	24.7
AB	4.8	4.4	19.0	55.4	29.3	7.98	0.75	0.23	27.5
Bw	4.7	4.5	21.0	53.6	27.7	3.65	0.54	0.23	30.5
Bt	4.9	4.5	22.2	49.0	23.1	2.11	0.60	0.31	28.6

Ah：0～27cm，浊橙色（7.5YR 6/4，干），红棕色（5YR 4/8，润），大量中根，粉砂质黏壤土，发育程度很强的小团粒状结构，中量小岩石碎屑，中量中根孔、气孔和粒间孔隙，土体松散，向下渐变平滑过渡。

AB：27～50cm，浊橙色（7.5YR 6/4，干），亮红棕色（5YR 5/6，润），中量细根，黏壤土，发育程度强的小块状结构，大量小岩石碎屑，中量中根孔和粒间孔隙，土体松散，向下渐变平滑过渡。

Bw：50～75cm，黄橙色（7.5YR 7/8，干），浊红棕色（5YR 5/4，润），中量细根，粉砂质黏壤土，发育程度强的中块状结构，大量中岩石碎屑，少量细根孔和粒间孔隙，土体松散，向下渐变波状过渡。

Bt：75～140cm，亮棕色（7.5YR 5/8，干），亮红棕色（5YR 5/8，润），少量细根，黏土，发育程度中等的大块状结构，大量粗岩石碎屑，少量细粒间孔隙，土体松散，结构面上有中量黏粒胶膜，向下渐变平滑过渡。

R：140～180cm，板、页岩岩块。

5.3.1.2 红山系（Hongshan Series）（罗卓等，2018）

土族：黏质高岭石型酸性热性 - 普通黏化湿润富铁土

拟定者：张杨珠，周清，黄运湘，张义，欧阳宁相

分布与成土环境：分布于湘东地区的花岗岩低山中坡地带（图 5-9），海拔 160～180m，成土母质为花岗岩风化物。土地利用状况为林地，中亚热带湿润季风气候，年平均气温 16～17℃，年平均降水量 1300～1600mm。

土系特征与变幅：诊断层包括淡薄表层、低活性富铁层、黏化层，诊断特

图 5-9　红山系典型景观

性包括湿润土壤水分状况、热性土壤温度状况、铁质特性。土体较深厚，土壤发育较成熟，土体构型为 Ah-Bt，土壤质地为黏土，Bt 层结构面上有中量或大量黏粒胶膜，土壤润态颜色色调以 5YR 为主，土体自上而下由稍坚实变为坚实，剖面有 3%～14% 的石英颗粒。pH（H$_2$O）和 pH（KCl）分别为 4.1～5.1 和 3.5～3.9，土壤有机碳含量为 2.40～29.70g/kg，全铁含量为 35.9～44.0g/kg，游离铁含量为 26.9～34.4g/kg，铁的游离度为 70.1%～78.2%。

　　对比土系：白面石系，属同一亚类，但白面石系土族控制层段内砾石含量大于 25%，颗粒大小级别为粗骨黏质，且高岭石低于 50%，因此为不同土系。

图 5-10　红山系代表性单个土体剖面

　　利用性能综述：土层深厚，但表层土壤较紧实，土壤质地黏重，土壤酸性强，土壤肥力差，土壤有机质、氮、磷、钾含量均低，适宜发展林业，如种植杉木人工林、马尾松人工林，也适宜种植油茶、茶叶、柑橘等耐酸性的园艺作物和大豆、红薯等耐瘠薄的农作物。注重改善灌溉条件，降低季节性旱害；大力种植旱地绿肥，实行用地养地相结合。

　　参比土种：厚腐厚土花岗岩红壤

　　代表性单个土体：位于浏阳市大围山镇三元桥村红山组，地理位置：114°0′57″E，28°27′3″N，海拔 179m，花岗岩低山中坡地带，成土母质为花岗岩风化物，土地利用类型为林地。估算的 50cm 土温为 18.6℃。野外调查时间为 2014 年 5 月 12 日，编号为 43-LY03，土体剖面参见图 5-10，土体理化性质参见表 5-9、表 5-10。

表 5-9　红山系代表性单个土体物理性质

| 土层 | 深度（cm） | 石砾（>2mm%V） | 细土颗粒组成（g/kg） | | | 质地 | 容重（g/cm） |
			砂粒（2~0.05mm）	粉粒（0.05~0.002mm）	黏粒（<0.002mm）		
Ah	0~20	10	299	274	427	黏土	0.81
Bt1	20~60	5	244	280	476	黏土	1.36
Bt2	60~120	5	235	297	468	黏土	1.35
Bt3	120~174	15	291	296	413	黏土	1.44
Bt4	174~200	5	306	274	420	黏土	1.34

表 5-10　红山系代表性单个土体化学性质

土层	pH（H_2O）	pH（KCl）	游离铁（g/kg）	铁的游离度（%）	CEC_7［cmol（+）/kg 黏粒］	有机碳（g/kg）	全氮（N）（g/kg）	全磷（P）（g/kg）	全钾（K）（g/kg）
Ah	4.1	3.5	26.9	70.1	36.3	29.70	0.99	0.20	24.1
Bt1	4.5	3.7	32.2	77.6	23.3	5.69	0.38	0.15	23.7
Bt2	4.9	3.8	34.4	78.2	24.3	3.80	0.30	0.15	24.6
Bt3	5.1	3.9	27.3	75.9	22.4	2.40	0.22	0.12	24.0
Bt4	4.9	3.9	29.3	73.5	23.2	2.52	0.17	0.11	26.7

Ah：0~20cm，橙色（7.5YR 6/6，干），红棕色（5YR 4/8，润），大量中根，黏土，发育程度很强的中块状结构，中量石英颗粒，中量中根孔、粒间孔隙，土体稍坚实，中量黏粒胶膜，向下模糊平滑过渡。

Bt1：20~60cm，黄橙色（7.5YR 7/8，干），亮红棕色（5YR 5/8，润），大量粗根，黏土，发育程度很强的大块状结构，少量石英颗粒，少量细根孔、粒间孔隙，土体稍坚实，大量黏粒胶膜，向下模糊平滑过渡。

Bt2：60~120cm，橙色（7.5YR 6/6，干），橙色（5YR 6/8，润），少量很粗根系，黏土，发育程度强的大块状结构，少量石英颗粒，少量细根孔、粒间孔隙，土体坚实，大量黏粒胶膜，向下模糊平滑过渡。

Bt3：120~174cm，橙色（7.5YR 6/6，干），亮红棕色（5YR 5/8，润），黏土，发育程度强的大块状结构，中量石英颗粒，少量细粒间孔隙，土体很坚实，大量黏粒胶膜，向下模糊平滑过渡。

Bt4：174~200cm，黄橙色（7.5YR 8/8，干），亮红棕色（5YR 5/8，润），黏土，发育程度强的大块状结构，中量细石英颗粒，少量细粒间孔隙，土体很坚实，中量黏粒胶膜。

5.4　淋　溶　土　纲

5.4.1　腐殖铝质常湿淋溶土亚类

5.4.1.1　狮脑石系（Shinaoshi Series）

土族：粗骨壤质硅质混合型温性–腐殖铝质常湿淋溶土

拟定者：张杨珠，周清，黄运湘，盛浩，张义

分布与成土环境：分布于湘东花岗岩中山中坡地带（图 5-11），海拔 1500～1600m，成土母质为花岗岩风化物。土地利用状况为天然林地，植被类型为矮小灌木和草本，中亚热带山地湿润季风气候，年平均气温 13～14℃，年平均无霜期 270～280d，年平均日照 1500～1700h，年平均降水量 1500～1600mm。

图 5-11　狮脑石系典型景观

土系特征与变幅：本土系诊断层包括暗瘠表层、黏化层，诊断特性包括准石质接触面、常湿润土壤水分状况、温性土壤温度状况、腐殖质特性、铁质特性、铝质现象。土体构型为 Ah-Bw-Bt-Bw，土体较浅薄，厚度为 0～83cm，土壤表层有机质和养分含量较高，土壤表层质地为壤土，土壤结构面上有少量腐殖质黏粒胶膜，Bt 层黏化率大于 1.2 倍，土壤润态颜色色调以 10YR 为主，土体自上而下由疏松变坚实，土壤剖面中石英颗粒含量为 17%～28%，pH（H_2O）和 pH（KCl）分别为 4.4～5.4 和 4.0～4.5，土壤有机碳含量为 7.47～53.39g/kg，全铁含量为 42.3～50.8g/kg，游离铁含量为 13.0～19.0g/kg，铁的游离度为 30.6%～37.3%。

对比土系： 五指峰下系，同一亚类，母质均为花岗岩风化物，地形部位与海拔较为接近，但土族控制层段内石砾含量差异较大，狮脑石系在土壤剖面 83cm 处出现准石质接触面。

利用性能综述： 地势高，分布于中山山顶，土壤发育较浅薄，虽然表层有机质和养分含量高，但砂粒含量高，坡度大，石砾含量高，土壤易受冲刷。在适当发展山地旅游和休闲产业的同时，应加强保护现有原生灌草丛生态系统，减少人为活动的强烈干扰，恢复地表植被覆盖，注意防止水土流失。

参比土种： 麻沙草甸土

代表性单个土体： 位于浏阳市大围山国家级自然保护区七星峰景区山顶上部七星山庄后山，地理位置：114°9′9″E，28°25′48″N，海拔 1549.5m，花岗岩中山中坡地带，成土母质为花岗岩风化物，土地利用类型为林地，植被为矮小灌木，估算的 50cm 土温为 13.2℃。野外调查时间为 2014 年 5 月 13 日，编号为 43-LY05。土体剖面参见图 5-12，土体理化性质参见表 5-11、表 5-12。

图 5-12　狮脑石系代表性单个土体剖面

表 5-11　狮脑石系代表性单个土体物理性质

土层	深度（cm）	石砾（＞2mm%V）	细土颗粒组成（g/kg）			质地	容重（g/cm）
			砂粒（2～0.05mm）	粉粒（0.05～0.002mm）	黏粒（＜0.002mm）		
Ah	0～10	17	425	486	89	壤土	0.81
Bw1	10～26	25	510	413	77	砂质壤土	0.81
Bt	26～47	28	438	445	117	砂质壤土	0.88
Bw2	47～83	26	584	272	144	砂质壤土	1.31

表 5-12　狮脑石系代表性单个土体化学性质

土层	pH（H₂O）	pH（KCl）	游离铁（g/kg）	CEC₇ [cmol（＋）/kg 黏粒]	Al（KCl）[cmol（＋）/kg 黏粒]	铝饱和度（%）	有机碳（g/kg）	全氮（N）（g/kg）	全磷（P）（g/kg）	全钾（K）（g/kg）
Ah	4.4	4.0	13.0	308.0	19.8	74.9	53.39	3.23	0.63	26.6
Bw1	5.1	4.5	15.6	309.7	14.8	59.8	31.42	2.76	0.63	29.9
Bt	4.9	4.3	19.0	170.6	13.1	46.8	16.12	1.32	0.58	34.9
Bw2	5.4	4.3	16.1	129.7	11.4	68.3	7.47	0.61	0.49	38.1

Ah：0～10cm，橙色（7.5YR 6/6，干），红棕色（5YR 4/8，润），大量细根，壤土，发育程度中等的中团粒状结构，大量石英颗粒、大量细根孔、粒间孔隙、动物穴，土体疏松，向下波状清晰过渡。

Bw1：10～26cm，黄橙色（7.5YR 7/8，干），亮红棕色（5YR 5/8，润），大量细根，砂质壤土，发育程度中等的中块状结构，大量石英颗粒，少量细根孔、粒间孔隙、动物穴，土体稍坚实，少量腐殖质黏粒胶膜，向下波状清晰过渡。

Bt：26～47cm，浊橙色（7.5YR 6/4，干），浊红棕色（5YR 5/4，润），少量极细根，砂质壤土，发育程度中等的大块状结构，大量石英颗粒，少量细根孔、粒间孔隙、动物穴，土体坚实，少量腐殖质黏粒胶膜，向下波状清晰过渡。

Bw2：47～83cm，亮红棕色橙色（7.5YR 6/6，干），（5YR 5/8，润），砂质壤土，发育程度弱的中块状结构，大量石英颗粒，少量粒间孔隙、动物穴，土体坚实。

5.4.1.2　五指峰下系（Wuzhifengxia Series）（罗卓等，2018）

土族：黏壤质硅质混合型温性 - 腐殖铝质常湿淋溶土

拟定者：周清，盛浩，张义，欧阳宁相

分布与成土环境：分布于湘东大围山地区花岗岩中山中坡地带（图 5-13），海拔 1300～1400m，成土母质为花岗岩风化物。土地利用状况为林地，中亚热带湿润季风气候，年平均气温 13～14℃，年平均无霜期 270～280d，年平均日照 1500～1700h，年平均降水量 1500～1600mm。

图 5-13　五指峰下系典型景观

土系特征与变幅：本土系诊断层包括暗瘠表层、黏化层，诊断特性包括常湿润土壤水分状况、温性土壤温度状况、腐殖质特性、铁质特性和铝质现象。土体构型为 Ah-AB-Bw-Bt，土体深厚，厚度为 0～145cm，土壤表层受到

轻度水力侵蚀，土壤有机质和养分含量较高，表层土壤质地为粉砂质壤土，土壤润态颜色色调以 10YR 为主，土壤剖面 33~145cm 土层的石英颗粒含量为 16%~24%，pH（H$_2$O）和 pH（KCl）分别为 4.5~5.1 和 3.8~4.2，土壤有机碳含量为 2.93~80.81g/kg，全铁含量为 35.3~47.3g/kg，全铝含量为 549~786g/kg，全硅含量为 141~210g/kg，游离铁含量为 12.9~23.6g/kg，铁的游离度为 36.5%~49.9%。

对比土系： 樱花谷系，同一土族，成土母质一致，但樱花谷系土层浅薄，且在 100cm 范围内出现了准石质接触面，故为不同土系。五指峰系，同一亚类，成土母质相同，但五指峰系土族控制层段内颗粒级别大小为壤质，且土壤质地剖面构型为壤土－砂质壤土，故为不同土族。

利用性能综述： 地势高，土层深厚，原生灌丛和矮林植被保存较好。表层土壤有机质、全氮和全钾含量高，土壤质地适中。应加强原生植被的保护和封山育林，减少人为干扰，防止毁林和水土流失。

参比土种： 厚腐厚土花岗岩暗黄棕壤

代表性单个土体： 位于浏阳市大围山国家级自然保护区五指峰景区山顶下部，地理位置：114°5′53″E，28°25′13″N，海拔 1379m，花岗岩中山中上坡地带，成土母质为花岗岩风化物，土地利用类型为林地。估算的 50cm 土温为 13.9℃，野外调查时间为 2014 年 5 月 14 日，编号为 43-LY17。土体剖面参见图 5-14，土体理化性质参见表 5-13、表 5-14。

图 5-14　五指峰下系代表性单个土体剖面

表 5-13　五指峰下系代表性单个土体物理性质

土层	深度（cm）	石砾（>2mm%V）	细土颗粒组成（g/kg）			质地	容重（g/cm）
			砂粒（2~0.05mm）	粉粒（0.05~0.002mm）	黏粒（<0.002mm）		
Ah	0~14	15	364	441	195	粉砂质壤土	0.83
AB	14~33	14	401	372	225	砂质壤土	0.96
Bw	33~81	16	428	384	188	砂质壤土	1.09
Bt1	81~115	20	536	168	296	砂质黏壤土	1.43
Bt2	115~145	24	436	263	301	砂质黏壤土	1.12

表 5-14　五指峰下系代表性单个土体化学性质

土层	pH（H₂O）	pH（KCl）	游离铁（g/kg）	CEC₇［cmol（+）/kg 黏粒］	Al（KCl）［cmol（+）/kg 黏粒］	铝饱和度（%）	有机碳（g/kg）	全氮（N）（g/kg）	全磷（P）（g/kg）	全钾（K）（g/kg）
Ah	4.8	4.2	12.9	182.6	11.7	40.9	80.81	3.72	0.22	33.2
AB	4.6	3.8	16.5	307.6	74.1	66.7	34.42	2.35	0.26	34.4
Bw	4.5	4.0	18.9	260.2	47.9	77.4	15.78	1.35	0.32	42.6
Bt1	4.9	4.1	23.6	37.6	9.2	69.3	6.31	0.71	0.46	38.5
Bt2	5.1	4.2	22.0	31.1	8.1	66.7	2.93	0.46	0.44	35.8

Ah：0～14cm，暗棕色（10YR3/3，干），黑棕色（10YR2/3，润），中量粗根，粉砂质壤土，发育程度强的中团粒状结构，中量石英颗粒，中量中根孔、粒间孔隙，土体极疏松，向下平滑模糊过渡。

AB：14～33cm，浊黄棕色（10YR5/4，干），暗棕色（10YR3/4，润），中量中根，砂质壤土，发育程度中等的中块状结构，中量石英颗粒，中量细根孔、粒间孔隙，土体疏松，向下平滑模糊过渡。

Bw：33～81cm，浊黄棕色（10YR7/4，干），棕色（10YR4/6，润），少量中根，砂质黏壤土，发育程度中等的大块状结构，中量石英颗粒，少量细根孔、粒间孔隙，土体疏松，向下平滑模糊过渡。

Bt1：81～115cm，浊黄棕色（10YR7/4，干），黄棕色（10YR5/6，润），很少量细根，砂质黏壤土，发育程度中等的大块状结构，中量石英颗粒，很少量细根孔、粒间孔隙，土体稍坚实，中量黏粒胶膜，向下平滑模糊过渡。

Bt2：115～145cm，黄棕色（10YR 5/6，干），棕色（10YR 4/6，润），砂质黏壤土，发育程度中等的大块状结构，中量细砾和石英颗粒，很少量极细、粒间孔隙，土体坚实，中量黏粒胶膜。

5.4.1.3　樱花谷系（Yinghuagu Series）（罗卓等，2018）

土族：黏壤质硅质混合型温性 - 腐殖铝质常湿淋溶土

拟定者：张杨珠，周清，黄运湘，盛浩，张义，欧阳宁相

分布与成土环境：分布于湘东大围山地区花岗岩中山中坡地带（图 5-15），海拔 1100～1200m，成土母质为花岗岩风化物。土地利用状况为林地，中亚热带湿润季风气候，年平均气温 14～15℃，年平均无霜期 270～280d，年平均日照 1500～1700h，年平均降水量 1500～1600mm。

土系特征与变幅：本土系诊断层包括暗瘠表层、黏化层，诊断特性包括石质接触面、常湿润土壤水分状况、温性土壤温度状况、腐殖质特性、铁质特性、铝质现象。土体构型为 Ah-Bt-BC，土体较浅薄，厚度为 0～75cm，土壤表层受到轻度侵蚀，土壤有机质和养分含量较高，土壤表层质地为壤土，土壤润态颜色色调以 10YR 为主，土壤 Bt 层内土壤结构体面上可见少量腐殖质 - 黏粒胶膜，黏化

图 5-15　樱花谷系典型景观

率＞1.2 倍，pH（H$_2$O）和 pH（KCl）分别为 4.2～4.7 和 3.8～4.1，土壤有机碳含量为 4.44～61.44g/kg，全铁含量为 34.0～45.2g/kg，全铝含量为 134～180g/kg，全硅含量为 557～622g/kg，游离铁含量为 13.8～18.9g/kg，铁的游离度为 40.2%～41.8%。

对比土系：五指峰下系，同一亚类，母质均为花岗岩风化物，但五指峰下系土壤剖面 145cm 内未见准石质接触面，土族控制层段内颗粒级别大小为壤质，故为不同土系。

利用性能综述：地势较高，但于山体中部。坡度较陡，发育土层较浅薄。土壤表层腐殖质层较深厚，土壤有机质和养分水平较高，土壤质地适中。土系分布在景区，植被覆盖度高，应继续加强封山育林，保护和恢复现有植被，注重减少人为干扰和防止水土流失。

参比土种：厚腐厚土花岗岩黄壤

代表性单个土体：位于浏阳市大围山国家森林公园樱花谷景区，地理位置：114°5'29"E，28°25'39"N，海拔 1198m，花岗岩中山中坡地带，成土母质为花岗岩风化物，土地利用类型为林地。估算的 50cm 土温为 14.6℃。野外调查时间为 2014 年 5 月 13 日，编号为 43-LY10。土体剖面参见图 5-16，土体理化性质参见表 5-15、表 5-16。

图 5-16　樱花谷系代表性单个土体剖面

表 5-15　樱花谷系代表性单个土体物理性质

| 土层 | 深度（cm） | 石砾（>2mm%V） | 细土颗粒组成（g/kg） | | | 质地 | 容重（g/cm） |
			砂粒（2～0.05mm）	粉粒（0.05～0.002mm）	黏粒（<0.002mm）		
Ah	0～30	9	379	411	210	壤土	0.81
Bt	30～60	17	330	419	251	壤土	0.95
BC	60～75	28	544	193	263	砂质黏壤土	1.11

表 5-16　樱花谷系代表性单个土体化学性质

土层	pH（H₂O）	pH（KCl）	游离铁（g/kg）	CEC₇[cmol（+）/kg 黏粒]	Al（KCl）[cmol（+）/kg 黏粒]	铝饱和度（%）	有机碳（g/kg）	全氮（N）（g/kg）	全磷（P）（g/kg）	全钾（K）（g/kg）
Ah	4.2	3.8	13.8	141.1	39.1	79.1	61.44	3.15	0.46	25.2
Bt	4.4	4.0	18.9	64.0	22.9	84.1	10.19	0.75	0.28	32.6
BC	4.7	4.1	18.1	52.1	16.3	76.5	4.44	0.4	0.33	33.6

Ah：0～30cm，暗棕色（10YR 3/3，干），黑色（7.5YR 2/1，润），大量粗根，壤土，发育程度很强的中团粒状结构，中量石英颗粒，大量中根孔、粒间孔隙和动物穴，土体松散，向下平滑模糊过渡。

Bt：30～60cm，淡黄橙色（10YR 8/4，干），棕色（7.5YR 4/6，润），中量粗根，壤土，发育程度强的大块状结构，中量石英颗粒，少量根孔、粒间孔隙，土体疏松，少量腐殖质－黏粒胶膜，向下平滑模糊过渡。

BC：60～75cm，黄橙色（10YR 8/6，干），亮棕色（7.5YR 5/6，润），少量中根，砂质黏壤土，发育程度中等的中块状结构，大量石英颗粒，少量根孔、粒间孔隙，土体坚实，向下平滑模糊过渡。

C：75～90cm，花岗岩风化物。

5.4.1.4　五指峰系（Wuzhifeng Series）（罗卓等，2018）

土族： 壤质硅质混合型温性－腐殖铝质常湿淋溶土

拟定者： 周清，盛浩，欧阳宁相，张鹏博，张杨珠

分布与成土环境： 该土系分布于湘东地区的花岗岩中山山顶地带（图 5-17），海拔高（>1500m），坡度相对较平缓（10°～15°），母质为花岗岩风化物。土地利用状况为天然次生林，植被类型主要为山地灌丛和矮林。中亚热带山地常湿气候，年平均气温 10～12℃，年平均降水量 2000～2500mm。

土系特征与变幅： 诊断层包括暗瘠表层和黏化层，诊断特性有常湿润土壤水分状况、温性土壤温度状况铁质特性和腐殖质特性，诊断现象有铝质现象。土体疏松，发育土层深厚，有效土层厚度一般>100cm，土体构型为 Ah-AB-Bw-Bt-C，土壤质地剖面为壤土－砂质壤土，土壤润态色调为 10YR，表土有机质

图 5-17　五指峰系典型景观

和养分含量较高，Bt 层黏化率＞1.2 倍，土壤结构体面上有中量黏粒胶膜，土壤 pH（H$_2$O）和 pH（KCl）分别为 4.4～5.0 和 3.8～4.2，土壤有机碳含量为 6.74～40.92g/kg，全铁含量为 41.3～50.9g/kg，游离铁含量为 14.7～26.7g/kg，铁的游离度为 35.6%～52.4%。

对比土系：五指峰下系，同一亚类，成土母质均为花岗岩风化物，但五指峰下系土族控制层段内颗粒级别大小为黏壤质，且土壤剖面的质地构型为粉砂质壤土－砂质壤土－砂质黏壤土，因此为不同土系。

利用性能综述：土体发育深厚，表层土壤有机质和养分含量高，质地偏砂性，草本和灌木覆盖度高。在坡度平缓的山顶，可适度开发利用灌草丛以发展高山畜牧业和旅游观光业，在坡度较陡地带，应加强保护和封山育林育草，防止水土流失，避免人为干扰和利用。

参比土种：麻沙草甸土。

代表性单个土体：位于浏阳市大围山镇大围山国家级自然保护区内五指石景区山顶，地理位置：114°6′1″E，28°24′39″N，海拔 1573m，花岗岩中山山顶地带，母质为花岗岩风化物，土地利用类型为灌丛，估算的 50cm 土温为 13.1℃。野外调查时间为 2014 年 5 月 14 日，编号为 43-LY15。土体剖面参见图 5-18，土体理化性质参见表 5-17、表 5-18。

图 5-18　五指峰系代表性单个土体剖面

表5-17　五指峰系代表性单个土体物理性质

土层	深度（cm）	石砾（>2mm%V）	细土颗粒组成（g/kg）			质地	容重（g/cm）
			砂粒（2~0.05mm）	粉粒（0.05~0.002mm）	黏粒（<0.002mm）		
Ah	0~14	16	378	431	191	壤土	0.83
AB	14~28	12	428	451	121	壤土	0.91
Bw	28~70	8	432	453	115	砂质壤土	1.21
Bt1	70~94	15	464	343	193	砂质壤土	1.22
Bt2	94~121	15	592	243	165	砂质壤土	1.27

表5-18　五指峰系代表性单个土体化学性质

土层	pH（H₂O）	pH（KCl）	游离铁（g/kg）	CEC₇［cmol（+）/kg 黏粒］	Al（KCl）［cmol（+）/kg 黏粒］	铝饱和度（%）	有机碳（g/kg）	全氮（N）（g/kg）	全磷（P）（g/kg）	全钾（K）（g/kg）
Ah	4.6	3.8	14.7	146.5	31.4	71.2	40.92	2.57	1.01	33.0
AB	4.4	3.9	16.5	203.1	43.6	76.9	22.21	1.81	0.9	33.9
Bw	4.8	4.1	21.6	183.6	34.3	76.5	20.95	1.07	0.83	35.2
Bt1	5.0	4.2	26.7	82.9	15.5	75.0	15.40	0.77	0.76	67.9
Bt2	5.0	4.2	21.9	83.0	20.1	75.5	6.74	0.39	0.69	40.9

　　Ah：0~14cm，橄榄棕色（2.5Y 4/4，干），暗棕色（10YR 3/3，润），大量极细根，壤土，发育程度很强的小团粒状结构，中量石英颗粒，大量中根孔、粒间孔隙，土体极疏松，向下层模糊平滑边界。

　　AB：14~28cm，橄榄棕色（2.5Y 4/6，干），浊黄棕色（10YR 4/3，润），大量细根，壤土，发育程度很强的中块状结构，中量石英颗粒，大量中根孔、粒间孔隙，土体松散，向下模糊平滑边界。

　　Bw：28~70cm，黄色（2.5Y 8/8，干），黄棕色（10YR 5/6，润），中量细根，砂质壤土，发育程度很强的中块状结构，中量很小的石英颗粒，中量细根孔、粒间孔隙，土体松散，向下层模糊平滑边界。

　　Bt1：70~94cm，黄色（2.5Y 8/6，干），棕色（10YR 4/4，润），中量细根系，砂质壤土，发育程度中等的中块状结构，中量很小的石英颗粒，少量细粒间孔隙，土体疏松，中量黏粒胶膜，向下层模糊平滑边界。

　　Bt2：94~121cm，浊黄色（2.5Y 6/4，干），棕色（10YR 4/4，润），砂质壤土，发育程度中等的中块状结构，中量石英颗粒，少量细粒间孔隙，土体疏松，中量黏粒胶膜，向下层模糊平滑边界。

　　C：121~150cm，花岗岩风化物。

5.4.2　普通铝质常湿淋溶土亚类

5.4.2.1　樱花系（Yinghua Series）

土族：粗骨砂质硅质混合型温性－普通铝质常湿淋溶土

拟定者：张杨珠，黄运湘，廖超林，张义，欧阳宁相

分布与成土环境：分布于湘东花岗岩中山中坡地带（图 5-19），海拔 1100～1300m，成土母质为花岗岩风化物。土地利用状况为林地，生长有香樟、杉木等自然植被，植被覆盖度为 80%～90%，中亚热带湿润季风气候，年平均气温 14～15℃，年平均降水量 1300～1600mm。

图 5-19　樱花系典型景观

土系特征与变幅：本土系诊断层包括暗瘠表层、黏化层，诊断特性包括准石质接触面、常湿润土壤水分状况、温性土壤温度状况、铝质现象、铁质特性。土体发育较浅薄，土层厚度为 60～70cm，土体构型为 Ah-Bw-Bt。土壤表层受到轻度侵蚀，有机质和养分含量较高，表层土壤质地为砂质壤土，土壤润态色调为 10YR，Bt 层黏化率>1.2 倍，土体自上而下由疏松变坚实，pH（H_2O）和 pH（KCl）分别为 4.6～5.1 和 3.8～4.0，土壤有机碳含量为 4.33～54.32g/kg，全铁含量为 31.7～32.7g/kg，游离铁含量为 8.6～15.3g/kg，铁的游离度为 26.4%～29.1%。

对比土系：巨石系，同一亚类，成土母质均为花岗岩风化物，地形部位类似，但是巨石系土族控制层段内颗粒级别大小为砂质；船底窝系，同一亚类，成

图 5-20　樱花系代表性单个土体剖面

土母质相同，但船底窝系土族控制层段内颗粒级别大小为黏壤质，因此均为不同土族。

利用性能综述： 位于山体中部，坡度较陡，土体发育浅薄，石砾和砂粒含量高。表层土壤有机质和养分含量高，土壤呈酸性。应加强封山育林，促进植被自然恢复与演替，减少人为干扰，防止水土流失。

参比土种： 中腐花岗岩黄壤

代表性单个土体： 位于浏阳市大围山镇大围山国家级自然保护区船底窝至樱花谷200m小道旁，地理位置：114°5′40″E，28°25′32″N，海拔1032m，花岗岩中山坡地带，成土母质为花岗岩风化物，土地利用状况为林地。估算的50cm土温为14.6℃。野外调查时间为2014年5月14日，编号为43-LY12。土体剖面参见图5-20，土体理化性质参见表5-19、表5-20。

表 5-19　樱花系代表性单个土体物理性质

土层	深度（cm）	石砾（>2mm%V）	细土颗粒组成（g/kg）			质地	容重（g/cm）
			砂粒（2~0.05mm）	粉粒（0.05~0.002mm）	黏粒（<0.002mm）		
Ah	0~18	25	580	369	51	砂质壤土	1.39
Bw	18~48	45	720	223	57	壤质砂土	1.18
Bt	48~65	30	548	337	115	砂质壤土	1.44

表 5-20　樱花系代表性单个土体化学性质

土层	pH（H₂O）	pH（KCl）	游离铁（g/kg）	CEC₇[cmol（+）/kg 黏粒]	Al（KCl）[cmol（+）/kg 黏粒]	有机碳（g/kg）	全氮（N）（g/kg）	全磷（P）（g/kg）	全钾（K）（g/kg）
Ah	4.8	3.9	8.6	389.4	60.9	54.32	2.72	0.4	46.0
Bw	5.1	4.0	9.2	192.3	46.5	4.33	0.48	0.31	49.3
Bt	4.6	3.8	15.3	104.1	41.3	3.37	0.17	0.22	48.9

Ah：0~18cm，浊黄棕色（10YR 5/3，干），黑棕色（10YR 3/2，润），大量中根，砂质壤土，发育程度中等的中团粒状结构，大量小石英颗粒，中量中根孔、粒间孔隙，土体疏松，向下层清晰平滑过渡。

　　Bw：18～48cm，浊黄橙色（10YR 7/3，干），黄棕色（10YR 5/6，润），中量细根，壤质砂土，发育程度弱的小块状结构，中量中根孔、粒间孔隙，大量小石英颗粒，土体疏松，向下层清晰波状过渡。

　　Bt：48～65cm，橙色（10YR 8/6，干），黄棕色（10YR 5/6，润），少量细根系，砂质壤土，少量中根孔，粒间，发育程度弱的小块状结构，少量中石英颗粒，土体疏松，结构面上有中量黏粒胶膜，向下层清晰波状过渡。

　　R：65～100cm，花岗岩。

5.4.2.2　巨石系（Jushi Series）

土族：砂质硅质混合型温性–普通铝质常湿淋溶土

拟定者：周清，盛浩，张义，欧阳宁相

分布与成土环境：分布于湘东大围山地区花岗岩中山上坡地带（图 5-21），海拔 1400～1500m，成土母质为花岗岩风化物。土地利用状况为林地，中亚热带湿润季风气候，年平均气温 13～14℃，年平均无霜期 270～280d，年平均日照 1500～1700h，年平均降水量 1600～1800mm。

图 5-21　巨石系典型景观

　　土系特征与变幅：本土系诊断层包括暗瘠表层、黏化层，诊断特性包括准石质接触面、常湿润土壤水分状况、温性土壤温度状况和铁质特性，诊断现象有铝质现象。土体发育较深厚，土壤厚度＞80cm，土体构型为 Ah-Bt-BC。表层土壤有机质和养分含量较高，土壤质地为砂质壤土，土壤润态颜色色调以 10YR 为主。在 Bt 和 BC 层结构体面上，有中量黏粒胶膜，黏化率＞1.2 倍。pH（H_2O）和 pH（KCl）分别为 4.4～4.7 和 3.6～4.0，土壤有机碳含量为

2.77～26.11g/kg，全铁含量为 38.0～42.1g/kg，全铝含量为 557～629g/kg，全硅含量为 186～201g/kg，游离铁含量为 12.3～16.6g/kg，铁的游离度为 32.4%～39.5%。

对比土系：樱花系，同一亚类，成土母质均为花岗岩风化物，但樱花系土族控制层段内颗粒级别大小为粗骨砂质；船底窝系，同一亚类，成土母质一致，但

图 5-22 巨石系代表性单个土体剖面

船底窝系土族控制层段内颗粒级别大小为黏质，矿物学类型为伊利石混合型，因此为不同土系。

利用性能综述：土体较浅薄，表层土壤有机质、全氮和全钾含量高，土壤质地偏砂性，砂粒含量高，海拔高，植被以灌丛和草本植物为主，应加强封山育林，恢复植被，防止水土流失。

参比土种：厚腐厚土花岗岩红壤

代表性单个土体：位于浏阳市大围山镇大围山国家级自然保护区五指峰景区山顶巨石往下 2km 处，地理位置：114°06′07″E，28°24′59″N，海拔 1489m，花岗岩中山上坡地带，成土母质为花岗岩风化物，土地利用类型为林地。估算的 50cm 土温为 13.4℃。野外调查时间为 2014 年 5 月 14 日，土体编号为 43-LY16。土体剖面参见图 5-22，土体理化性质参见表 5-21、表 5-22。

表 5-21 巨石系代表性单个土体物理性质

土层	深度（cm）	石砾（＞2mm%V）	细土颗粒组成（g/kg）			质地	容重（g/cm）
			砂粒（2～0.05mm）	粉粒（0.05～0.002mm）	黏粒（＜0.002mm）		
Ah	0～13	15	628	326	46	砂质壤土	0.98
Bt	13～27	16	610	248	142	砂质壤土	1.32
BC	27～80	25	601	263	136	砂质壤土	1.71

表 5-22 巨石系代表性单个土体化学性质

土层	pH（H₂O）	pH（KCl）	游离铁（g/kg）	CEC₇［cmol(+)/kg 黏粒］	Al（KCl）［cmol(+)/kg 黏粒］	铝饱和度（%）	有机碳（g/kg）	全氮（N）（g/kg）	全磷（P）（g/kg）	全钾（K）（g/kg）
Ah	4.4	3.6	12.3	375.5	85.7	66.7	26.11	1.53	0.55	38.3
Bt	4.4	3.7	16.6	88.4	37.0	80.1	8.90	0.56	0.44	44.4
BC	4.7	4.0	14.3	93.2	47.8	85.4	2.77	0.18	0.37	39.5

　　Ah：0～13cm，浊黄棕色（10YR 5/3，干），暗棕色（10YR 3/3，润），中量中根，砂质壤土，发育程度强的小团粒状结构，少量石英颗粒，大量中根孔、粒间孔隙，土体疏松，向下平滑模糊过渡。

　　Bt：13～27cm，浊黄橙色（10YR 7/3，干），棕色（10YR 4/4，润），少量中根系，砂质壤土，发育程度中等的中块状结构，中量黏粒胶膜，大量石英颗粒，中量细根孔、粒间孔隙，土体稍坚实，向下平滑模糊过渡。

　　BC：27～80cm，浊黄橙色（10YR 8/3，干），浊黄棕色（10YR 5/4，润），砂质壤土，发育程度弱的小块状结构，大量岩石巨砾，少量细粒间孔隙，土体稍坚实，少量黏粒胶膜。

5.4.2.3　船底窝系（Chuandiwo Series）（罗卓等，2018）

　　土族：黏质伊利石混合型温性 - 普通铝质常湿淋溶土

　　拟定者：张杨珠，黄运湘，廖超林，张义，欧阳宁相

　　分布与成土环境：分布于湘东大围山地区花岗岩中山中坡地带（图 5-23），海拔 1000～1200m，成土母质为花岗岩风化物。土地利用状况为林地，中亚热带湿润季风气候，年平均气温 14～15℃，年平均无霜期 260～270d，年平均日照 1500～1700h，年平均降水量 1800～1900mm。

图 5-23　船底窝系典型景观

　　土系特征与变幅：本土系诊断层包括淡薄表层、黏化层，诊断特性包括常湿润土壤水分状况、温性土壤温度状况和铁质特性，诊断现象有铝质现象。土体较深厚，土层厚度为 0～180cm，土体构型为 Ah-Bt-BC，土壤表层受到中度

水力侵蚀。土壤质地为壤土或黏壤土，土壤有机质和养分含量较低，Bt层土壤结构体面上有中量黏粒胶膜，黏化率＞1.2倍，土壤润态颜色色调以7.5YR为主，Bt2和BC层花岗岩岩石碎屑含量为12%～23%，pH（H₂O）和pH（KCl）分别为4.6～4.9和3.8～4.1，土壤有机碳含量为2.32～13.07g/kg，全铁含量为28.5～47.3g/kg，全铝含量为575～632g/kg，全硅含量为182～220g/kg，游离铁含量为15.2～31.9g/kg，铁的游离度为53.1%～71.6%。

对比土系：巨石系，同一亚类，成土母质均为花岗岩风化物，但巨石系土族控制层段内颗粒级别大小为砂质；樱花系，同一亚类，成土母质相同，但樱花系

图 5-24　船底窝系代表性单个土体剖面

土族控制层段内颗粒级别大小为粗骨砂质，因此均为不同土系。

利用性能综述：土层深厚，表层土壤有机质和全钾含量高，但全氮和全磷含量较低，土壤质地为壤土，剖面下层含有一定量的岩石碎屑，砂粒含量高，土壤结构较好，耕性好，植被覆盖度高。应继续加强封山育林和生态公益林、水源林建设，防止水土流失，增强水源涵养功能。

参比土种：厚腐厚土花岗岩黄壤

代表性单个土体：位于浏阳市大围山镇大围山国家级自然保护区栗木桥至船底窝（中流砥柱往上约20m），地理位置：114°5′20″E，28°25′31″N，海拔1032m，花岗岩中山中坡地带，成土母质为花岗岩风化物，土地利用类型为林地。估算的50cm土温为15.2℃。野外调查时间为2014年5月14日，编号为43-LY13。土体剖面参见图5-24，土体理化性质参见表5-23、表5-24。

表 5-23　船底窝系代表性单个土体物理性质

土层	深度（cm）	石砾（＞2mm%V）	细土颗粒组成（g/kg）			质地	容重（g/cm）
			砂粒（2～0.05mm）	粉粒（0.05～0.002mm）	黏粒（＜0.002mm）		
Ah	0～25	5	340	416	244	壤土	1.42
Bt1	25～56	7	411	202	387	黏壤土	1.35
Bt2	56～115	12	418	186	396	黏壤土	1.40
BC	115～180	23	397	283	320	黏壤土	1.47

表 5-24　船底窝系代表性单个土体化学性质

土层	pH (H$_2$O)	pH (KCl)	游离铁 (g/kg)	CEC$_7$ [cmol (+)/ kg 黏粒]	Al (KCl) [cmol (+)/ kg 黏粒]	铝饱和度 (%)	有机碳 (g/kg)	全氮 (N) (g/kg)	全磷 (P) (g/kg)	全钾 (K) (g/kg)
Ah	4.8	3.8	15.2	69.8	14.6	62.9	13.07	0.94	0.39	47.3
Bt1	4.6	3.9	29.4	35.9	10.6	75.7	6.96	0.47	0.35	31.9
Bt2	4.9	4.1	31.9	33.6	5.7	59.6	3.51	0.56	0.32	33.8
BC	4.6	4.0	26.9	36.3	8.4	67.2	2.32	0.76	0.34	38.8

　　Ah：0~25cm，亮黄棕色（10YR 7/6，干），棕色（7.5YR 4/6，润），大量粗根，壤土，发育程度很强的中团粒状结构，少量石英颗粒，大量中根孔、粒间孔隙，土体疏松，向下平滑模糊过渡。

　　Bt1：25~56cm，亮红棕色（10YR 6/6，干），棕色（7.5YR 4/6，润），中量中根，黏壤土，发育程度强的大块状结构，中量石英颗粒，中量粗根孔、粒间孔隙，疏松，中量黏粒胶膜，向下平滑模糊过渡。

　　Bt2：56~115cm，黄橙色（10YR 8/6，干），亮棕色（7.5YR 5/8，润），少量中根，黏壤土，发育程度强的大块状结构，中量石英颗粒，中量粗根孔、粒间孔隙，土体疏松，中量黏粒胶膜，向下平滑模糊过渡。

　　BC：115~180cm，黄橙色（10YR 8/6，干），亮棕色（7.5YR 5/8，润），少量中根，黏壤土，发育程度中等的大块状结构，少量岩石巨砾，很少量细根孔、粒间孔隙，土体疏松。

5.4.3　腐殖简育常湿淋溶土亚类

5.4.3.1　红莲寺系（Hongliansi Series）

土族：壤质硅质混合型酸性温性-腐殖简育常湿淋溶土

拟定者：周清，盛浩，张义，欧阳宁相，张杨珠

分布与成土环境：该土系分布于湘东地区的花岗岩中山上坡地带（图 5-25），

图 5-25　红莲寺系典型景观

海拔高（1300～1500m），坡度较陡（25°～35°），母质为花岗岩风化物。土地利用状况为林地，中亚热带山地常湿气候，年平均气温12～14℃，年平均降水量1800～2100mm。

土系特征与变幅： 诊断层包括淡薄表层和黏化层，诊断特性有常湿润土壤水分状况、温性土壤温度状况、腐殖质特性、铁质特性。土层较深厚，有效土层厚度一般0～120cm，土体构型为Ah-Bw1-Bt-Bw2，质地构型为壤土－砂质壤土，润态色调为10YR，表土有轻度侵蚀，腐殖质积累过程较强，Bt层黏化率大于1.2倍，结构面上有中量黏粒胶膜，土壤有机碳含量为1.88～33.96g/kg，pH（H_2O）和pH（KCl）分别为4.7～6.2和4.1～5.0，全铁含量为10.0～35.4g/kg，游离铁含量为4.3～16.5g/kg，铁的游离度为41.7%～50.3%。

图5-26　红莲寺系代表性单个土体剖面

对比土系： 五指峰系，属同一亚纲，成土母质均为花岗岩风化物，具有腐殖质特性，但五指峰系具有铝质现象，属铝质常湿淋溶土土类，故划为不同土系。

利用性能综述： 土体发育深厚，质地偏砂性，耕性好。表层有机质和养分含量高，但分布的地形部位较高，热量条件较差。应减少人为干扰和工程设施建设，加强封山育林和天然林保护，防止水土流失。

参比土种： 薄腐厚土花岗岩暗黄棕壤

代表性单个土体： 位于浏阳市大围山镇大围山国家级自然保护区红莲寺景区坡腰，地理位置：114°7′10″E，28°25′20″N，海拔1414m，花岗岩中山上坡地带，母质为花岗岩风化物，土地利用类型为林地。估算的50cm土温为13.7℃。野外调查时间为2014年5月13日，编号为43-LY09，土体剖面参见图5-26，土体理化性质参见表5-25、表5-26。

表5-25　红莲寺系代表性单个土体物理性质

土层	深度（cm）	石砾（>2mm%V）	细土颗粒组成（g/kg）			质地	容重（g/cm）
			砂粒（2～0.05mm）	粉粒（0.05～0.002mm）	黏粒（<0.002mm）		
Ah	0～25	11	436	294	270	壤土	1.02
Bw1	25～42	5	389	442	169	壤土	1.39
Bt	42～80	4	390	396	214	壤土	1.43
Bw2	80～125	2	599	237	164	砂质壤土	1.29

表 5-26 红莲寺系代表性单个土体化学性质

土层	pH (H₂O)	pH (KCl)	游离铁 (g/kg)	铁的游离度 (%)	CEC₇ [cmol(+)/kg 黏粒]	有机碳 (g/kg)	全氮（N）(g/kg)	全磷（P）(g/kg)	全钾（K）(g/kg)
Ah	4.7	4.1	14.9	42.1	52.3	33.96	2.03	0.48	38.6
Bw1	5.6	5.0	13.7	41.7	64.5	11.02	1.94	0.36	39.9
Bt	5.8	4.3	16.5	50.3	45.2	5.58	0.79	0.28	39.4
Bw2	6.2	4.3	6.5	44.9	29.9	1.88	0.55	0.25	46.2

Ah：0~25cm，浊黄橙色（10YR 7/3，干），棕色（10YR 4/4，润），大量细根，壤土，发育程度强的中团粒状结构，中量石英颗粒，大量极细根孔、粒间孔隙、动物穴，土体松散，向下层模糊平滑边界。

Bw1：25~42cm，淡黄橙色（10YR 8/4，干），黄棕色（10YR 5/6，润），中量细根，壤土，发育程度中等的中块状结构，中量石英颗粒，中量细根孔、粒间孔隙，土体疏松，向下层模糊平滑边界。

Bt：42~80cm，淡黄橙色（10YR 8/4，干），黄棕色（10YR 5/6，润），少量极细根，壤土，发育程度中等的大块状结构，少量石英颗粒，中量中等粒间孔隙，土体稍坚实，结构面上有中量黏粒胶膜，向下层模糊平滑边界。

Bw2：80~125cm，淡黄橙色（10YR 8/3，干），黄棕色（10YR 5/6，润），砂质壤土，发育程度弱的大块状结构，少量石英颗粒，少量粗粒间孔隙，土体稍坚实，向下层模糊平滑边界。

5.4.4 普通铝质湿润淋溶土亚类

5.4.4.1 泥坞系（Niwu Series）（罗卓等，2018）

土族：砂质硅质混合型热性-普通铝质湿润淋溶土

拟定者：张杨珠，周清，黄运湘，盛浩，欧阳宁相

分布与成土环境：分布于湘东花岗岩低山下坡地带（图 5-27），海拔 470~490m，成土母质为花岗岩风化物。土地利用状况为林地，植被类型分布有次生常绿针阔叶林、灌丛，也有人工种植的马尾松人工林、杉木人工林、毛竹林和果园，中亚热带湿润季风气候，年平均气温 16~17℃，年平均无霜期 240~250d，年平均日照 1500~1700h，年平均降水量 1300~1600mm。

土系特征与变幅：本土系诊断层包括淡薄表层、黏化层，诊断特性包括湿润土壤水分状况、热性土壤温度状况和铁质特性，诊断现象有铝质现象。土体发育较深厚，厚度为 0~200cm，土体构型为 Ah-Bt-C，土壤表层受到轻度水力侵蚀，土壤有机质和养分含量较高，Bt 层黏化率>1.2 倍，土壤润态颜色色调以 10YR 为主，土壤质地构型为砂质壤土-砂质黏壤土。土壤酸性反应强烈，土壤

图 5-27　泥坞系典型景观

pH（H₂O）和 pH（HCl）分别为 4.3～4.6 和 3.7～3.9。土壤腐殖质积累过程较弱，土壤有机碳含量为 4.87～24.30g/kg。铁在土体上的迁移不明显，全铁含量为 44.3～47.4g/kg，全铝含量为 170～196g/kg，全硅含量为 686～698g/kg，游离铁含量为 19.4～21.3g/kg，铁的游离度为 43.7%～45.0%。

图 5-28　泥坞系代表性单个土体剖面

对比土系：船底窝系，同一土纲，成土母质均为花岗岩风化物，但船底窝系所处海拔更高，土壤水分状况为常湿润，两者为不同亚纲，故划为不同土系。

利用性能综述：该土系土层深厚，表层有机质含量高，质地壤土，下层砂粒含量高，土壤结构较好，耕性好，植被覆盖较高，但土体呈酸性，应继续加强封山育林，防止水土流失。

参比土种：厚腐厚土花岗岩红壤

代表性单个土体：位于浏阳市大围山镇泥坞村大窝组，地理位置：114°3′17″E，28°25′29″N，海拔482m，低山下坡地带，成土母质为花岗岩风化物，土地利用类型为林地。估算的 50cm 土温为 17.4℃。野外调查时间为 2014 年 5 月 12 日，编号为 43-LY04。土体剖面参见图 5-28，土体理化性质参见表 5-27、表 5-28。

表 5-27　泥坞系代表性单个土体物理性质

| 土层 | 深度（cm） | 石砾（>2mm%V） | 细土颗粒组成（g/kg） | | | 质地 | 容重（g/cm） |
			砂粒（2~0.05mm）	粉粒（0.05~0.002mm）	黏粒（<0.002mm）		
Ah	0~49	13	441	483	76	砂质壤土	1.06
Bt	49~107	21	560	220	220	砂质黏壤土	1.53

表 5-28　泥坞系代表性单个土体化学性质

土层	pH（H₂O）	pH（KCl）	游离铁（g/kg）	CEC₇［cmol（+）/kg 黏粒］	Al（KCl）［cmol（+）/kg 黏粒］	铝饱和度（%）	有机碳（g/kg）	全氮（N）（g/kg）	全磷（P）（g/kg）	全钾（K）（g/kg）
Ah	4.3	3.7	19.4	198.9	64.9	73.3	24.30	0.76	0.24	35.0
Bt	4.6	3.9	21.3	51.6	16.7	72.8	4.87	0.42	0.27	35.4

Ah：0~49cm，橙色（7.5YR 6/6，干），红棕色（5YR 4/8，润），大量中根，砂质壤土，发育程度强的中块状结构，中量石英颗粒，大量细根孔、粒间孔隙、动物穴，土体松散，向下平滑清晰过渡。

Bt：49~107cm，黄橙色（7.5YR 7/8，干），亮红棕色（5YR 5/8，润），大量中根，砂质黏壤土，发育程度强的大块状结构，大量石英颗粒，中量细根孔、粒间孔隙、动物穴，土体疏松，少量黏粒胶膜，向下平滑清晰过渡。

C：107~200cm，花岗岩风化物。

5.5　雏 形 土 纲

5.5.1　腐殖铝质常湿雏形土亚类

5.5.1.1　七星峰系（Qixingfeng Series）

土族：粗骨砂质硅质混合型温性 - 腐殖铝质常湿雏形土

拟定者：周清，盛浩，张义，张鹏博，欧阳宁相

分布与成土环境：分布于湘东花岗岩中山山顶地带（图 5-29），海拔 1500~1600m，成土母质为花岗岩风化物。土地利用状况为林地，中亚热带山地常湿气候，年平均气温 10~12℃，年平均降水量 2000~2500mm。

土系特征与变幅：本土系诊断层包括暗瘠表层、雏形层，诊断特性包括石质接触面、常湿润土壤水分状况、温性土壤温度状况、腐殖质特性和铝质特性，诊断现象有铝质现象。土体发育浅薄，厚度为 25~35cm，土体构型为 Ah-Bw-C-R，表层根系密集，土壤有机质和养分含量很高，土壤表层质地为砂质壤土，土壤润态颜色色调以 10YR 为主，土体自上而下由松散变坚实，土壤剖面中花岗岩半风化物含量为 30%~80%。土壤酸性反应强列，土壤 pH（H₂O）和 pH（KCl）

图 5-29　七星峰系典型景观

分别为 4.6～4.7 和 4.1～4.3，土壤有机碳含量为 43.12～105.81g/kg，全铁含量为 31.9～36.3g/kg，全铝含量为 110～156g/kg，全硅含量为 536～704g/kg，游离铁含量为 12.4～14.2g/kg，铁的游离度为 38.9%～39.2%。

　　对比土系：陈谷系，属同一亚类，成土母质一致，地形部位类似，但陈谷系土族控制层段内颗粒大小级别为壤质，因此为不同土系。

43-LY07

图 5-30　七星峰系代表性单个土体剖面

　　利用性能综述：分布的地势高，坡度陡，气候湿冷，山顶风大且热量缺乏。表层灌草丛根系密集，土壤有机质和养分含量高，但土层发育浅薄，砂砾含量高，植被以灌丛为主。应注重加强自然植被的保护与恢复，适度发展山地旅游观光业，减少放牧与基础设施建设，特别注重防止植被破坏与水土流失。

　　参比土种：麻沙草甸土

　　代表性单个土体：位于浏阳市大围山镇大围山国家级自然保护区七星峰景区山顶，地理位置：114°9′36″E，28°26′11″N，海拔 1573m，花岗岩中山山顶地带，成土母质为花岗岩风化物，土地利用类型为林地。估算的 50cm 土温 13.1℃。野外调查时间为 2014 年 5 月 13 日，编号为 43-LY07，土体剖面参见图 5-30，土体理化性质参见表 5-29、表 5-30。

表 5-29　七星峰系代表性单个土体土壤物理性质

| 土层 | 深度（cm） | 石砾（>2mm%V） | 细土颗粒组成（g/kg） | | | 质地 | 容重（g/cm） |
			砂粒（2~0.05mm）	粉粒（0.05~0.002mm）	黏粒（<0.002mm）		
Ah	0~11	17	439	389	172	砂质壤土	0.62
Bw	11~25	28	615	284	101	砂质壤土	0.72

表 5-30　七星峰系代表性单个土体土壤化学性质

土层	pH（H₂O）	pH（KCl）	游离铁（g/kg）	铁的游离度（%）	CEC₇［cmol（+）/kg 黏粒］	铝饱和度（%）	有机碳（g/kg）	全氮（N）（g/kg）	全磷（P）（g/kg）	全钾（K）（g/kg）
Ah	4.6	4.1	12.4	38.9	214.5	70.5	105.81	6.04	0.89	20.9
Bw	4.7	4.3	14.2	39.2	215.9	70.6	43.12	2.07	0.65	34.3

Ah：0~11cm，黑棕色（10YR 2/3，干），黑色（7.5YR 2/1，润），大量细根，砂质壤土，发育程度中等的中粒状结构，大量石英颗粒，大量细根孔、粒间孔隙、动物穴，松散，向下平滑模糊过渡。

Bw：11~25cm，棕色（10YR 4/4，干），暗棕色（7.5YR 3/4，润），中量细根，砂质壤土，发育程度弱的小块状结构，大量石英颗粒，中量细根孔，粒间孔隙，疏松，向下平滑模糊过渡。

C：25~40cm，花岗岩风化物。

R：40~70cm，花岗岩。

5.5.1.2　陈谷系（Chengu Series）

土族：壤质硅质混合型温性－腐殖铝质常湿雏形土

拟定者：张杨珠，周清，黄运湘，盛浩，廖超林，张义

分布与成土环境：该土系分布于湘东北花岗岩中山中坡地带（图 5-31），海拔较高（1400~1500m），坡度较缓（10°~15°），母质为花岗岩风化物。土地利用状况为灌丛，多保存为原生的山地灌丛和矮林，中亚热带山地常湿气候，年平均气温 11~14℃，年平均降水量 1900~2300mm。

土系特征与变幅：诊断层包括暗瘠表层和雏形层，诊断特性包括常湿润土壤水分状况、温性土壤温度状况、腐殖质特性和铁质特性，诊断现象有铝质现象。土体疏松，发育深厚，有效土层厚度一般>150cm，土体构型为 Ah-Bw-BC，土壤质地为壤土或砂质黏壤土，润态土壤颜色色调以 10YR 为主。表土腐殖质化过程强烈，土壤有机碳含量为 4.44~53.51g/kg，土壤 pH（H₂O）和 pH（KCl）分别为 4.0~4.8 和 3.6~4.1，全铁含量为 42.0~50.2g/kg，游离铁含量为 14.7~21.5g/kg，铁的游离度为 32.2%~42.8%。

图 5-31　陈谷系典型景观

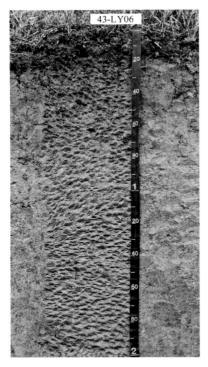

图 5-32　陈谷系代表性单个土体剖面

对比土系：七星峰系，同一亚类，相同母质，相同地形，表层土壤质地同为壤土，但七星峰系土族控制层段内颗粒级别大小为粗骨砂质，故为不同土系。

利用性能综述：土体发育深厚，质地适中，土壤有机质和养分丰富，灌丛草甸植被覆盖度高。地处中山上部，海拔高，坡度陡，应加强封山育林育草，严禁乱砍滥伐和放牧，减少人为干扰，防止水土流失，适度发展旅游观光业。

参比土种：厚腐厚土花岗岩暗黄棕壤

代表性单个土体：位于浏阳市大围山镇大围山国家级自然保护区祷泉湖景区山脚，地理位置：114°9′6″E，28°26′1″N，海拔1488m，花岗岩中山坡肩地带，母质为花岗岩风化物，土地利用类型为灌丛，估算的50cm土温为13.4℃。野外调查时间为2014年5月13日，编号为43-LY06。土体剖面参见图5-32，土体理化性质参见表5-31、表5-32。

Ah：0～25cm，棕色（10YR 4/4，干），黑棕色（10YR 3/2，润），大量细根，壤土，发育程度强的中团粒状结构，中量石英颗粒、中量中根孔、粒间孔隙、动物穴，土体松散，少量腐殖质胶膜，向下层平滑模糊过渡。

Bw1：25～80cm，黄橙色（10YR 8/8，干），黄棕色（10YR 5/6，润），中量

表 5-31　陈谷系代表性单个土体物理性质

| 土层 | 深度（cm） | 石砾（>2mm%V） | 细土颗粒组成（g/kg） | | | 质地 | 容重（g/cm） |
			砂粒（2~0.05mm）	粉粒（0.05~0.002mm）	黏粒（<0.002mm）		
Ah	0~25	14	455	328	217	壤土	1.02
Bw1	25~80	9	371	438	191	壤土	0.89
Bw2	80~125	12	491	308	201	壤土	0.95
BC	125~160	17	499	273	228	砂质黏壤土	1.51

表 5-32　陈谷系代表性单个土体化学性质

土层	pH（H₂O）	pH（KCl）	游离铁（g/kg）	CEC₇[cmol（+）/kg 黏粒]	Al（KCl）[cmol（+）/kg 黏粒]	铝饱和度（%）	有机碳（g/kg）	全氮（N）（g/kg）	全磷（P）（g/kg）	全钾（K）（g/kg）
Ah	4.0	3.6	17.9	117.2	39.3	76.8	53.51	3.15	0.95	32.5
Bw1	4.7	3.8	21.5	86.2	31.7	83.0	14.92	1.20	0.82	37.0
Bw2	4.8	4.0	15.6	65.0	17.6	69.4	5.28	0.56	0.6	36.2
BC	4.5	4.1	14.7	58.5	17.0	73.9	4.44	0.45	0.65	37.9

细根，壤土，发育程度弱的中块状结构，中量石英颗粒，少量极细根孔、粒间孔隙、动物穴，土体稍坚实，少量腐殖质胶膜，向下层平滑模糊过渡。

Bw2：80~125cm，浊黄橙色（10YR 7/4，干），棕色（10YR 4/4，润），少量极细根系，壤土，发育程度弱的大块状结构，中量石英颗粒，少量中根孔、粒间孔隙、动物穴，土体稍坚实，向下层平滑模糊过渡。

BC：125~160cm，淡黄色（10YR 8/4，干），棕色（10YR 4/4，润），砂质黏壤土，发育程度很弱的中块状结构，大量石英颗粒，少量中粒间孔隙、动物穴，土体坚实，向下层平滑模糊过渡。

C：160~200cm，花岗岩风化物。

5.5.2　普通铝质常湿雏形土亚类

5.5.2.1　栗木桥系（Limuqiao Series）

土族：粗骨砂质硅质混合型温性–普通铝质常湿雏形土

拟定者：张杨珠，黄运湘，廖超林，张义，欧阳宁相

分布与成土环境：该土系主要分布于湘东地区的花岗岩中山中坡坡腰地带（图 5-33），海拔较高（1000~1200m），坡度较陡（15°~25°），母质为花岗岩风化物。土地利用状况为林地，多为竹林、杉木林或常绿阔叶与落叶阔叶混交林，中亚热带山地常湿气候，年平均气温 13~17℃，年平均降水量 1700~2100mm。

土系特征与变幅：诊断层包括淡薄表层和雏形层，诊断特性有准石质接触面、常湿润土壤水分状况、温性土壤温度状况和铁质特性，诊断现象有铝质现

图 5-33　栗木桥系典型景观

象。土体发育较厚，有效土层厚度一般＞60cm，质地以砂质黏壤土为主，稍松，砂性强，含 20%～30% 的石英颗粒，土体 50cm 以下有准石质接触面。土体润态颜色色调以 7.5YR 为主，表土腐殖质积累过程明显，土壤有机碳含量为2.45～21.96g/kg，土壤 pH（H$_2$O）为 4.3～4.7，全铁含量为 47.8～50.3g/kg，游离铁含量为 22.5～24.6g/kg，铁的游离度为 36.8%～50.1%。

对比土系：扁担坳系，同一亚类，地形部位相同，成土母质均为花岗岩风化物，但扁担坳系土族控制层段内颗粒级别大小为壤质，因此为不同土系。

利用性能综述：土层发育较厚，表土层腐殖质积累明显，土壤质地明显偏砂性，土壤呈酸性，土体内岩石碎屑较多，磷素含量低，钾素含量丰富。坡度较陡，土质疏松，人为破坏植被后极易发生强烈的水土流失，应加强封山育林，避免皆伐，适度间伐人工林，防止水土流失。

参比土种：厚腐厚土花岗岩红壤

代表性单个土体：位于浏阳市大围山镇大围山国家级自然保护区栗木桥景区，地理位置：114°5′19″E，28°25′53″N，海拔 1102m，属花岗岩中山中坡坡腰地带，母质为花岗岩风化物，土地利用类型为林地，估算的 50cm土温为 15℃。野外调查时间为 2014 年 5 月 13日，编号为 43-LY11。土体剖面参见图 5-34，土体理化性质参见表 5-33、表 5-34。

图 5-34　栗木桥系代表性单个土体剖面

表 5-33　栗木桥系代表性单个土体物理性质

| 土层 | 深度（cm） | 石砾（>2mm%V） | 细土颗粒组成（g/kg） | | | 质地 | 容重（g/cm） |
			砂粒（2~0.05mm）	粉粒（0.05~0.002mm）	黏粒（<0.002mm）		
Ah	0~24	21	563	158	279	砂质黏壤土	0.74
Bw	24~64	27	607	138	255	砂质黏壤土	1.62
BC	64~86	25	607	147	246	砂质黏壤土	1.64

表 5-34　栗木桥系代表性单个土体化学性质

土层	pH（H₂O）	pH（KCl）	游离铁（g/kg）	CEC₇［cmol(+)/kg 黏粒］	Al（KCl）［cmol(+)/kg 黏粒］	铝饱和度（%）	有机碳（g/kg）	全氮（N）（g/kg）	全磷（P）（g/kg）	全钾（K）（g/kg）
Ah	4.3	3.7	22.5	67.5	17.0	70.3	21.96	1.38	0.30	32.4
Bw	4.3	3.8	24.6	47.8	14.6	69.0	3.67	0.26	0.19	35.2
BC	4.7	3.9	22.9	55.2	11.4	62.1	2.45	0.14	0.31	35.1

Ah：0~24cm，浊橙色（7.5YR 5/3，干），暗红棕色（5YR 3/3，润），大量粗根，砂质黏壤土，发育程度中等的中粒状结构，大量石英颗粒、中量细根孔、粒间孔隙，土体疏松，向下层平滑模糊过渡。

Bw：24~64cm，橙色（7.5YR 7/6，干），亮红色（5YR 5/8，润），中量粗根，砂质黏壤土，发育程度弱的中粒状结构，大量石英颗粒、少量细根孔、粒间孔隙，土体疏松，向下层平滑模糊过渡。

BC：64~86cm，淡黄橙色（7.5YR 8/6，干），亮红棕色（5YR 5/6，润），少量细根，砂质黏壤土，发育程度弱的大粒状结构，大量石英颗粒、少量细根孔、粒间孔隙，土体稍坚实，向下层平滑模糊过渡。

R：86~140cm，花岗岩。

5.5.2.2　扁担坳系（Biandan'ao Series）

土族：壤质硅质混合型温性 - 普通铝质常湿雏形土

拟定者：张杨珠，周清，张义，欧阳宁相

分布与成土环境：该土系分布于浏阳市大围山花岗岩中山中上坡地带（图 5-35），海拔较高（1400~1500m），坡度较平缓（5°~10°），母质为花岗岩风化物。土地利用状况为灌丛、林地，多保存为原生的山地矮林，中亚热带山地常湿气候，年平均气温 11~12℃，年平均降水量 2000~2200mm。

土系特征与变幅：诊断层包括淡薄表层和雏形层，诊断特性有准石质接触面、常湿润土壤水分状况、温性土壤温度状况和铁质特性，诊断现象有铝质现象。土体发育较深厚，有效土层厚度一般>60cm，质地剖面以壤土 - 砂质壤土为主，润态颜色色调以 10YR 为主，土体自上而下由松散变坚实。表土有轻度

图 5-35   扁担坳系典型景观

侵蚀现象，底土中有较高比例（15%～20%）直径＞2mm 的石英颗粒。表土存在腐殖质积累过程，土壤有机碳含量为 4.05～16.36g/kg，土壤 pH（H$_2$O）和 pH（KCl）分别为 4.5～5.0 和 4.1～4.2，全铁含量为 30.6～36.6g/kg，游离铁含量为 14.1～15.5g/kg，铁的游离度为 38.1%～50.5%。

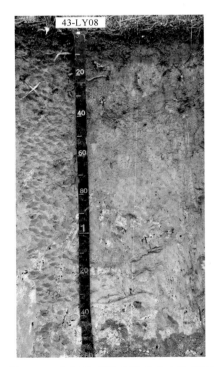

图 5-36   扁担坳系代表性单个土体剖面

对比土系：栗木桥下系，同一土族，地形相同，母质相同，但栗木桥下系的地形部位不同，表层土壤质地为砂质壤土，润态颜色色调以 2.5YR 为主，无准石质接触面，因此为不同土系。

利用性能综述：地势高，热量较低，降水量大。表土有机质和养分含量较高，质地偏砂性，抗水蚀能力弱，不宜剧烈人为扰动，宜加强天然林保护和植被恢复，继续封山育林，防止水土流失，发挥生态效益。

参比土种：中腐厚土花岗岩暗黄棕壤

代表性单个土体：位于浏阳市大围山镇大围山国家级自然保护区扁担坳景区（红莲寺景区之上，七星峰景区之下）的坡中上部位置，地理位置：114°8′7″E，28°25′24″N，海拔 1497.8m，花岗岩中山中上坡地带，母质为花岗岩风化物，土地利用类型为林地、灌丛，估算的 50cm 土温为 13.4℃。野外调查时间为 2014 年 5 月 13 日，编号为 43-LY08。土体剖面参见图 5-36，土体理化性质参见表 5-35、表 5-36。

表 5-35　扁担坳系代表性单个土体物理性质

土层	深度（cm）	石砾（＞2mm%V）	细土颗粒组成（g/kg）			质地	容重（g/cm）
			砂粒（2～0.05mm）	粉粒（0.05～0.002mm）	黏粒（＜0.002mm）		
Ah	0～12	5	478	300	222	壤土	0.80
AB	12～40	3	441	377	184	砂质壤土	1.02
Bw	40～63	15	501	319	180	砂质壤土	1.25
BC	63～90	20	542	254	204	砂质黏壤土	1.43

表 5-36　扁担坳系代表性单个土体化学性质

土层	pH（H$_2$O）	pH（KCl）	游离铁（g/kg）	CEC$_7$[cmol（+）/kg 黏粒]	Al（KCl）[cmol（+）/kg 黏粒]	铝饱和度（%）	有机碳（g/kg）	全氮（N）（g/kg）	全磷（P）（g/kg）	全钾（K）（g/kg）
Ah	4.6	4.1	14.1	62.4	20.1	75.8	16.36	0.85	0.51	30.2
AB	4.5	4.1	15.5	90.0	27.1	78.8	9.79	1.13	0.88	31.9
Bw	5.0	4.1	15.5	73.8	18.2	75.5	5.20	0.53	0.48	27.0
BC	4.9	4.2	14.2	56.5	9.2	65.1	4.05	0.37	0.57	28.1

Ah：0～12cm，浊黄橙色（10YR 6/4，干），棕色（10YR 4/4，润），大量细根，壤土，发育程度中等的中团粒状结构，少量石英颗粒，大量细根孔、粒间孔隙、动物穴，土体松散，向下层模糊平滑边界。

AB：12～40cm，亮黄棕色（10YR 7/6，干），亮黄棕色（10YR 6/6，润），中量细根，砂质壤土，发育程度弱的中块状结构，少量石英颗粒，中量粗根孔、粒间孔隙，土体疏松，向下层模糊平滑边界。

Bw：40～63cm，淡黄橙色（10YR 8/4，干），浊黄棕色（10YR 7/4，润），少量极细根，砂质壤土，发育程度弱的大块状结构，少量石英颗粒，少量粗粒间孔隙，土体稍坚实，向下层模糊平滑边界。

BC：63～90cm，淡黄橙色（10YR 8/4，干），黄棕色（10YR 5/8，润），砂质黏壤土，发育程度很弱的中块状结构，少量石英颗粒，少量粗粒间孔隙，土体稍坚实，向下层模糊平滑边界。

5.5.2.3　栗木桥下系（Limuqiaoxia Series）

土族：壤质硅质混合型温性 - 普通铝质常湿雏形土

拟定者：张杨珠，黄运湘，廖超林，张义，欧阳宁相

分布与成土环境：该土系分布于湘东地区的花岗岩中山中坡坡腰地带（图 5-37），海拔较高（900～1000m），坡度较陡（25°～35°），母质为花岗岩风化物。土地利用状况为林地，多为竹林、杉木林或常绿落叶阔叶混交林，中亚热带山地常湿气候，年平均气温 13～17℃，年平均降水量 1700～2100mm。

土系特征与变幅：诊断层包括淡薄表层和雏形层，诊断特性有常湿润土壤水

图 5-37　栗木桥下系典型景观

分状况、温性土壤温度状况和铁质特性，诊断现象有铝质现象。由花岗岩风化物坡积形成，土体发育较深厚，有效土层厚度一般＞50cm，土壤质地以砂质壤土为主，润态土壤颜色色调以 2.5YR 为主，土体中下部含有 20%～30% 的岩石碎屑，自上而下由松散变坚实，土体底部埋藏有之前形成的表层土。土壤腐殖质积累过程较弱，土壤有机碳含量为 5.35～9.79g/kg，pH（H_2O）和 pH（KCl）分别为 4.5～4.7 和 3.8～3.9，全铁含量为 34.7～43.1g/kg，游离铁含量为 10.5～16.2g/kg，铁的游离度为 29.0%～39.7%。

图 5-38　栗木桥下系代表性单个土体剖面

对比土系：扁担坳系，同一土族，地形相同，母质相同，但扁担坳系部位不同，表层土壤质地为壤土，润态土壤颜色色调以 10YR 为主，并出现准石质接触面（＞90cm），因此为不同土系。

利用性能综述：所处地形部位坡陡，物质坡积作用强烈。表土层深厚，质地偏砂性特征，表土抗蚀性差，人为干扰后，容易形成水土流失。宜继续封山育林，保护和恢复地面植被，减少人为干扰，防止水土流失。

参比土种：厚腐花岗岩黄壤性土

代表性单个土体：位于浏阳市大围山镇大围山国家级自然保护区栗木桥景区，地理位置：114°4′59″E，28°25′22″N，海拔 911m，花岗岩中山中坡地带，母质为花岗岩风化物，土地利用类型为林地，估算的 50cm 土温为 15.7℃。野外调查时间为 2014 年 5 月 14 日，编号为 43-LY14。土体剖面参见图 5-38，土体理化性质参见表 5-37、表 5-38。

表 5-37 栗木桥下系代表性单个土体物理性质

| 土层 | 深度（cm） | 石砾（>2mm%V） | 细土颗粒组成（g/kg） | | | 质地 | 容重（g/cm） |
			砂粒（2~0.05mm）	粉粒（0.05~0.002mm）	黏粒（<0.002mm）		
Ah1	0~24	20	560	281	159	砂质壤土	0.87
Ah2	24~60	12	576	273	151	砂质壤土	0.88
Bw	60~80	24	491	323	180	砂质壤土	1.02
Ab	80~120	18	428	398	174	壤土	1.19

表 5-38 栗木桥下系代表性单个土体化学性质

土层	pH（H₂O）	pH（KCl）	游离铁（g/kg）	CEC₇［cmol(+)/kg 黏粒］	Al（KCl）［cmol(+)/kg 黏粒］	铝饱和度（%）	有机碳（g/kg）	全氮（N）（g/kg）	全磷（P）（g/kg）	全钾（K）（g/kg）
Ah1	4.5	3.8	10.5	61.3	18.4	67.4	9.79	0.26	0.32	45.4
Ah2	4.7	3.8	13.0	58.5	19.4	69.5	5.99	0.58	0.32	44.1
Bw	4.7	3.9	16.2	49.3	17.2	73.9	5.35	0.30	0.35	44.3
Ab	4.5	3.9	13.8	52.6	0.0	0.0	7.26	0.28	0.34	44.6

Ah1：0~24cm，浊黄橙色（10YR 6/3，干），黑棕色（7.5YR 3/2，润），大量中根，砂质壤土，发育程度强的中团粒状结构，大量石英颗粒，大量中根孔、粒间孔隙，土体松散，明显平滑边界。

Ah2：24~60cm，浊黄橙色（10YR 6/3，干），暗棕色（7.5YR 3/3，润），中量中根，砂质壤土，发育程度强的中块状结构，大量石英颗粒，中量中根孔、粒间孔隙，土体松散，明显平滑边界。

Bw：60~80cm，浊黄橙（10YR 7/3，干），浊棕色（7.5YR 5/3，润），大量粗根，砂质壤土，发育程度中等的中块状结构，中量石英颗粒，少量细根孔、粒间孔隙，土体疏松，明显平滑边界。

Ab：80~120cm，浊黄橙色（10YR 6/3，干），暗棕色（7.5YR 3/3，润），中量中根，壤土，发育程度强的中块状结构，大量石英颗粒，少量细根孔、粒间孔隙，土体疏松。

5.5.3 腐殖酸性常湿雏形土亚类

5.5.3.1 七星峰下系（Qixingfengxia Series）

土族：粗骨砂质硅质混合型温性 - 腐殖酸性常湿雏形土

拟定者：盛浩，周清，张义，欧阳宁相

分布与成土环境：该土系分布于湘东地区的花岗岩中山山顶地带（图 5-39），

图 5-39　七星峰下系典型景观

海拔高（＞1500m），坡度相对较平缓（10°～15°），母质为花岗岩风化物。土地利用状况为草地、灌丛，多保存为原生的山地灌丛和草地，中亚热带山地常湿气候，年平均气温 10～12℃，年平均降水量 2000～2500mm。

土系特征与变幅：诊断层包括暗瘠表层和雏形层，诊断特性有准石质接触面、常湿润土壤水分状况、温性土壤温度状况和腐殖质特性。土体发育较浅薄，有效土层厚度一般＜50cm，在土体下部出现准石质接触面，土体构型为 Ah-Bw-C。土壤润态色调以 2.5YR 为主，土壤质地为砂质壤土或砂土，土体自上而下由疏松变坚实，土体内含较高量（＞30%）的花岗岩半风化物。表土腐殖质积累过程强烈，土壤有机碳含量为 21.23～81.83g/kg，pH（H_2O）和 pH（KCl）分别为4.1～4.8 和 4.0～4.5，全铁含量为 36.1～36.9g/kg，游离铁含量为 12.8～14.0g/kg，铁的游离度为 35.4%～38.0%。

对比土系：上洞系，相同土类，相同母质，相同地形，但上洞系诊断特性有铁质特性、常湿润土壤水分状况和热性土壤温度状况，没有出现准石质接触面，诊断现象有铝质现象；表层质地为黏壤土，润态颜色色调以 7.5YR 为主，因此为不同土系。

利用性能综述：所处海拔高，热量较差，土壤发育浅薄，半风化物和砂粒含量高。表土中有机质和养分很丰富。在坡度平缓的山顶，可适度开发利用灌草丛发展牧业和观光旅游业，在坡度较陡地带，应加强保护和封山育林育草，防止水土流失，避免人为干扰和利用。

参比土种：麻沙草甸土

代表性单个土体：位于浏阳市大围山镇大围山国家级自然保护区内七星峰景区的山顶，地理位置：114°9′22″E，28°26′7″N，海拔 1564m，花岗岩中山山顶地带，母质为花岗岩风化物，土地利用类型为灌丛、草地，估算的 50cm 土温为 13.1℃。野外调查时间为 2014 年 5 月 15 日，编号为 43-LY22。土体剖面参见图 5-40，土体理化性质参见表 5-39、表 5-40。

Ah：0～19cm，黑棕色（10YR 3/2，干），黑色（10YR 2/1，润），大量细根，砂质壤土，发育程度中等的小团粒状结构，中量石英颗粒，大量细根孔隙、粒间孔隙、动物穴，土体疏松，向下层明显波状边界。

Bw：19～46cm，灰黄色（10YR 6/2，干），棕色（10YR 4/4，润），中量极细根，砂土，发育程度弱的中块状结构，大量石英颗粒，少量细根孔、粒间孔隙，向下层明显波状边界。

C：>46cm，花岗岩半风化物。

图 5-40　七星峰下系代表性单个土体剖面

表 5-39　七星峰下代表性单个土体物理性质

| 土层 | 深度（cm） | 石砾（>2mm%V） | 细土颗粒组成（g/kg） | | | 质地 | 容重（g/cm） |
			砂粒（2～0.05mm）	粉粒（0.05～0.002mm）	黏粒（<0.002mm）		
Ah	0～19	17	503	300	197	砂质壤土	0.75
Bw	19～46	30	799	123	78	砂土	0.79

表 5-40　七星峰下代表性单个土体化学性质

土层	pH（H₂O）	pH（KCl）	游离铁（g/kg）	铁的游离度（%）	CEC₇［cmol（+）/kg 黏粒］	有机碳（g/kg）	全氮（N）（g/kg）	全磷（P）（g/kg）	全钾（K）（g/kg）
Ah	4.1	4.0	14.0	38.0	168.3	81.83	4.59	0.95	29.2
Bw	4.8	4.5	12.8	35.4	152.3	21.23	0.88	0.91	44.7

5.5.4　黄色铝质湿润雏形土亚类

5.5.4.1　山星系（Shanxing Series）

土族：砂质硅质混合型热性－黄色铝质湿润雏形土

拟定者：张杨珠，黄运湘，周清，廖超林，盛浩，张义

分布与成土环境：该土系分布于湘东北花岗岩低山中下坡地带（图 5-41），海拔 600～700m，坡度较陡（25°～35°），母质为花岗岩风化物。土地利用状况为林地，多为马尾松人工林、杉木人工林地，人为干扰作用强烈。中亚热带湿润季风气候，年平均气温 16～18℃，年平均降水量 1600～1800mm。

图 5-41　山星系典型景观

土系特征与变幅：诊断层包括淡薄表层和雏形层，诊断特性包括准石质接触面、湿润土壤水分状况、热性土壤温度状况和铁质特性，诊断现象有铝质现象。土体发育浅薄，不成熟，有效土层厚度一般＜100cm。土壤质地砂质黏壤土为主，土体颜色色调以 7.5YR 或 10YR 为主。土体内砾石体积含量＞10%，在土体＞50cm 以下，出现准石质接触面。土体上黏粒淀积作用较弱。表土腐殖质积累作用较强，土壤有机碳含量为 6.17～20.05g/kg，土壤 pH（H_2O）和 pH（KCl）分别为 4.7～5.5 和 3.8～4.2，全铁含量为 34.6～42.9g/kg，游离铁含量为 17.4～19.5g/kg，铁的游离度为 47.8%～56.4%。

对比土系：源头系，同一土类，相同母质，表层质地相同，但源头系所处地形部位不同，颜色色调以 10YR 或 2.5YR 为主，故划为不同土系。

利用性能综述：土壤浅薄，质地偏砂，水肥易流失，表层土壤有机质、氮磷养分含量较低，钾素含量较高。砾石、砂粒含量较高，耕性较差。坡度大，土质疏松，抗蚀性差，极易发生水土流失，应加强封山育林，退耕还林，保持水土。

参比土种：中腐中土花岗岩黄红壤

代表性单个土体：位于浏阳市大围山镇大围山国家森林公园大门山星广场附近中坡地带，地理位置：114°4′0″E，28°25′42″N，海拔650m，花岗岩低山中坡

地带，母质为花岗岩风化物，土地利用类型为有林地，估算的 50cm 土温为 17℃。野外调查时间为 2014 年 5 月 15 日，编号为 43-LY21。土体剖面参见图 5-42，土体理化性质参见表 5-41、表 5-42。

Ah：0～11cm，浊棕色（7.5YR 6/3，干），黑棕色（7.5YR 3/2，润），大量中根，砂质黏壤土，发育程度强的小团粒状结构，中量石英颗粒，大量细根孔、粒间孔隙，土体疏松，向下层模糊平滑边界。

Bw：11～51cm，橙色（7.5YR 6/6，干），亮棕色（7.5YR 5/6，润），少量中根，砂质黏壤土，发育程度中等的中块状结构，大量石英颗粒，很少量细根孔、粒间孔隙，土体疏松，稍黏着，向下层模糊平滑边界。

C：>51cm，花岗岩半风化物。

图 5-42　山星系代表性单个土体剖面

表 5-41　山星系代表性单个土体物理性质

土层	深度（cm）	石砾（>2mm%V）	细土颗粒组成（g/kg）			质地	容重（g/cm）
			砂粒（2～0.05mm）	粉粒（0.05～0.002mm）	黏粒（<0.002mm）		
Ah	0～11	14	497	239	264	砂质黏壤土	1.41
Bw	11～51	24	625	141	236	砂质黏壤土	1.50

表 5-42　山星系代表性单个土体化学性质

土层	pH（H₂O）	pH（KCl）	游离铁（g/kg）	CEC₇[cmol（+）/kg 黏粒]	Al（KCl）[cmol（+）/kg 黏粒]	铝饱和度（%）	有机碳（g/kg）	全氮（N）（g/kg）	全磷（P）（g/kg）	全钾（K）（g/kg）
Ah	5.5	4.2	17.4	55.8	2.8		20.6	20.05	1.63	0.58	41.5
Bw	4.7	3.8	19.5	59.8	26.4	79.2	6.17	0.59	0.37	39.0

5.5.5　普通铝质湿润雏形土亚类

5.5.5.1　大窝系（Dawo Series）（张义等，2016）

土族：粗骨壤质硅质混合型热性 - 普通铝质湿润雏形土

拟定者：张杨珠，周清，盛浩，张义，欧阳宁相

分布与成土环境：该土系分布于湘东地区板、页岩低山上坡地带（图 5-43），

图 5-43　大窝系典型景观

海拔 470～480m，坡度 15°～25°，母质为板、页岩风化物。土地利用状况为林地，多种植杉木人工林、毛竹林，中亚热带湿润季风气候，年平均气温 16～17℃，年平均降水量 1400～1600mm。

土系特征与变幅：诊断层包括淡薄表层和雏形层，诊断特性包括湿润土壤水分状况、热性土壤温度状况和铁质特性，诊断现象有铝质现象。土体较厚，有效土层厚度一般＞100cm，土体构型为 Ah-Bw-BC，土壤质地为黏壤土或壤土，土体自上而下由松散变稍坚实，土体内板、页岩碎屑砾石体积一般＞15%，土壤颜色色调以 5YR 为主。土壤表层受到轻度水力侵蚀，腐殖质积累过程中等，土壤有机碳含量为 2.72～17.35g/kg。土壤酸性，pH（H_2O）和 pH（KCl）分别为 5.0～5.4 和 3.8～3.9。黏粒和铁在土体上无明显迁移，全铁含量为 36.2～41.9g/kg，游离铁含量为 19.7～25.8g/kg，铁的游离度为 54.5%～62.4%。

对比土系：山星系，同一土类，成土母质相同，地形部位和植被类型相似，但山星系土壤颜色偏黄，润态色调为 7.5YR，属黄色铝质湿润雏形土，故划为不同土系。

利用性能综述：土壤质地适中，土层较深厚，但土壤偏紧实，土壤有机质和养分含量不高，土体内含有一定量的石砾，耕作性较差，不宜开展旱地农业生产，可适度发展林业，应选种耐旱耐瘠树种，加强封山育林，严禁乱砍滥伐，防止水土流失。

参比土种：厚腐厚土板、页岩红壤

代表性单个土体：位于浏阳市大围山镇泥坞村大窝组（半山亭），地理位置：114°3′31″E，28°25′39″N，海拔473m，低山上坡地带，母质为板、页岩风化物，土地利用类型为林地，估算的 50cm 土温为 17℃。野外调查时间为 2015 年 4 月 23 日，土体编号为 43-LY25。土体剖面参见图 5-44，土体理化性质参见表 5-43、表 5-44。

Ah：0～43cm，棕色（7.5YR 4/6，干），暗红棕色（5YR 3/6，润），大量细根，黏壤土，发育程度强的小团粒状结构，中量石英颗粒，大量细根孔、细粒间孔隙，土体松散，向下层明显波状边界。

Bw：43～75cm，亮棕色（7.5YR 5/8，干），暗红棕色（5YR 3/4，润），中量极细根，黏壤土，发育程度强的中块状结构，中量石英颗粒，中量细根孔、细粒间孔隙，土体松散，向下层明显波状边界。

BC：75～160cm，橙色（7.5YR 6/8，干），极暗红棕色（5YR 2/3，润），少量极细根，壤土，发育程度强的中块状结构，中量石英颗粒，少量细根孔、细粒间孔隙，土体稍坚实。

图 5-44　大窝系代表性单个土体剖面

表 5-43　大窝系代表性单个土体物理性质

| 土层 | 深度（cm） | 石砾（>2mm%V） | 细土颗粒组成（g/kg） | | | 质地 | 容重（g/cm） |
			砂粒（2～0.05mm）	粉粒（0.05～0.002mm）	黏粒（<0.002mm）		
Ah	0～43	18	395	314	291	黏壤土	1.18
Bw	43～75	30	380	294	326	黏壤土	1.19
BC	75～160	45	403	353	244	壤土	1.34

表 5-44　大窝系代表性单个土体化学性质

土层	pH（H₂O）	pH（KCl）	游离铁（g/kg）	CEC₇ [cmol(+)/kg 黏粒]	Al（KCl）[cmol(+)/kg 黏粒]	铝饱和度（%）	有机碳（g/kg）	全氮（N）（g/kg）	全磷（P）（g/kg）	全钾（K）（g/kg）
Ah	5.4	3.8	24.9	19.7	19.8	72.1	17.35	0.31	0.37	31.4
Bw	5.0	3.8	25.8	26.5	17.6	74.2	8.70	0.53	0.26	29.7
BC	5.1	3.9	19.7	25.0	16.6	71.3	2.72	0.28	0.28	32.2

5.5.6 红色铁质湿润雏形土亚类

5.5.6.1 鸡公山系（Jigongshan Series）

土族：黏质高岭石型酸性热性-红色铁质湿润雏形土

拟定者：张杨珠，黄运湘，周清，盛浩，廖超林，张义

分布与成土环境：该土系分布于湘东地区花岗岩低山坡地带（图 5-45），海拔 600～800m，坡度较缓（10°～15°），母质为花岗岩风化物。土地利用状况为林地，多为保存较好的原生植被，中亚热带湿润季风气候，年平均气温 14～15℃，年平均降水量 1600～1700mm。

图 5-45　鸡公山系典型景观

土系特征与变幅：诊断层包括淡薄表层、雏形层，诊断特性包括湿润土壤水分状况、温性土壤温度状况和铁质特性，诊断现象有铝质现象。土体发育深厚，有效土层厚度 120～180cm，土壤质地上下较为均一，多为黏壤土，随土层加深，砂性有所加强，土体自上而下由松散变稍坚实。土体内含有 10%～30% 的砾石，土壤颜色色调以 5YR 或 7.5YR 为主。土壤有机质积累过程弱，表层土壤有机质、氮磷含量低，土壤有机碳含量为 1.91～12.63g/kg。土壤酸性较强，pH（H_2O）和 pH（KCl）分别为 4.5～5.2 和 3.7～4.2。黏粒在土体上无明显迁移，但铁沿土壤剖面有明显迁移和淀积，全铁含量为 43.0～54.5g/kg，游离铁含量为 31.0～39.2g/kg，铁的游离度为 70.7%～75.4%。

对比土系：九里系，同一土族，但九里系母质为第四纪红色黏土，表层质地为粉砂质壤土，有效土层厚度一般＞200cm，土壤润态颜色色调以 10YR 和

2.5YR 为主，底土中有 10%～30% 的聚铁网纹体，因此为不同土系。

利用性能综述：地势较高，坡度较平缓，热量条件不足。土层非常深厚，土壤质地适中，通透性好。水热条件较好，适宜常绿阔叶林、杉木、毛竹和茶叶的生长。土壤中含有一定量的砾石，耕性较差。土壤有机质、氮磷含量低，肥力水平较低。砂砾含量较高，抗蚀性差，陡坡山坡容易发生水土流失。宜加强植被保护，减少樵采，保持水土。

参比土种：厚腐厚土花岗岩黄红壤

代表性单个土体：位于浏阳市大围山镇泥坞村安洲组鸡公山，地理位置：114°3′46″E，28°24′51″N，海拔 743m，花岗岩中低山中坡地带，母质为花岗岩风化物，土地利用类型为林地，估算的 50cm 土温为 16℃。野外调查时间为 2014 年 5 月 14 日，编号为 43-LY19。土体剖面参见图 5-46，土体理化性质参见表 5-45、表 5-46。

图 5-46 鸡公山系代表性单个土体剖面

表 5-45 鸡公山系代表性单个土体物理性质

| 土层 | 深度（cm） | 石砾（>2mm%V） | 细土颗粒组成（g/kg） | | | 质地 | 容重（g/cm） |
			砂粒（2～0.05mm）	粉粒（0.05～0.002mm）	黏粒（<0.002mm）		
Ah	0～25	21	359	251	390	黏壤土	1.18
Bw1	25～45	13	344	281	375	黏壤土	1.17
Bw2	45～100	13	445	212	343	黏壤土	1.37
BC	100～160	22	560	213	227	砂质黏壤土	1.35

表 5-46 鸡公山系代表性单个土体化学性质

土层	pH（H$_2$O）	pH（KCl）	游离铁（g/kg）	铁的游离度（%）	CEC$_7$[cmol(+)/kg 黏粒]	有机碳（g/kg）	全氮（N）（g/kg）	全磷（P）（g/kg）	全钾（K）（g/kg）
Ah	4.5	3.7	30.7	71.5	34.4	12.63	0.65	0.31	27.1
Bw1	5.2	4.2	31.0	70.7	29.6	6.44	0.69	0.31	28.0
Bw2	4.8	3.9	37.2	75.4	36.8	2.53	0.16	0.19	31.8
BC	4.9	4.0	39.2	71.9	49.0	1.91	0.10	0.28	37.7

Ah：0～25cm，浊橙色（7.5YR 6/4，干），红棕色（5YR 4/8，润），中量粗根，黏壤土，发育程度很强的小团粒状结构，大量石英颗粒，大量细根孔、粒间孔隙，土体松散，向下层平滑模糊过渡。

Bw1：25～45cm，橙色（7.5YR 7/6，干），亮红棕色（5YR 5/8，润），中量中根，黏壤土，发育程度强的中块状结构，中量石英颗粒，少量细根孔、粒间孔隙，土体松散，向下层平滑模糊过渡。

Bw2：45～100cm，淡黄橙色（7.5YR 8/6，干），亮红棕色（5YR 5/8，润），少量细根，黏壤土，中量细根孔，发育程度强的中块状结构，中量石英颗粒，少量粒间孔隙，土体稍坚实，向下层平滑模糊过渡。

BC：100～160cm，淡黄橙色（7.5YR 8/4，干），亮红棕色（5YR 5/8，润），很少量细根，砂质黏壤土，发育程度弱的中块状结构，大量石英颗粒，少量粒间孔隙，土体稍坚实。

5.5.7　斑纹简育湿润雏形土亚类

5.5.7.1　大观园系（Daguanyuan Series）

土族：黏壤质硅质混合型酸性热性－斑纹简育湿润雏形土

拟定者：张杨珠，黄运湘，周清，廖超林，盛浩，张义

分布与成土环境：该土系分布于湘东地区大围山花岗岩低山中坡地带（图5-47），海拔600～800m，母质为花岗岩风化物。土地利用状况为旱耕地。中亚热带湿润季风气候，年平均气温17～17.5℃，年平均降水量1400～1600mm。

图 5-47　大观园系典型景观

土系特征与变幅：诊断层为暗瘠表层、雏形层，诊断特性包括湿润土壤水分状况、氧化还原特征、温性土壤温度状况和铁质特性，诊断现象有潜育现象。土体发育深厚，有效土层厚度一般＞120cm，表层土壤质地以壤土为主，土壤润态颜色色调以 10YR 为主，土体自上而下由松散变稍坚实，底土中有 5%～15% 直径＜2mm 的铁斑纹。表层受人为耕作施肥影响，有机质和养分含量较高，土壤有机碳含量 13.38～16.96g/kg，有效磷 50～60mg/kg，土壤剖面底部有潜育现象。土壤酸性反应，pH（H$_2$O）和 pH（KCl）分别为 4.0～5.6 和 3.4～4.1。黏粒和铁在土体上有微弱迁移和淀积，全铁含量为 33.5～42.1g/kg，游离铁含量为 11.7～27.1g/kg，铁的游离度为 35.0%～64.4%。

对比土系：鸡公山系，同一土类，同一地区，相同母质，但鸡公山系颗粒大小级别为黏质，矿物类型为高岭石型，土壤颜色色调以 5YR 或 7.5YR 为主，黏粒在土体上无明显迁移，但铁沿土壤剖面有明显迁移和淀积，故划为不同土系。

利用性能综述：海拔较高，低势平坦，水热条件一般。土层发育较深厚，表层有机质和养分含量较高，质地偏砂，保水保肥效果差，底部有潜育现象。土壤有机质和氮、磷养分含量偏低，但钾素丰富。当前土壤利用为旱耕地，种植蔬菜，应注重增施有机肥，补充磷素。

参比土种：黄红麻沙土

代表性单个土体：位于浏阳市大围山镇安洲组客家大观园钓鱼山庄旁山脚菜地，地理位置：114°3′46″E，28°25′1″N，海拔 719m，花岗岩低山坡地带，母质为花岗岩风化物。土地利用类型为旱耕地，估算的 50cm 土温为 16℃。野外调查时间为 2014 年 5 月 15 日，编号为 43-LY20。土体剖面参见图 5-48，土体理化性质参见表 5-47、表 5-48。

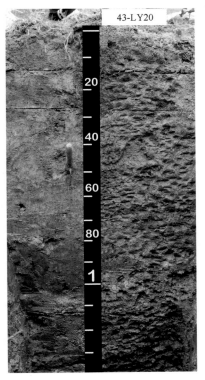

图 5-48　大观园系代表性单个土体剖面

Ap：0～28cm，浊橙色（2.5Y 6/3，干），暗棕色（10YR 3/3，润），大量中根，壤土，发育程度很强的小团粒状结构，中量石英颗粒，大量细根孔、粒间孔隙，土体松散，向下层明显平滑边界。

Br：28～67cm，淡黄色（2.5Y 7/4，干），暗棕色（10YR 3/4，润），中量细根，壤土，发育程度中等的中块状结构，中量石英颗粒，很少量极细根孔、粒间

表 5-47　大观园系代表性单个土体物理性质

土层	深度（cm）	石砾（>2mm%V）	细土颗粒组成（g/kg）			质地	容重（g/cm）
			砂粒（2~0.05mm）	粉粒（0.05~0.002mm）	黏粒（<0.002mm）		
Ap	0~28	11	491	314	195	壤土	—
Br	28~67	7	447	333	220	壤土	—
Bw	67~110	9	445	335	220	壤土	—
Bg	110~138	10	530	302	168	砂质壤土	—

注："—"表示未检测

表 5-48　大观园系代表性单个土体化学性质

土层	pH（H_2O）	pH（KCl）	游离铁（g/kg）	铁的游离度（%）	CEC_7［cmol（+）/kg 黏粒］	有机碳（g/kg）	全氮（N）（g/kg）	全磷（P）（g/kg）	全钾（K）（g/kg）
Ap	4.0	3.4	20.3	54.7	48.8	13.76	0.85	0.77	42.8
Br	4.2	3.7	27.1	64.4	41.8	16.96	0.60	0.75	36.0
Bw	5.1	4.1	15.5	43.7	40.9	13.38	0.72	0.26	46.2
Bg	5.6	4.0	11.7	35.0	45.3	13.81	1.76	0.29	45.8

孔隙，土体疏松，少量直径很小的铁斑纹，向下层明显平滑边界。

Bw：67~110cm，淡黄色（2.5Y 7/4，干），棕色（10YR 4/4，润），壤土，发育程度弱的中块状结构，中量石英颗粒，很少量极细粒间孔隙，土体稍坚实，向下层明显平滑边界。

Bg：110~138cm，黄棕色（2.5Y 5/3，干），黑色（10YR 3/1，润），砂质壤土，发育程度弱的中块状结构，中量石英颗粒，很少量极细粒间孔隙，轻度亚铁反应，土体稍坚实。

5.6　新 成 土 纲

5.6.1　普通湿润正常新成土亚类

5.6.1.1　安洲系（Anzhou Series）

土族：粗骨黏壤质硅质混合型酸性热性－普通湿润正常新成土
拟定者：张杨珠，黄运湘，周清，廖超林，张义，欧阳宁相

分布与成土环境： 分布于湘东花岗岩低山山顶地带（图 5-49），海拔 700～800m，成土母质为花岗岩风化物。土地利用状况主要为林地，种植有毛竹林、马尾松人工林和杉木人工林，也有部分果园，中亚热带湿润季风气候，年平均气温 16～17℃，年平均降水量 1300～1600mm。

图 5-49　安洲系典型景观

土系特征与变幅： 本土系诊断层包括淡薄表层，诊断特性包括准石质接触面、湿润土壤水分状况、热性土壤温度状况。土体浅薄，土壤发育不成熟，厚度为 0～34cm，土体构型为 Ah-AC-C，土壤表层受到中度侵蚀，土壤有机质和养分含量较低，表层土壤质地为砂质壤土，土壤润态颜色的色调以 5YR 为主，土体自上而下由松散变稍坚实，土壤剖面花岗岩风化碎屑含量为 30%～45%。土壤酸性反应，pH（H$_2$O）和 pH（KCl）分别为 4.3～4.5 和 3.5～3.7，土壤有机碳含量为 3.51～16.47g/kg，全铁含量为 49.0～55.2g/kg，全铝含量为 216～232g/kg，全硅含量为 609～625g/kg，游离铁含量为 15.7～20.4g/kg，铁的游离度为 28.5%～41.7%。

对比土系： 五指石系，同一亚类，母质相同，成土环境类似，但五指石系土族控制层段内颗粒大小级别为粗骨壤质，因此为不同土族。

利用性能综述： 该土系土层浅薄，表层土壤全钾含量高，但土壤有机质、全氮和全磷含量偏低，土体呈酸性，质地偏砂，砾石含量高，表层以下土壤紧实。植被覆盖度高，应加强封山育林，减少人为开垦和耕种，防止水土流失。

参比土种： 薄腐花岗岩红壤性土

代表性单个土体： 位于浏阳市大围山镇安洲组钓鱼山庄后山山顶，地理位

图 5-50 安洲系代表性单个土体剖面

置：114°3′45″E，28°25′6″N，海拔 736m，花岗岩低山山顶地带，成土母质为花岗岩风化物，土地利用类型为林地。估算的 50cm 土温为 16.4℃。野外调查时间为 2014 年 5 月 14 日，编号为 43-LY18，土体剖面参见图 5-50，土体理化性质参见表 5-49、表 5-50。

Ah：0～10cm，橙色（7.5YR 6/6，干），亮红棕色（5YR 5/8，润），中量粗根，砂质黏壤土，发育程度弱的小粒状结构，中量石英颗粒，中量中根孔、粒间孔隙，土体松散，向下平滑模糊过渡。

AC：10～34cm，橙色（7.5YR 6/6，干），亮红棕色（5YR 5/8，润），少量中根，砂质黏壤土，无结构，大量石英颗粒，很少量中根孔、粒间孔隙，土体稍坚实，向下平滑模糊过渡。

C：34～150cm，花岗岩风化物。

表 5-49 安洲系代表性单个土体物理性质

土层	深度（cm）	石砾（>2mm%V）	细土颗粒组成（g/kg）			质地	容重（g/cm）
			砂粒（2～0.05mm）	粉粒（0.05～0.002mm）	黏粒（<0.002mm）		
Ah	0～10	20	431	252	317	砂质黏壤土	1.35
AC	10～34	30	476	227	297	砂质黏壤土	1.60

表 5-50 安洲系代表性单个土体化学性质

土层	pH（H$_2$O）	pH（KCl）	游离铁（g/kg）	铁的游离度（%）	CEC$_7$[cmol（+）/kg 黏粒]	有机碳（g/kg）	全氮（N）（g/kg）	全磷（P）（g/kg）	全钾（K）（g/kg）
Ah	4.3	3.5	20.4	41.7	647.2	16.47	0.62	0.33	37.9
AC	4.5	3.7	15.7	28.5	36.8	3.51	0.12	0.42	32.6

5.6.1.2 五指石系（Wuzhishi Series）

土族： 粗骨壤质硅质混合型酸性温性－普通湿润正常新成土

拟定者： 周清，盛浩，张鹏博，张义，欧阳宁相

分布与成土环境： 分布于湘东花岗岩中山中坡地带（图 5-51），海拔

图 5-51　五指石系典型景观

1500～1600m，成土母质为花岗岩风化物。土地利用状况为林地，中亚热带湿润季风气候，年平均气温 12～13℃，年平均降水量 1300～1600mm。

土系特征与变幅：本土系诊断层包括暗瘠表层；诊断特性包括准石质接触面、常湿润土壤水分状况、温性土壤温度状况、腐殖质特性。土层浅薄，有效土层厚度为 0～50cm，土体构型为 Ah-AC-C，表层腐殖质深厚，土壤有机质和养分含量较高，表层土壤质地为壤土，土壤润态颜色色调以 10YR 为主，花岗岩半风化物含量 20%～60%，pH（H_2O）和 pH（KCl）分别为 4.6～4.7 和 3.7～4.0，土壤有机碳含量为 18.13～47.50g/kg，全铁含量为 44.4～48.8g/kg，全铝含量为 164～176g/kg，全硅含量为 713～752g/kg，游离铁含量为 15.8～17.5g/kg，铁的游离度为 35.5%～35.9%。

对比土系：安洲系，同一亚类，母质相同，成土环境类似，但安洲系土族控制层段内颗粒大小级别为粗骨黏壤质，母质层出现更深，因此为不同土族。

利用性能综述：地势高，降水量大且热量不足。坡度陡，土壤发育浅薄，表层土壤有机质和养分丰富，但石砾和砂粒含量高，土壤呈酸性。原生黄山松天然林植被保存较好，应加强封山育林和天然林保护。适宜建立黄山松天然林的种源基地，防止人为干扰和水土流失。

参比土种：中腐中土花岗岩暗黄棕壤

代表性单个土体：位于浏阳市大围山镇大围山国家级自然保护区五指石景区山顶中上部，地理位置：114°6′0″E，28°24′53″N，海拔 1560.4m，中山中坡地带，

图 5-52　五指石系代表性单个土体剖面

成土母质为花岗岩风化物，土地利用类型为林地。估算的 50cm 土温为 13.1℃。野外调查时间为 2014 年 5 月 15 日，编号为 43-LY23。土体剖面参见图 5-52，土体理化性质参见表 5-51、表 5-52。

Ah：0～17cm，浊黄橙色（10YR 6/4，干），棕色（10YR 4/6，润），大量中根，壤土，发育程度中等的中粒状结构，中量石英颗粒、中量中等根孔、粒间孔隙、动物穴，土体疏松，向下波状模糊过渡。

AC：17～50cm，亮黄棕色（10YR 7/6，干），棕色（10YR 4/4，润），中量细根系，壤土，发育程度很弱的中粒状结构，中量石英颗粒、少量中根孔、粒间孔隙，土体稍坚实，向下波状模糊过渡。

C：50～79cm，花岗岩风化物。

表 5-51　五指石系代表性单个土体物理性质

| 土层 | 深度（cm） | 石砾（>2mm%V） | 细土颗粒组成（g/kg） | | | 质地 | 容重（g/cm） |
			砂粒（2～0.05mm）	粉粒（0.05～0.002mm）	黏粒（<0.002mm）		
Ah	0～17	20	403	412	185	壤土	0.79
AC	17～50	50	446	359	195	壤土	0.96

表 5-52　五指石系代表性单个土体化学性质

土层	pH（H₂O）	pH（KCl）	游离铁（g/kg）	铁的游离度（%）	CEC₇[cmol（+）/kg 黏粒]	有机碳（g/kg）	全氮（N）（g/kg）	全磷（P）（g/kg）	全钾（K）（g/kg）
Ah	4.6	3.7	15.8	35.5	102.8	47.50	2.83	1.2	32.9
AC	4.7	4.0	17.5	35.9	87.2	18.13	1.6	0.89	34.3

参 考 文 献

冯旖，周清，张伟畅，等. 2016. 长沙市不同类型水耕人为土的理化性质研究. 湖南农业科学，(5)：41-44.

罗卓，欧阳宁相，张杨珠，等. 2018. 大围山花岗岩母质发育土壤在中国土壤系统分类中的归属. 湖南农业大学学报（自然科学版），44 (3)：301-308.

张义，张杨珠，盛浩，等. 2016. 湘东大围山地区板岩风化物发育土壤的发生特性与系统分类. 湖南农业科学，(5)：45-50.

第6章 大围山土壤理化性质和肥力质量

土壤质量保育与提升对地球关键带健康和土壤资源安全具有重要意义。高质量的土壤不仅能为世界日益增长的人口提供更好的粮食和纤维，也能在稳定自然生态系统和改善空气、水质上起到至关重要的作用。从生产力、可持续性、环境质量和人类营养健康上看，土壤质量是土壤肥力质量、土壤环境质量及土壤健康质量3个方面的综合量度，即土壤在生态系统的范围内，维持生物的生产能力、保护环境质量及促进动植物健康的能力。特别是，土壤肥力质量是提供植物养分和生产生物质的能力，也是保障粮食安全的根本。土壤质量虽不能直接测定，但可以通过土壤质量指标来反映。通常，土壤质量指标包括土壤物理指标、化学指标和生物指标。

6.1 土壤质量的物理指标

基础土壤物理质量指标在比较土壤类型间的质量差异上能体现出十分重要的作用。土壤质地是最基本的土壤物理性质，它调控着土壤水分、养分和气体的交换、保持和吸收。土层厚度是反映单位面积植物可利用土壤资源的数量。土壤容重随着土壤质地、结构和土壤有机质含量的不同而变异很大。但是，针对特定的土壤类型，土壤容重反映土壤的紧实度。土壤容重的变化除本身影响水分和氧气的供应外，还影响许多其他土壤性质和过程。采用锥形透度计，测定土壤力度可作为一个反映土壤紧实度的指标。此外，水分渗透、保持、可利用性、排水和水汽平衡的土壤物理指标对全面监测土壤功能很重要。土壤有效持水量和饱和水分传导率最常出现在土壤质量指标的最小数据集（MDS）中。土壤有效持水量表征土壤供应水分的相对能力。饱和水分传导率则是一个反映土壤排水速度的指标，用于判断土壤水气平衡。土壤结构是指被土壤有机质和其他化学沉淀物黏结在一起的团聚体的大小和形状。它几乎可以影响土壤所有的物理、化学和生物性质。土壤团聚体的稳定性是描述当土壤处于不同压力下保持其固、液、气三相比例的能力，它反映土壤生物、化学和物理性质之间的相互关系，也是很重要的质量指标。Arshad 和 Coen（1992）指出，作物和土壤管理措施对土壤物理质量的影响可用土壤团聚体的大小分布及稳定性来描述。

6.1.1 土壤质地

在大围山地区，土体内石砾所占比例较高，各发生层的石砾比为3%～80%，平均约为20%。按国际制标准，土壤质地类型包括壤质砂土、砂质壤土、粉砂质壤土、壤土、砂质黏壤土、粉砂质黏壤土、黏壤土和黏土，以壤土类为主，土质适中（表6-1）。

表 6-1　大围山地区表土层的质地类型

剖面编号	海拔（m）	细土颗粒组成（g/kg）			质地类型
		砂粒（2～0.05mm）	粉粒（0.05～0.002mm）	黏粒（<0.002mm）	
43-CS13	152	407	370	223	壤土
43-CS14	164	158	636	206	粉砂质壤土
43-LY03	179	299	274	427	黏土
43-LY25	473	396	314	291	黏壤土
43-LY04	482	442	483	76	砂质壤土
43-LY21	650	497	239	264	砂质黏壤土
43-LY20	719	491	314	195	壤土
43-LY18	736	540	439	21	砂质壤土
43-LY26	739	147	481	372	粉砂质黏壤土
43-LY19	743	359	251	390	黏壤土
43-LY14	911	560	281	159	砂质壤土
43-LY13	1032	340	416	244	壤土
43-LY11	1102	563	158	279	砂质黏壤土
43-LY10	1198	379	411	210	壤土
43-LY12	1199	580	369	51	砂质壤土
43-LY17	1379	285	512	204	粉砂质壤土
43-LY09	1414	436	294	270	壤土
43-LY24	1482	540	79	380	砂质黏土
43-LY06	1488	455	328	217	壤土
43-LY16	1489	628	326	46	砂质壤土
43-LY08	1498	478	300	222	壤土
43-LY05	1550	425	486	89	壤土
43-LY23	1560	406	359	235	壤土
43-LY22	1564	502	300	197	砂质壤土
43-LY07	1573	439	389	172	砂质壤土
43-LY15	1573	378	431	191	壤土

从表土层质地来看，土壤质地类型有壤土、砂质壤土、砂质黏壤土、黏壤土、黏土，以壤土为主，占38%，砂质壤土占27%，仅个别黏土和黏壤土，反映土壤砂壤性强烈。随着海拔升高，壤土和砂质壤土的比例升高。砂粒含量147～626g/kg，粉粒含量79～636g/kg，黏粒含量21～427g/kg。土壤砂粒含量随海拔升高，且显著升高（图6-1）。

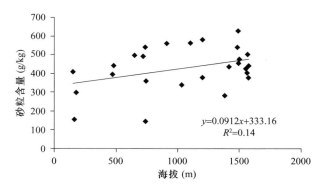

图 6-1　大围山地区表土的砂粒含量与海拔的关系

6.1.2　土层厚度和容重

在大围山地区，土壤剖面发生层分异明显，范围为 3～7 层，以 4～5 层最常见。土层发育深厚，最小有效土层厚度为 22～200cm，平均约 1m 深，随着海拔升高，有效土层波动较大，有变薄的趋势（图 6-2）。从表层和亚表层土壤（包括 A、AB 和 AC 层）厚度看，较为深厚，为 11～75cm，平均 34cm，随着海拔升高，表土层厚度并无明显变化趋势。

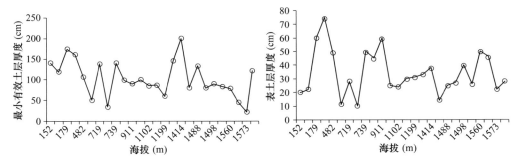

图 6-2　大围山地区最小有效土层和表土层厚度

在大围山地区，表层土壤容重为 0.62～1.42g/cm³，平均 0.99g/cm³，土质疏松。随海拔升高，表层土壤容重呈下降的趋势，土质呈现疏松化（图 6-3）。从亚表层土壤（AB、Ap2、AC）来看，土壤容重为 0.72～1.47g/cm³，平均 1.08g/cm³，土质较疏松，但略高于表土层，也有随海拔升高而下降的趋势。

6.1.3　土壤团聚体、结构和抗蚀性

土壤结构体发育多为中等强度，林地或灌丛、草地土壤多以粒状结构、块状结构为主，而水田土壤多以团块状、棱柱状结构为主，结构体大小中等、偏大。

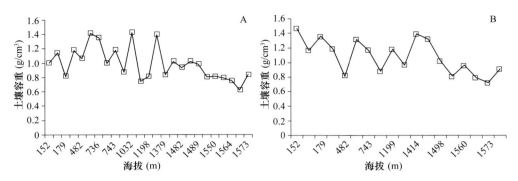

图 6-3　大围山地区表土层（A）和亚表层（B）的土壤容重

一般随土层加深，结构体发育程度由强减弱。

土壤抗蚀性是指土壤对侵蚀营力分散和搬运作用的抵抗能力，即土壤对侵蚀的易损性或敏感性的倒数，它是土壤承受降雨和径流分离及输移等过程的综合效应。土壤抗蚀性大小不仅与土壤内在的理化性质密切相关，还受到降雨特性、地面覆盖和土地利用状况的外部因素影响。土壤可蚀性表征土壤对侵蚀的敏感程度，是从另一个角度描述土壤抗蚀性，也是研究土壤侵蚀的重要指标。国际上，土壤可蚀性（K）值可用来表征土壤抗蚀抗冲能力，K 值越大，土壤抗蚀抗冲能力越差。

为了解大围山地区土壤的抗侵蚀能力，利用土壤 5 项抗蚀性指标和 1 项可蚀性指标 K 值，研究大围山不同海拔带上花岗岩风化物发育的山地土壤抗蚀性垂直带分异特征，揭示花岗岩风化物发育土壤抗蚀性的垂直带分异特征，这可为了解花岗岩风化物发育土壤的抗蚀性和量化大围山山地土壤侵蚀量提供科学依据。

随着海拔升高，土壤机械组成与微团聚体组成的变化类似。在微团聚体组成中，<0.05mm 土粒含量小于>0.25mm 土粒含量（除海拔 189m 外），各海拔带土壤中>0.25mm 土粒含量差异不大，与海拔的相关系数仅为－0.292；<0.05mm 土粒含量中除 189m、1535m 处的稍高外，其余土壤样品中<0.05mm 土粒含量都偏低，随海拔升高呈增加趋势，相关系数为 0.617（表 6-2）。

表 6-2　大围山不同海拔土壤机械组成及微团聚体组成

海拔 （m）	机械组成		微团聚体组成	
	>0.25mm 土粒 含量（%）	<0.05mm 土粒 含量（%）	>0.25mm 土粒 含量（%）	<0.05mm 土粒 含量（%）
189	9.82	68.44	33.67	42.55
721	19.66	56.55	50.13	9.55
937	17.52	56.13	62.85	10.20
1173	18.73	53.84	57.95	8.05

续表

海拔（m）	机械组成		微团聚体组成	
	>0.25mm 土粒含量（%）	<0.05mm 土粒含量（%）	>0.25mm 土粒含量（%）	<0.05mm 土粒含量（%）
1249	19.33	51.85	53.05	10.05
1488	18.55	54.62	51.79	17.87
1535	17.35	63.56	41.64	30.20
1578	10.05	51.50	61.77	11.15
1582	26.5	55.58	46.29	21.16

在图 6-4 中，显示不同海拔带土壤的 5 项抗蚀性指标。在海拔 189m 处，因海拔低、人类活动影响很大，在做土壤抗蚀性特征的垂直带分异时，将该点剔除。土壤团聚状况变化较小，最小值为 0.334，最大值为 0.470。土壤团聚状况随海拔升高呈极显著减小，相关系数为−0.876。在海拔 1582m 处，土壤团聚度最小为 0.436，937m 处的为 0.512，土壤的团聚度与海拔呈显著的负相关关系，相关系数为−0.836。根据<0.05mm 微团聚体分析值与机械组成分析值，得到土壤分散率，以 1535m 处土壤样品的分散率最大，为 0.475。土壤分散率随海拔升高而增大，相关系数为 0.682。在 1535m 处，>0.25mm 水稳性团粒含量为 672.77g/kg，水稳性团粒含量适中；其他 7 个不同海拔的土壤样品中，水稳性团粒含量均>700g/kg，水稳性团粒随海拔变化规律不明显。

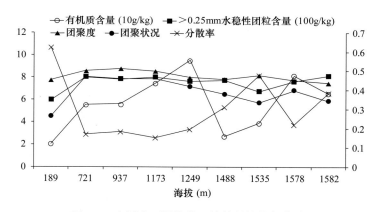

图 6-4　大围山不同海拔土壤抗蚀性指标曲线图

综合 5 项抗蚀性指标可知，除去受人类活动干扰较大的土样数据（海拔 189m），土壤团聚状况、团聚度和分散率 3 项指标与海拔的相关性得出土壤抗蚀性随海拔升高呈递减趋势，但相关系数较小，且>0.25mm 水稳性团粒含量和土壤有机质含量 2 项指标与海拔的相关性很小。总体上，随着海拔升高，土壤抗蚀性呈现递减趋势。

利用 EPIC 模型计算不同海拔土壤可蚀性 K 值（图 6-5）。同样，剔除受到人类干扰较大的海拔 189m 处的土壤样品数据。大围山海拔带土壤样品的可蚀性 K 值为 0.028～0.033t·hm²·h/（hm²·MJ·mm），这与王秋霞等（2016）对花岗岩崩岗区土壤淋溶层可蚀性 K 值的研究结果类似。梁音和史学正（1999）研究中国东部丘陵区土壤可蚀性 K 值的分级指标得出，土样可蚀性级别为中可蚀性土壤和中高可蚀性土壤，即属于易被侵蚀的土壤。1582m 处土壤样品的可蚀性 K 值为 0.033t·hm²·h/（hm²·MJ·mm），土壤的抗侵蚀能力相对较差。土壤可蚀性 K 值随海拔的升高呈显著增大的趋势，相关系数为 0.783。由土壤可蚀性 K 值得出土壤抗蚀性随海拔升高呈现递减的结论。

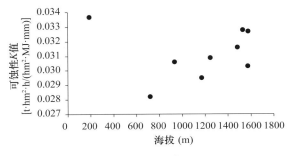

图 6-5　可蚀性 K 值点状图

大围山花岗岩风化物发育的山地土壤抗蚀性不仅受海拔的影响，也受到气候、植被、人类活动因素的综合影响，抗侵蚀能力弱，为避免水土流失，应加强防治措施。大围山原生植被几乎被破坏殆尽，现存植被多为原始次生林、人工林和灌丛，这可能对土壤的抗侵蚀能力造成一定的影响。

6.2　土壤质量的化学指标

在土壤质量的化学指标中，土壤有机质、土壤 pH、土壤养分、阳离子交换量（CEC）一般包含在土壤肥力质量评价的最小数据集（MDS）中，对评价土壤肥力质量是必要的。土壤有机质是反映土壤质量的最重要的化学参数之一，除作为土壤养分的主要来源，它还可以改善土壤结构和持水量，提高生物活性。pH 影响很多土壤生物学性质和化学性质，CEC 则是评价土壤保持和提供养分能力的重要属性。

6.2.1　土壤酸碱反应

从表层土壤来看，土壤水提 pH 为 3.98～5.53，盐提 pH 为 3.93～4.61，两者均与海拔变化无明显关系。在酸性土壤中，由土壤永久负电荷引起的酸度称为土壤交换性酸。大围山地区土壤交换性酸为 0.61～9.51cmol（H^+＋1/3Al^{3+})/kg，土壤交换性酸随海拔升高而升高（图 6-6）。

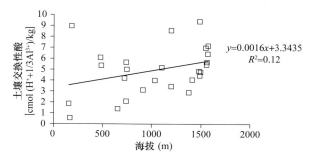

图 6-6　大围山地区表层土壤交换性酸与海拔的关系

6.2.2　土壤有机质及其组分

6.2.2.1　土壤有机质含量

大围山地区表层土壤有机质含量为 16.9～182.4g/kg，随海拔升高，土壤有机质含量明显升高（图 6-7）。如果考虑底层土壤，大围山地区土壤有机质含量可低至 1.3g/kg。

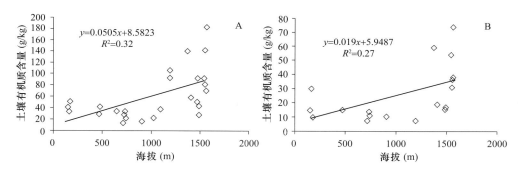

图 6-7　大围山地区表层（A）和亚表层（B）土壤有机质含量与海拔的关系

丁咸庆等（2015）针对大围山灌丛草甸土（1465m）、黄棕壤（1402m）、黄壤（1002m）和黄红壤（800m），1m 深土层的土壤有机碳平均含量为 11.05～18.84g/kg，随海拔升高而升高，腐殖酸含量为 3.27～6.13g/kg，胡敏酸（HA）含量为 0.56～0.99g/kg，富里酸（FA）含量为 2.71～5.14g/kg，在高海拔地带相对更高。HA/FA 为 0.18～0.24，在中等海拔地带相对最高。针对大围山黄棕壤（1402m）、黄壤（1002m）和黄红壤（800m），1m 深土层土壤全氮含量为 0.84～1.10g/kg，随海拔升高而升高，但氨态氮和硝态氮平均含量分别为 7.27～11.98mg/kg 和 10.08～17.86mg/kg，在人为干扰强烈的杉木人工林中，无机氮含量相对更高。土壤酸解性有机氮含量为 492.40～699.84mg/kg，随海拔升高而升高。在酸解性有机氮组分中，酸解氮态氮含量为 315.46～438.52mg/kg，随海拔升高而升高；酸解性氨基糖氮含量为 58.34～89.74mg/kg，在低海拔土壤中平均含量较高；酸解氨基酸氮含量为 50.21～83.65mg/kg，在高海拔地带含量更高。酸解未知态氮含量随海拔升高而升高。可溶性有机氮含量为 9.92～23.45mg/kg，在高海拔和人工林土壤中，可溶性有机氮含量相对较高。

6.2.2.2　土壤溶解性有机碳

溶解性有机碳（DOC）作为 SOC 中最活跃的组分之一，是土壤食物网各级生物可利用的碳源，能快速有效地指示土壤质量变化（Kaiser and kalbitz., 2012）。尽管土壤 DOC 的来源、含量、组成、分类、功能、去向、影响因素和环境效应已有大量报道，但主要集中在平缓低地的浅层表土（Bolan et al, 1996）。土壤 DOC 含量与海拔的关系复杂。据报道，武夷山 0～40cm 土层 DOC 含量随海拔升高而升高（Bu et al., 2012），但川西亚高山 - 高山 0～20cm 表土 DOC 含量与海拔没有明显关系（秦纪洪等，2013）。神农架表土 DOC 含量在海拔最低的常绿阔叶林和海拔最高的亚高山灌丛相对最高（卢慧等，2014）。然而，目前有关山地深层底土 DOC 含量仍有待加强了解（蒋友如等，2014；Sheng et al., 2015）。通过选择中亚热带湘东罗霄山脉支脉大围山（主峰 1608m），沿海拔带分别采集红壤、黄壤、黄棕壤和灌丛草甸土的剖面发生层样品（表 6-3），研究山地土壤剖面 DOC 含量沿海拔变化的规律，分析 DOC 与 SOC、水分的关系，为了解山地土壤碳库特征和合理评价山地垂直带土壤质量提供科学依据。

表 6-3　土壤采样地概况

亚类	地理坐标	土体构型	土层深度（cm）	优势植物种
红壤（179m）	28°27′3″N, 114°0′57″E	O-A-AB-B1-B2-B3	3～0、0～14、14～60、60～120、120～174、>174	杉木
红壤（482m）	28°25′28″N, 114°3′17″E	O-A-B-C1-C2	3～0、0～49、49～107、107～198、>198	毛竹
黄壤性土（1102m）	28°25′53″N, 114°5′19″E	O-A-AB-BC-C	4～0、0～24、24～64、64～86、>86	樱桃
黄壤（1198m）	28°25′39″N, 114°5′29″E	O-A-B-BC	4～0、0～30、30～87、>87	毛竹
暗黄棕壤（1379m）	28°25′14″N, 114°5′53″E	O-A-AB-B-BC1-BC2	5～0、0～14、14～33、33～81、81～115、>115	黄山松、杜鹃
山地灌丛草甸土（1573m）	28°26′11″N, 114°9′36″E	O-A-AB-BC1-BC2	5～0、0～8、8～24、24～86、>86	五节芒、杜鹃

1. 土壤有机碳含量

所选大围山海拔带，土壤 SOC 含量为 1.22～105.27g/kg，总体上随海拔升高而升高（图 6-8）。从表土（A 层）看，SOC 含量从山脚红壤的 10～30g/kg 升高到山顶灌丛草甸土的 50～60g/kg；从底土（B 层及以下）看，SOC 含量亦呈随着海拔升高呈上升趋势，且黄壤地带 SOC 含量有骤然升高的现象。不同海拔带

SOC 含量均随土层的加深而降低；其中，山脚红壤 SOC 含量随土层加深而降低幅度最小，但山顶灌丛草甸土 SOC 含量随土层加深而下降幅度最大。

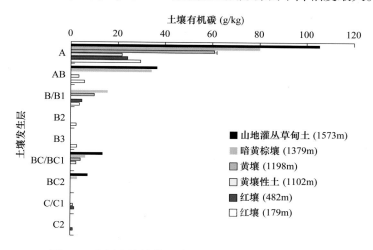

图 6-8　大围山海拔带土壤（亚类）剖面上有机碳的含量

2. 土壤溶解性有机碳含量

土壤 DOC 含量为 9～5326mg/kg，随海拔升高而升高（图 6-9）。从表土看，海拔最低的红壤 DOC 含量最低（483.1mg/kg），山顶灌丛草甸土的 DOC 含量最高（5326mg/kg）。从底土看，DOC 含量亦随海拔升高而升高，但黄壤性土例外，可能与黄壤性土发育度较浅、陡坡上水土不稳有关。DOC 含量大多随土层加深

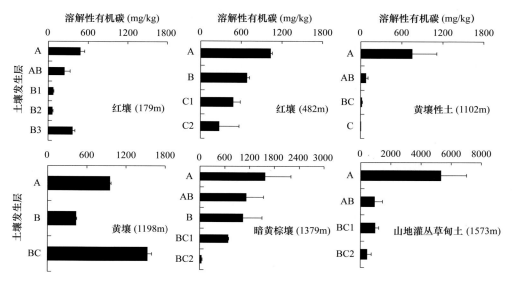

图 6-9　大围山海拔带土壤（亚类）剖面上溶解性有机碳的含量

而降低，但红壤、黄壤在某些深层底土（B、BC 层），DOC 含量有升高趋势。海拔 482m 处红壤剖面上，母质层 DOC 含量仍较高。回归分析显示，DOC 含量与海拔、SOC 含量、土壤质量含水量呈显著线性正相关关系（图 6-10）。

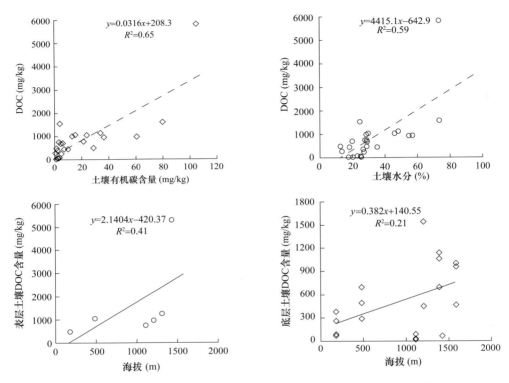

图 6-10　土壤溶解性有机碳含量与海拔、土壤有机碳含量、水分的关系

据报道，武夷山主峰黄岗山 500～2150m 垂直带 0～40cm 表土水溶性有机碳含量为 5～192mg/kg（周焱等，2009），神农架不同海拔（1083～2758m）0～10cm 表土水溶性有机碳含量为 150～310mg/kg（卢慧等，2014）。本区花岗岩红壤剖面上 DOC 含量为 27～185mg/kg（汪伟等，2008；蒋友如等，2014）。与其他高海拔地区 DOC 含量相比，湘东大围山高海拔带土壤中的 DOC 含量较高，产生这一差异的原因可能主要与不同地区海拔带土壤中 SOC 含量、土壤母质，以及 DOC 测定方法的不同有关。

山地高高突起于陆地之上，改变景观物质、能量分布格局，直接引起水热因子、植被变化，进而影响土壤碳输入量和输出量的微妙平衡。本研究中，随海拔升高，土壤剖面 DOC 含量总体呈升高趋势，主要原因可能是：①随着海拔升高植被由低海拔的杉木、毛竹人工群落逐渐转为自然的常绿落叶樱桃群落、落叶矮林和灌丛草地，地面枯枝落叶层加厚（表 6-3），地下细根周转的活性有机碳输入量可能升高（权伟等，2008）。②随海拔升高，温度降低、降水增加，山顶有时还出现土壤渍水状况（陈健飞，2001），SOC 和 DOC 的矿化损失量减少，高海拔带表土中丰富的 DOC 可能较易淋溶至底土中积累；本研究中，土壤 DOC 含量与 SOC 含量、水分呈显著线性正相关关系也证实了这一点（图 6-10）。③随海拔升高，B 层底土质地趋于黏重，活性或络合态 Fe 氧化物数量升高（冯跃华等，2005），黏粒和氧化物通过物理、化学吸附作用固定 DOC 的数量可能更高。黄壤 BC 层底土 DOC 含量甚至高出表土，很可能与大量 DOC 从表土淋失到底土并被矿质黏粒强烈吸附有关。庐山海拔 1100m 山地棕壤 60～80cm 底土层也有与表土层类似的高含量 DOC（王连峰等，2002）。蒋友如等（2014）在低海拔丘陵地带（约 100m）的研究也发现，酸性紫色土和板岩红壤中的 DOC 含量在60～100cm 底土出现第二峰值的现象，与底土中黏粒含量升高一致。

3. 土壤溶解性有机碳占有机碳的比例

土壤 DOC 占 SOC 的比例（DOC/SOC）为 0.8%～34.9%，没有明显的海拔带分布规律（表 6-4）。A 层土壤 DOC/SOC 以海拔最高的灌丛草甸土最高，低海拔红壤（482m）较高。底土 DOC/SOC 则在黄壤的 BC 层出现峰值，在红壤 C层较高。除黄壤性土以外，随着剖面的加深，DOC/SOC 均呈升高趋势，B 层以下的底土尤为明显。

表 6-4　湘东大围山海拔带土壤溶解性有机碳占有机碳的比例　　（单位：%）

土壤发生层	红壤 （179m）	红壤 （482m）	黄壤性土 （1102m）	黄壤 （1198m）	暗黄棕壤 （1379m）	山地灌丛草 甸土 （1573m）
A	1.6	4.3	3.5	1.6	2.0	5.1
AB	4.3		2.1		3.3	2.6
B/B1	3.1	14.2		4.3	6.7	
B2	2.7					
B3	14.7					
BC/BC1			0.9	34.9	11.0	7.3
BC2					1.7	6.2
C/C1		23.1	0.8			
C2		21.3				
平均值	5.3	15.7	1.8	13.6	4.9	5.3

DOC/SOC 常视作土壤质量的指标，比值越大，指示土壤碳库质量越高（盛浩等，2013）。一些研究报道，高海拔土壤的 DOC/SOC 高于低海拔土壤（Leifeld et al.，2009；Bu et al.，2012；刘帅等，2015）。从表土看，高海拔灌丛草甸土的DOC/SOC 最高，印证了上述观点。然而，底土 DOC/SOC 峰值则出现在山腰的

黄壤BC层，反映出大围山海拔带上表土和底土DOC/SOC可能具有不同的调控机理。在大围山海拔带上，表土DOC/SOC并无明显的分异规律。在青藏高原亚高山-高山地带，随着海拔升高SOC含量升高，但水溶性有机碳含量与海拔无明显关系，DOC/SOC并无明显的垂直带分异（秦纪洪等，2013）。也有报道，北亚热带高海拔的灌丛表土具有最高的DOC含量，但低海拔带常绿阔叶林土壤也具有较高的DOC含量，DOC/SOC也无明显的垂直带分异规律（卢慧等，2014）。本研究中，土壤DOC/SOC没有明显的垂直带分异规律，可能主要与不同海拔带的DOC来源、土壤DOC保存机理不同有关。

在大围山海拔带上，除黄壤性土外，DOC/SOC随剖面加深而在某些深层土层出现峰值。蒋友如等（2014）报道，邻近的不同母质发育林地土壤的研究也发现了类似现象，这主要与底土层黏粒含量、植物根系的剖面分布有关（蒋友如等，2014）。黄壤性土DOC/SOC随剖面加深而降低，则可能与其发育程度弱、土体浅薄，未形成典型深厚的B层有关（表6-3）（杨锋，1989）。

在中亚热带典型花岗岩山体发育的土壤海拔带谱上，不论表土或底土，DOC含量总体上随海拔升高而升高。SOC和水分含量可以部分解释DOC含量的这种垂直地带性分异现象。然而，DOC/SOC无明显的海拔带分异规律，山脚红壤和山顶灌丛草甸土DOC/SOC类似。在土壤剖面上，底土DOC/SOC普遍高于表土。但在同一海拔带，发育深厚的典型黄壤DOC含量和DOC/SOC均在底土中较高，而发育较浅的黄壤性土则相反。由此看来，土壤DOC含量具有明显的高度带现象，但表土和底土DOC可能存在不同的保存机理，DOC/SOC能否反映海拔带谱上土壤碳库的质量仍有待深入研究。

6.2.3　土壤养分

从表层土壤看，大围山地区土壤全氮含量为0.26~6.04g/kg，全磷含量为0.20~1.20g/kg，全钾含量为20.92~47.32g/kg。土壤全氮、全磷含量随海拔升高而升高（图6-11），但土壤全钾含量随海拔升高无明显变化。

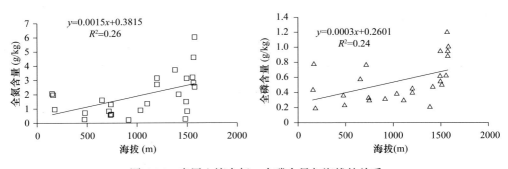

图6-11　表层土壤全氮、全磷含量与海拔的关系

从亚表层土壤来看,大围山地区土壤全氮、全磷含量均比表层土壤有所下降,分别为 0.38~2.76g/kg 和 0.15~0.91g/kg,但全钾含量有所升高,为 23.70~49.29g/kg。随着海拔的升高,亚表层土壤全氮、全磷和全钾含量均随海拔升高而升高(图 6-12)。

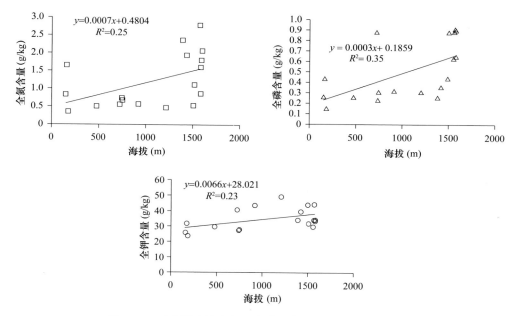

图 6-12　亚表层土壤全氮、全磷和全钾含量与海拔的关系

谭淑端等(2017)针对大围山高山草甸(1496~1507m)、原始次生林(1364~1374m)和人工桃林(719~726m),室内分析得出,0~15cm 和 15~30cm 土壤有机质、全氮、全磷、全钾含量分别为 36.5~106.3g/kg 和 29.7~55.6g/kg、1.33~1.96g/kg 和 0.90~1.60g/kg、0.39~1.07g/kg 和 0.38~0.88g/kg、31.5~41.1g/kg 和 32.4~42.3g/kg,随海拔升高,土壤有机质、全氮和全磷含量均升高,但全钾含量降低。生态系统群落多样性指数与土壤全钾含量呈显著正相关。

6.2.4　土壤阳离子交换量

土壤阳离子交换量(CEC)的大小基本上代表了土壤能保持的养分数量,即土壤保肥性的高低。土壤 CEC 的大小可作为评价土壤保肥能力的指标。土壤 CEC 是土壤缓冲性能的主要来源,也是土壤改良和合理施肥的重要依据。

在大围山地区,表土 CEC 为 5.7~37.2cmol(+)/kg,表土黏粒 CEC 为 19.7~389.4cmol(+)/kg,二者均随海拔升高而升高(图 6-13)。

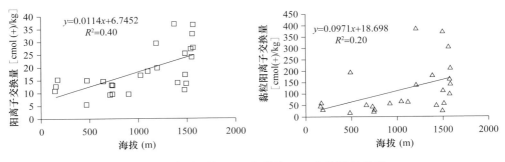

图 6-13　表层土壤 CEC 和黏粒 CEC 与海拔的关系

6.2.5　土壤微量元素

　　早期许多学者对铜、锌、锰、镍、铅元素的研究肇始于动植物的营养特性及其作用，随后又陆续开展土壤微量元素含量的影响因素、临界值、农作物和果林微肥施用的诸多研究（吴兆明，1980；青长乐等，1992；张永娥等，2005）。

　　土壤中微量元素含量的主要影响因素有土壤 pH、成土母质、有机质、CEC、黏粒含量；土壤铜、锌、锰元素的临界值则因提取方法而异；在微量元素缺乏的土壤中增施微肥后，作物增产和品质改善效果明显。但随着工业和现代农业的发展，人类活动（如开矿、冶炼、"三废"排放加剧），一定程度上改变了这些微量元素在土-水-气-岩石中的"异常"分配状况，出现在某些环境中微量元素积累过多，导致动植物的"毒害"问题，这一点在土壤环境中表现更为突出。因此，目前人们对土壤微量元素的研究转向于同时兼顾其营养功能和毒害两方面作用。山地生态系统的繁育对调节区域生态平衡、保护生态环境安全起着十分重要的作用，但山地生态系统的繁育除光、热、水资源外，很大程度还取决于土壤资源质量；其中，土壤微量元素因具有"双重作用"，成为人们关注的焦点，并陆续有一些研究资料的报道（吕维莉等，2003；陈玉真，2011）。但纵观这些研究报道，发现系统研究亚热带气候条件下整个山体土壤微量元素的含量及其分布的资料不多。因此，选取湘东大围山山地土壤作为研究对象，通过野外调查和土壤剖面样品采集，研究不同海拔带土壤铜、锌、锰、镍、铅 5 种元素的全量和有效态含量的土壤剖面分布及其与土壤有机质、pH、CEC、游离铁的土壤理化指标的相关关系，旨在为山地土壤资源保护与名优特产资源开发利用提供科学依据。

6.2.5.1　土壤中铜、锌、锰、镍、铅元素的含量

1. 土壤铜、锌、锰、镍、铅元素全量的含量

　　大围山表层土壤全铜、全锌含量随海拔升高变化不大，均以红壤最高，黄棕壤最低（表 6-5）；土壤全锰含量有随海拔升高而升高的趋势，以灌丛草甸土最高（738.4mg/kg），黄红壤最低（314.1mg/kg），最大值约为最小值的 2.4 倍。土

壤全铅含量则随海拔升高先降低再升高，以灌丛草甸土最高（54.15mg/kg），黄红壤最低（35.48mg/kg）。然而，土壤全镍含量随海拔升高呈先增加后减小的趋势，以黄红壤（34.55mg/kg）最高，黄棕壤（22.42mg/kg）最低；土壤铜、锌、锰、镍和铅全量的含量变幅分别为 5.41%～51%、2.57%～41%、7.27%～56%、5.28%～60% 和 8.21%～24%，变异系数（CV）一般随海拔升高呈先升高后降低的趋势。但是，全铅含量的 CV 从海拔约 700m（黄红壤）往上逐步呈增加的趋势。土壤铜、锌、锰、镍的全量含量的 CV 以黄棕壤最大，以红壤最小。全镍含量的最大 CV 约 60%，土壤全铅含量的 CV 以灌丛草甸土最大，以黄红壤最小。除全铅含量相对稳定外，其他 4 个元素全量含量受海拔影响较大。

表 6-5　大围山不同海拔带表层土壤铜、锌、锰、镍、铅元素全量的含量（单位：mg/kg）

土壤类型（亚类）	统计量	铜	锌	锰	镍	铅
红壤	范围值	32.57～35.88	104.0～109.41	569～658	30.47～33.84	35.37～46.93
	均值（n=3）	34.74	107.05	612.1	32.05	41.36
黄红壤	范围值	24.29～31.42	89.74～119.39	251.9～400.6	30.67～38.55	32.12～37.17
	均值（n=3）	28.07	102.26	314.1	34.55	35.48
黄壤	范围值	20.86～40.98	71.07～116.37	433.7～872.4	17.49～32.15	35.56～43.15
	均值（n=3）	33.29	100.51	695.9	27.00	39.04
黄棕壤	范围值	10.66～33.75	43.49～102.51	249～941.2	7.06～31.72	33.37～47.98
	均值（n=3）	25.83	82.12	699.9	22.42	41.29
山地灌丛草甸土	范围值	14.43～37.66	65.3～118.51	604.2～812.8	14.43～31.27	43.53～68.82
	均值（n=3）	28.2	97.44	738.4	25.34	54.15

　　在红壤亚类中，铜、锌、锰、镍、铅全量含量的均值分别为 34.74mg/kg、107.05mg/kg、612.1mg/kg、32.05mg/kg 和 41.36mg/kg，均高于湖南省红壤 A 层中铜、锌、锰、镍、铅全量含量的平均水平（24.4mg/kg、80.1mg/kg、440mg/kg、25.7mg/kg 和 29.1mg/kg）。在黄壤亚类中，铜、锌、锰、镍、铅全量含量的均值分别为 33.29mg/kg、100.51mg/kg、695.9mg/kg、27.00mg/kg 和 39.04mg/kg，也均高于湖南省黄壤 A 层中铜、锌、锰、镍、铅的全量含量的平均水平（21.4mg/kg、79.2mg/kg、446mg/kg、25.3mg/kg 和 29.4mg/kg）。

　　在黄棕壤亚类中，铜、锌、锰、铅全量含量的均值分别为 25.83mg/kg、82.12mg/kg、699.9mg/kg 和 41.29mg/kg，高于湖南省黄棕壤 A 层中铜、锌、锰、铅全量含量的平均水平（23.4mg/kg、71.8mg/kg、684mg/kg 和 29.2mg/kg），仅全镍含量的均值为 22.42mg/kg，低于湖南省黄棕壤 A 层土壤全镍含量的平均水平（31.5mg/kg）。

在灌丛草甸土中，铜、锌、锰、镍、铅全量含量的均值分别为28.2mg/kg、97.44mg/kg、738.4mg/kg、25.34mg/kg 和54.15mg/kg，均高于湖南省灌丛草甸土 A 层中铜、锌、锰、镍、铅全量含量的平均水平（19.8mg/kg、70mg/kg、655mg/kg、23.3mg/kg 和29.4mg/kg）。

从全国来看，土壤全铜含量的均值高于全国土壤全铜含量的平均水平（26.2mg/kg），这可能与供试土壤起源于花岗岩风化物母质有关。据报道，土壤铜主要来源于母质中铁镁质矿物、花岗岩中黄铜矿（何念祖和孙其伟，1993）。土壤全锌含量的均值接近中国《土壤环境质量标准》（GB 15618—1995）的背景值（100mg/kg）。这与廖金凤等（2003a）对海南省五指山花岗岩发育土壤的研究结果类似，可能是花岗岩中较多角闪石、黑云母矿物风化后释放锌的缘故。土壤全镍含量的均值低于中国自然背景值（40mg/kg），但土壤全铅含量的平均值则高于自然背景值（35mg/kg）。

在同纬度地带，曾曙才等（1998）报道了闽北低山丘陵区花岗岩发育土壤铜、锌、铁、锰的全量含量。大围山地区土壤全铜平均含量（30mg/kg）与闽北低山丘陵区土壤全铜平均含量（33.08mg/kg）相当，但全锌含量的平均值（97.88mg/kg）比闽北低山丘陵区土壤全锌含量的平均值（86.14mg/kg）略高约10mg/kg；在大围山与闽北地区，土壤全锰含量均呈现低锰现象，闽北低山丘陵区土壤全锰含量为155mg/kg。陈静生等（1999）报道了中国东部花岗岩土壤镍、铅全量含量。大围山地区土壤全镍的平均含量（28.27mg/kg）是中国东部花岗岩土壤全镍平均含量（14.0mg/kg）的2倍多，土壤全铅平均含量（42.26mg/kg）也是中国东部花岗岩土壤全铅平均含量（27.97mg/kg）的1.5倍多。这可能与气候、植被类型有很大关系。

2. 土壤铜、锌、锰、镍、铅元素有效态含量

在大围山地区，表层土壤有效态铜、有效态锌含量随海拔升高变化不大（表6-6）；土壤有效态镍含量随海拔升高呈增加趋势；土壤有效态锰含量随海拔升高呈先降低后增加再降低的趋势，在海拔712m处出现最低值27.50mg/kg；此外，土壤有效态铅含量随海拔升高呈降低趋势。

土壤有效态铜含量以黄壤最高（2.03mg/kg），以黄红壤最低（1.38mg/kg）；土壤有效态锌含量以红壤最高（6.16mg/kg），黄壤次之（6.15mg/kg），以黄红壤最低（4.96mg/kg）；土壤有效态锰含量以黄壤最高（150.39mg/kg），黄红壤最低（27.50mg/kg）；土壤有效态镍含量以灌丛草甸土（0.63mg/kg）最高，以黄红壤（0.35mg/kg）最低；土壤有效态铅含量以红壤最高（11.02mg/kg），以灌丛草甸土最低（7.68mg/kg）。总体上，土壤有效态锌、有效态锰、有效态镍含量都以黄红壤最低，土壤有效态铜、有效态锰以黄壤最高，土壤有效态锌、有效态铅以红壤最高。

表 6-6　大围山海拔带表层土壤铜、锌、锰、镍、铅有效态含量　（单位：mg/kg）

土壤类型（亚类）	统计量	铜	锌	锰	镍	铅
红壤	范围值	1.69~1.8	4.58~7.5	93.94~139.78	0.33~0.48	9.15~12.33
	均值（n=3）	1.75	6.16	112.8	0.39	11.02
黄红壤	范围值	1.04~1.63	4.18~6.16	18.08~43.18	0.24~0.42	9.21~9.68
	均值（n=3）	1.38	4.96	27.50	0.35	9.46
黄壤	范围值	1.73~2.36	4.64~7.92	113.45~219.04	0.5~0.58	7.67~8.68
	均值（n=3）	2.03	6.15	150.39	0.54	8.12
黄棕壤	范围值	0.58~3.43	3.87~7.13	14.44~117.08	0.45~0.76	6.43~12.9
	均值（n=3）	1.67	5.04	62.42	0.55	9.95
山地灌丛草甸土	范围值	0.06~3.13	5.51~5.71	19.84~69.52	0.33~1.01	3.41~12.69
	均值（n=3）	1.70	5.59	43.99	0.63	7.68

　　表土有效态铜、有效态锌、有效态锰、有效态镍、有效态铅含量的变化幅度分别为 3.18%~92%、1.92%~36%、21%~83%、7.7%~55% 和 2.51%~61%。土壤有效态铜、有效态锌、有效态锰含量的 CV 以黄棕壤最大，但土壤有效态镍、有效态铅含量的 CV 以灌丛草甸土最大；土壤有效态锌含量 CV<36%，其余 4 个元素含量的 CV 都>50%，特别是土壤有效态铜含量的 CV 高达 92%。土壤有效态铜、有效态锰含量的 CV 以红壤最小，土壤有效态铅含量的 CV 以黄红壤最小。土壤有效态铅含量 CV 从海拔约 700m（黄红壤）往上逐步呈增加的趋势，其他元素随海拔升高，CV 均无明显变化规律。大围山表层土壤中有效态铜、有效态锌、有效态锰含量的均值分别为 1.71mg/kg、5.58mg/kg 和 79.42mg/kg，均高于闽北低山区（平均值分别为 1.13mg/kg、4.31mg/kg 和 58.71mg/kg）（曾曙才等，1998）。

　　在大围山地区，表土土壤有效态铜平均含量低于临界值 2mg/kg，土壤有效态锰平均含量也远低于临界值 100mg/kg，但土壤有效态锌平均含量高于临界值 1.5mg/kg。与全国土壤有效态微量元素含量的分级标准相比，土壤有效态铜、有效态锌、有效态锰平均含量都处于丰富水平。

6.2.5.2　土壤铜、锌、锰、镍、铅含量的剖面分布

1. 土壤铜、锌、锰、镍、铅全量含量的剖面分布

　　土壤全铜含量随海拔升高无明显变化，但随剖面加深略有升高（图 6-14）。在海拔 1359m 的黄棕壤中，B 或 AB 层较 A 层土壤全铜含量的差值最大（13mg/kg）。在海拔 1488m 的灌丛草甸土中，B 或 AB 层较 A 层土壤全铜含量的差值最小（2.6mg/kg）。

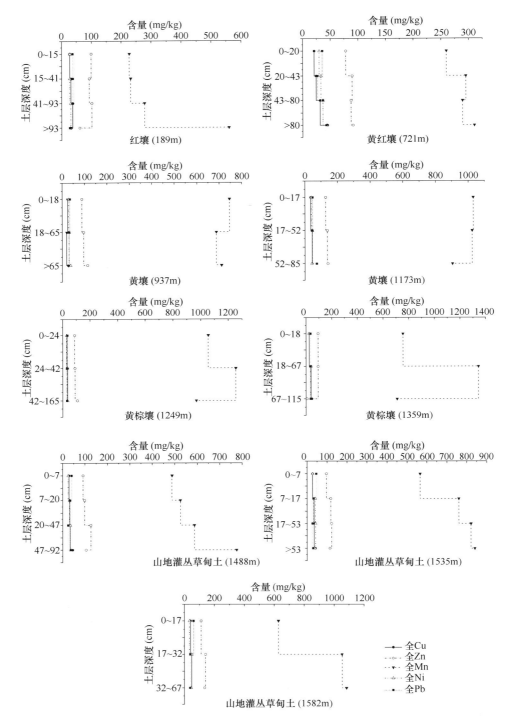

图 6-14　大围山海拔带土壤铜、锌、锰、镍、铅全量含量的剖面分布

　　土壤全锌含量随海拔升高也无明显变化，但随剖面加深而升高，呈明显剖面淋溶淀积的特征。在大围山地区，生物对土壤锌的累积作用可能强于气候（宫彦章等，2011）。在海拔 1582m 的灌丛草甸土中，B 或 AB 层较 A 层土壤全锌含量的差值最大（30.6mg/kg）。在海拔 1173m 的黄壤中，B 或 AB 层较 A 层土壤全锌含量的差值最小（2.6mg/kg）。

　　土壤全锰含量也有随剖面加深而升高的趋势，底土层锰呈富集现象（于青漪等，2014）。在海拔 1582m 的灌丛草甸土中，B 或 AB 层较 A 层土壤全锰含量的差值最大（455.9mg/kg）。在海拔 721m 的黄红壤中，B 或 AB 层较 A 层土壤全锰含量的差值最小（50.4mg/kg）。

　　土壤全镍含量随剖面加深而明显升高。在海拔 1582m 的灌丛草甸土中，B 或 AB 层较 A 层土壤全镍含量差值最大（14.7mg/kg）。在海拔 937m 的黄壤中，B 或 AB 层较 A 层土壤全镍含量差值最小（2.3mg/kg）。

　　土壤全铅含量随剖面加深有降低的趋势，全铅呈现表聚现象。这种表聚现象随海拔升高而趋于明显。在海拔 1582m 的灌丛草甸土中，A 层较 B 层或 AB 层土壤全铅含量差值最大（21.1mg/kg）。在海拔 937m 的黄壤中，A 层较 B 层或 AB 层土壤全铅含量差值最小（2.8mg/kg）。

　　在各土壤剖面中，土壤铜、锌、锰、镍、铅全量的含量变幅分别为 20.7～47.8mg/kg、61.3～141.3mg/kg、226.4～1341.8mg/kg、25.0～47.6mg/kg 和 24.8～72.5mg/kg，均值分别为 34.5mg/kg、104.4mg/kg、701.8mg/kg、35.0mg/kg 和 37.2mg/kg；土壤有效态铜、有效态锌、有效态锰、有效态镍、有效态铅含量范围分别为 0.35～3.25mg/kg、0.18～7.66mg/kg、9.70～194.01mg/kg、0.05～0.68mg/kg 和 4.22～20.85mg/kg，均值分别为 1.80mg/kg、3.31mg/kg、48.03mg/kg、0.18mg/kg 和 8.16mg/kg。

　　据曾曙才等（1998）报道，江南丘陵土壤剖面上全铜、全锌、全锰含量呈表层富集现象。然而，在大围山海拔带上，土壤全铜、全锌、全锰含量在土壤剖面上大多呈底土层富集。这可能与气候有关。大围山随海拔升高降水增加，金属元素的淋溶迁移速率加快，这可能导致铜、锌、锰在土壤剖面底部淀积。在土壤剖面上，表土层中的全镍含量高于底土层，但表土层中的全铅含量低于底土层。这与海南五指山土壤全镍、全铅含量的剖面分布一致（廖金凤，2003b）。

2. 土壤发生层中铜、锌、锰、镍、铅有效态含量

　　大围山土壤不同发生层的有效态铜含量随海拔升高呈增加趋势（图 6-15）。但是，土壤有效态铜含量随土壤剖面的加深具有两种特征：一是表聚特征，即 A 层中有效态铜含量大于 B 或 AB 层；二是底土淀积特征，即 A 层中有效态铜含量小于 B 或 AB 层。

　　土壤有效态锌含量随海拔升高呈增加的趋势，具有表聚特征。土壤有效态锰含量随海拔大体呈先升高后减少的趋势，随剖面加深而逐渐下降的趋势，特别是

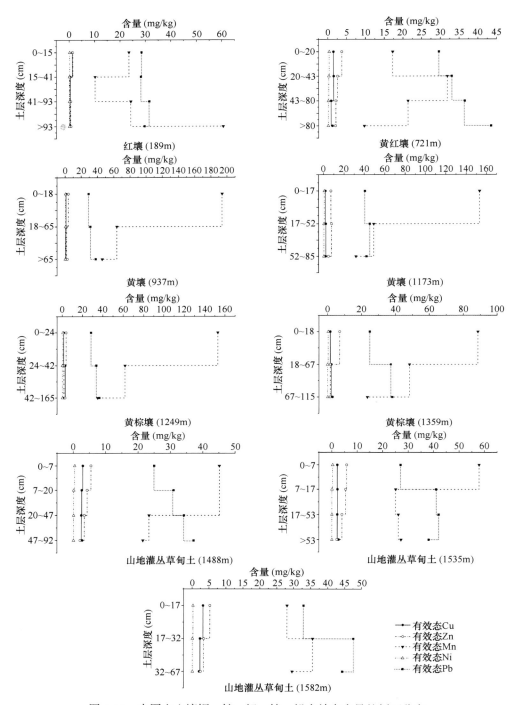

图 6-15 大围山土壤铜、锌、锰、镍、铅有效态含量的剖面分布

海拔＞937m 的采样点中，土壤有效态锰具有明显的表聚现象。土壤有效态镍含量的剖面分布模式与有效态锰含量类似，但表土层与底土层的含量差异不大，平均值为 0.31mg/kg；土壤有效态铅含量呈底土淀积特征，随剖面加深呈升高趋势，表土层与淀积层的含量差值最大可达 13.9mg/kg。

土壤有效态铜含量范围为 0.35～3.25mg/kg，均值（1.80mg/kg）高出赣东北低山区土壤有效态铜含量（0.97mg/kg）约 2 倍（俞元春等，1998）。土壤有效态锌含量范围为 0.18～7.66mg/kg，均值（3.31mg/kg）高出苏南、闽北及赣东北低山区土壤有效态锌含量 1～2 倍（俞元春等，1998；曾曙才等，1998）。土壤有效态锰含量范围为 9.70～194.01mg/kg，均值（48.03mg/kg）与闽北低山区土壤有效态锰含量（55.4mg/kg）基本类似，但远低于赣东北低山区土壤有效态锰含量（172mg/kg）。土壤有效态镍、有效态铅含量范围分别为 0.05～0.68mg/kg 和 4.22～20.85mg/kg，均值分别为 0.18mg/kg 和 8.16mg/kg。

在贡嘎山和鼎湖山地区（李德军等，2004；黄艺等，2007），土壤有效态铜呈明显表聚现象。但大围山土壤有效态铜含量在土壤剖面上分异并不明显。在海拔较低（＜1249m）的土壤剖面中，土壤有效态铜平均含量均＜2.0mg/kg，而高海拔带（＞1359m）土壤有效态铜平均含量均＞2.0mg/kg。这可能与高海拔带的土壤有机质含量较高有关（安玉亭等，2013）。土壤有效态锌大多呈表聚现象，土壤有效态锰则大多呈底土层淀积特征，这与滇西南亚热带的研究基本一致。赵筱青和杨树华（2008）报道，亚热带常绿阔叶林地中，随土壤剖面深度的增加，土壤有效态锰含量升高，土壤有效态锌含量降低。

6.2.5.3　土壤铜、锌、锰、镍、铅含量与土壤理化性质的相关性

1. 土壤铜、锌、锰、镍、铅元素全量含量与土壤理化性质的相关性

大围山土壤微量元素全量含量与土壤理化性质存在不同程度的相关性。红壤全铜含量与 pH 呈极显著负相关（$r=-0.99$）；红壤全铅含量与＜0.001mm 黏粒含量呈显著负相关，与 CEC 呈极显著负相关，相关系数分别为-0.97 和-0.99；红壤全铜、全铅含量均与游离铁含量呈显著正相关，相关系数分别为 0.96 和 0.98（表 6-7）。据廖金凤（2003b）和杜俊平等（2007）报道，在湿度、雨量大的山地土壤中，黏粒淋溶作用对土壤铜、锌的影响要强于土壤有机质的吸附作用，土壤铜、锌大多呈现向下层迁移的趋势。

黄红壤全铜、全锌、全锰含量均与 pH 呈极显著正相关，全镍与 pH 呈显著正相关。然而，黄红壤全铅含量与 pH 呈显著负相关（$r=-0.96$）；此外，黄红壤全铅含量与土壤有机质含量、CEC 均呈极显著正相关。黄壤全铜、全锌、全镍和全锰含量与＜0.001mm 黏粒含量均呈极显著或显著正相关，此外，黄壤全铜含量与 CEC、游离铁含量也呈显著正相关。

表 6-7　大围山海拔带土壤铜、锌、锰、镍、铅全量含量与土壤理化性质的相关系数

土壤亚类	元素	pH	土壤有机质	<0.001mm 黏粒	CEC	游离铁
红壤	铜	-0.99^{**}	0.67	-0.73	-0.93	0.96^{*}
	锌	0.68	-0.02	0.11	0.47	-0.54
	锰	0.85	-0.29	0.37	0.69	-0.75
	镍	-0.76	0.13	-0.22	-0.56	0.63
	铅	-0.93	0.94	-0.97^{*}	-0.99^{**}	0.98^{*}
黄红壤	铜	1.00^{**}	-0.93	-0.10	-0.93	-0.30
	锌	1.00^{**}	-0.94	-0.07	-0.94	-0.32
	锰	1.00^{**}	-0.94	-0.06	-0.95	-0.33
	镍	0.98^{*}	-0.83	-0.3	-0.84	-0.09
	铅	-0.96^{*}	1.00^{**}	-0.19	1.00^{**}	0.56
黄壤	铜	0.77	-0.86	0.99^{**}	0.95^{*}	0.97^{*}
	锌	0.64	-0.76	1.00^{**}	0.88	0.91
	锰	0.52	-0.65	0.98^{*}	0.80	0.84
	镍	0.64	-0.76	1.00^{**}	0.88	0.91
	铅	0.82	-0.72	0.14	0.56	0.50
黄棕壤	铜	0.27	0.08	1.00^{**}	0.44	0.40
	锌	0.22	0.14	1.00^{**}	0.39	0.35
	锰	0.21	0.15	1.00^{**}	0.38	0.34
	镍	0.13	0.23	0.99^{*}	0.30	0.27
	铅	-0.8	0.53	-0.80	-0.89	-0.87
山地灌丛草甸土	铜	-0.54	-0.94	0.48	-0.95	-0.89
	锌	-0.82	-0.74	0.78	-0.76	-0.65
	锰	0.95	-0.1	-0.97^{*}	-0.07	-0.23
	镍	-0.74	-0.82	0.69	-0.83	-0.74
	铅	-0.87	0.28	0.91	0.26	0.41

* 表示 5% 显著水平；** 表示 1% 极显著水平

黄棕壤全铜、全锌、全锰和全镍含量都与<0.001mm 黏粒含量呈极显著或显著正相关。但在灌丛草甸土中，只有全锰含量与<0.001mm 黏粒含量呈显著负相关，相关系数为−0.97。由于花岗岩中的锰主要存在于角闪石、辉石的原生矿物中，锰随着原生矿物风化和次生黏土矿物形成而分解损失。

2. 土壤铜、锌、锰、镍、铅元素有效态含量与土壤理化性质的相关性

土壤有效态镍含量与 pH 呈极显著负相关关系，相关系数为−0.65；土壤有

效态锌、有效态锰、有效态镍含量与土壤有机质含量呈显著或极显著正相关关系，相关系数分别为 0.44、0.64 和 0.95。此外，土壤有效态铜、有效态锌含量均与 <0.001mm 黏粒含量呈显著负相关关系，相关系数分别为 −0.42、−0.44。但土壤有效态铜含量与 CEC 呈显著正相关关系，相关系数为 0.38；土壤有效态铜、有效态锌与游离铁含量呈极显著负相关关系，而土壤有效态铅与游离铁含量呈显著正相关关系，相关系数为 0.50（表 6-8）。

表 6-8　大围山海拔带土壤铜锌锰镍铅有效态含量与土壤理化性质的相关系数（$n=31$）

有效态元素	pH	有机质	<0.001mm 黏粒含量	CEC	游离铁
铜	0.04	0.21	−0.42*	0.38*	−0.58**
锌	−0.12	0.44*	−0.44*	0.16	−0.57**
锰	−0.26	0.64**	−0.2	0.09	−0.25
镍	−0.65**	0.95**	−0.32	0.31	−0.16
铅	−0.26	−0.18	0.11	−0.34	0.50*

* 表示 5% 显著水平；** 表示 1% 极显著水平

大围山土壤有效态锌、有效态锰和有效态镍与土壤有机质含量均呈正相关关系，表明土壤有机质对土壤有效态锌、有效态锰和有效态镍具有络合或吸附作用，这与大多数研究结果类似。土壤有效态铜、有效态锌与 <0.001mm 黏粒含量呈负相关关系，表明土壤质地越黏重，土壤有效态铜、有效态锌含量越低，这与俞元春等（1998）对赣东北低山区森林的研究结果相一致。土壤有效态铜、有效态锌与游离铁含量均呈极显著负相关关系，这是由于土壤中游离铁主要存在于黏粒部分，具有随黏粒移动的趋势。

6.3　土壤质量的生物指标

在土壤质量评价初期，土壤质量评价指标主要是简单、易测的土壤物理、化学指标。近 20 余年来，土壤生物指标在土壤质量评价中日益得到重视。土壤生物指标包括土壤上生长的植物、土壤动物和土壤微生物，以土壤微生物指标应用最广泛。土壤微生物研究一般包括 3 个层次：种群层次、群落层次和生态系统层次。通常，生态系统层次的研究被认为是最好的快速评价土壤质量变化的可能方法。多数研究表明，土壤微生物（包括微生物生物量、土壤呼吸）是反映土壤质量变化最敏感的指标。土壤动物也是土壤环境质量和健康质量的重要指标，特别是无脊椎动物（如线虫、蚯蚓）能够敏感地反映土壤中有毒物质的含量。当以植物作为土壤质量评价指标时，主要是考察植物生长状况、产量格局、根系结构、植物组织特征、牧草种的多样性和杂草优势种，从而来评价土壤肥力、环境和健康质量。

6.3.1　土壤微生物生物量

土壤微生物生物量常用土壤微生物生物量碳（MBC）来表示，是一个稳定、可靠的土壤质量指示参数。土壤微生物生物量不仅可作为潜在的土壤质量指标，指示土壤有机质水平、预测未来的趋势，也可用于土壤质量的长期监测。

从 MBC 含量来看，随着海拔升高，土壤微生物生物量大幅度提高。1m 深土壤 MBC 由山脚红壤的 1.42t/hm² 提升到山顶山地灌丛草甸土的 5.62t/hm²，以表层土壤表现最为明显。相应的 60cm 以下的底层土壤微生物生物量很低，且随海拔升高变化不大。MBC/SOC 随着海拔升高而增大，说明随海拔升高，在土壤有机质中，微生物所占的比例也随之提升（表 6-9）。

表 6-9　大围山不同海拔带土壤剖面中 MBC 和 MBC/SOC

土层 （cm）	MBC（t/hm²）				MBC/SOC（%）			
	红壤 （165m）	黄红壤 （790m）	暗黄棕壤 （1380m）	草甸沙土 （1575m）	红壤 （165m）	黄红壤 （790m）	暗黄棕壤 （1380m）	山地灌丛 草甸土 （1575m）
0～20	0.64	1.19	1.59	4.45	1.8	2.9	3.4	4.0
20～40	0.34	0.63	0.70	0.53	1.5	1.6	1.5	1.0
40～60	0.17	0.44	0.67	0.54	0.9	2.0	1.7	1.9
60～80	0.14	0.15	0.09	0.05	0.8	0.9	0.4	0.3
80～100	0.12	0.08	0.05	0.04	0.8	0.5	0.5	0.2
0～100	1.41	2.49	3.10	5.61	1.3	1.8	1.9	2.4

6.3.2　土壤微生物群落组成

土壤微生物种类多、数量大，不仅参与土壤的发生发育，也是土壤养分转化的"发动机"，常视作土壤肥力和环境健康评价的关键生物指标之一（Morrien et al.，2017）。土壤微生物群落受气候、地形、植被、土壤类型和土地利用方式的强烈影响（Lanzén et al.，2016）。在南方丘岗山区，随海拔升高，气候、植被和土壤呈明显的垂直地带性规律，有关土壤微生物群落在海拔带上的分布格局仍有待深入研究（张于光等，2014；褚海燕等，2017）。磷脂脂肪酸（PLFA）是微生物种、类群的稳定生物标记物，广泛应用于土壤微生物群落的多样性分析（颜慧等，2006）。研究表明，土壤微生物群落与海拔的关系复杂，不同类群的微生物 PLFA 含量呈先升高后降低的"单峰"（王森等，2013；张于光等，2014）、先降低后升高的"单峰"（Djukic et al.，2010；曾清苹等，2015）、单调递增（Wang et al.，2010）、单调递减（吴则焰等，2014）或无明显变化规律（张地等，

2012）。土壤微生物在海拔带上的生物地理分异与微生物类群自身特性，土壤环境（如 pH、土温和水分），有机质和凋落物有效性（如氨基糖）密切相关，但关键调控因素仍有待加强研究（Djukic et al.，2010；Zhang et al.，2013；吴则焰等，2014）。因此，阐明海拔带上土壤微生物的群落特征对认清土壤微生物的垂直地带性分异规律及调控机理具有重要意义。

　　湘东大围山地处中亚热带，山体为元古代早期的花岗岩岩体，主峰海拔 1608m，相对高差达 1370m。从山麓到山顶，分布典型的红壤、黄红壤、黄壤、暗黄棕壤和山地灌丛草甸土（亚类），成为中亚热带山地土壤性质垂直带分异的理想研究平台。通过选取大围山土壤垂直带为研究对象，采集 0～20cm 表层土壤样品，应用磷脂脂肪酸（PLFA）法分析不同海拔带土壤微生物群落特征，为明确土壤微生物群落的垂直地带性分布规律和山地土壤质量评价提供参考（表 6-10）。

表 6-10　大围山不同海拔带样地和土壤性质概况

土壤亚类	地理位置	海拔（m）	pH（2.5：1）	土壤质量含水量（%）	有机碳（g/kg）	全氮（g/kg）	优势植物种
红壤	28°25′50″N，113°56′30″E	165	4.99	23	16.12	1.61	樟树
黄红壤	28°28′7″N，114°4′9″E	790	4.98	25	26.07	2.31	马尾松
黄壤	28°25′29″N，114°5′33″E	1080	4.98	28	16.76	1.71	毛竹
暗黄棕壤	28°25′23″N，114°6′19″E	1380	4.69	26	27.88	5.02	黄山松
山地灌丛草甸土	28°26′11″N，114°9′36″E	1575	5.09	50	83.50	6.38	芒草

1. 不同海拔带土壤微生物的群落组成

　　土壤微生物 PLFA 的绝对含量为 35.01～103.54nmol/g，随海拔从 165m 升至 1575m，土壤微生物总生物量和各群落生物量总体上随海拔升高呈升高趋势，在 1380m 的暗黄棕壤样地达到峰值（表 6-11）（马颢榴等，2017）。细菌 PLFA 绝对含量最高，为 25.52～78.31nmol/g，丛枝菌根真菌 PLFA 绝对含量最低，为 0.74～3.09nmol/g。土壤 G^- 菌 PLFA 的绝对含量（11.58～39.85nmol/g）高于 G^+ 菌（8.02～20.89nmol/g）。随海拔升高，细菌 PLFA 的相对含量变化不大（74%～76%）。真菌 PLFA 相对含量在红壤中最高（17%），放线菌则在灌丛草甸土中最高（16%）。其中，表征土壤特征微生物类群腐生真菌（18:1ω9c，18:2ω6,9c）、丛枝菌根真菌（16:1ω5c）PLFA 含量分别为 26.84nmol/g、7.42nmol/g；假单胞菌（16:0，18:1ω7c）、硫酸盐还原菌（10Me 16:0）PLFA 含量分别为 70.71nmol/g、21.22nmol/g。

表 6-11　大围山不同海拔带土壤特征微生物类群 PLFA 含量分布

类型	红壤（165m）		黄红壤（790m）		黄壤（1080m）		暗黄棕壤（1380m）		山地灌丛草甸土（1575m）	
	绝对含量（nmol/g）	相对含量（%）	绝对含量（nmol/g）	相对含量（%）	绝对含量（nmol/g）	相对含量（%）	绝对含量（nmol/g）	相对含量（%）	绝对含量（nmol/g）	相对含量（%）
细菌	27.12	72	25.52	73	37.92	75	78.31	76	38.90	72
G^+菌	9.18	24	8.02	23	12.62	25	20.89	20	12.77	24
G^-菌	11.58	31	13.01	37	17.41	35	39.85	38	18.70	35
放线菌	3.99	11	5.2	15	7.61	15	12.90	12	8.44	16
真菌	6.71	17	4.29	12	4.71	10	12.33	12	6.63	12
丛枝菌根真菌	0.74	2	0.82	2	0.98	2	3.09	3	1.78	3
腐生真菌	5.77	15	3.47	10	3.61	7	9.13	9	4.85	9
假单胞菌	8.53	23	7.91	23	11.78	23	26.94	26	12.22	23
硫酸盐还原菌	3.38	9	2.58	7	3.91	8	7.28	7	4.06	8
PLFA总量	37.82		35.01		50.24		103.54		53.97	

注：PLFA 总量为细菌、真菌和放线菌 PLFA 含量之和

　　真菌与细菌的 PLFA 比值（F∶B）、革兰氏阳性菌与阴性菌的 PLFA 比值（G^+∶G^-）常用来反映特定微生物种群的相对丰度。大围山海拔带 5 种土壤 F∶B 为 0.10～0.21，G^+∶G^-为 0.45～0.75，均在红壤中最高，反映湘东大围山红壤中真菌、G^+菌最为丰富（图 6-16）。

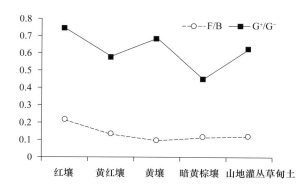

图 6-16　大围山不同海拔带土壤 F∶B、G^+∶G^-比值

2. 土壤微生物 PLFA 与海拔、土壤理化性质的相关性

土壤理化性质，海拔与土壤细菌、G$^+$菌、G$^-$菌、放线菌、真菌及 PLFA 总量相关系数存在差异。土壤细菌、G$^+$菌、G$^-$菌、放线菌、真菌及 PLFA 总量与海拔、土壤全氮均呈正相关；除真菌外，相关系数均>0.55。其中，放线菌与海拔、土壤全氮的相关系数分别高达 0.789、0.675。土壤细菌、G$^+$菌、G$^-$菌、放线菌、真菌及 PLFA 总量与土壤 pH 均呈负相关，可能由于试验地不同海拔带土壤 pH 相差不大所致；与土壤质量含水量均呈正相关，但相关系数不高。土壤真菌、PLFA 总量与土壤有机碳呈负相关，土壤细菌、G$^+$菌、G$^-$菌、放线菌虽与土壤有机碳呈正相关，但相关系数均<0.25（表 6-12）。

表 6-12　大围山土壤微生物 PLFA 与海拔、土壤理化性质的相关系数

因子	细菌	G$^+$菌	G$^-$菌	放线菌	真菌	PLFA 总量
海拔	0.587	0.635	0.586	0.789	0.182	0.588
pH	−0.857	−0.793	−0.872	−0.711	−0.824	−0.850
土壤含水量	0.209	0.316	0.161	0.357	0.119	0.223
全氮	0.555	0.574	0.562	0.675	0.419	0.567
有机碳	0.049	0.097	0.050	0.238	−0.064	−0.064

随着山地海拔的升高，气候、植被、土壤和人类活动发生有规律地更替，强烈影响着土壤微生物群落。据报道，武夷山主峰（500～2100m）土壤微生物 PLFA 含量随海拔升高呈降低趋势，主要与海拔升高凋落物输入量减少有关（吴则焰等，2014）。温带的长白山北坡（540～2360m）、罕山（1250～1890m）土壤微生物 PLFA 含量均随海拔升高呈"先增加再减少"的趋势，峰值出现在中高海拔带，分析认为与低海拔带或高海拔带凋落物和土壤有机质质量较低有一定关系（王森等，2013；Xu et al., 2015）。奥地利阿尔卑斯山地区（900～1900m）土壤微生物 PLFA 含量随海拔升高呈"先减少再增加"的趋势，谷值出现在中海拔的针叶林，峰值出现在高海拔的草地；土壤微生物 PLFA 含量与 pH 呈正相关，而与 C/N 呈负相关（Djukic et al., 2010）。意大利阿尔卑斯山地区（545～2000m）土壤微生物 PLFA 含量随海拔升高而增加，与土壤有机质含量呈正相关（Siles et al., 2016）。特别是温带东灵山（1020～1770m），辽东栎林土壤微生物 PLFA 含量随海拔升高无明显的变化规律，推测是海拔带内土壤微生物群落未受到底物限制，均能进行良好代谢的缘故（张地等，2012）。本研究所在的湘东大围山，土壤微生物 PLFA 含量随海拔升高呈升高趋势，与土壤有机质、全氮含量的变化基本一致（表 6-10）。在本区神农架（1700～2800m）海拔带上，也报道了土壤微生物 PLFA 含量随海拔升高而升高

的现象，分析认为与随海拔升高 pH 降低有一定关系（张于光等，2014）。本研究中，土壤微生物群落均与土壤 pH 呈负相关，这可能是由于样地海拔差较小，土壤 pH 差异不大；而且灌丛草甸土虽然有机质含量最高，但土壤微生物 PLFA 含量却低于暗黄棕壤，可能与土壤微生物群落难以适应山顶灌丛草甸生态系统严酷的自然环境（低温、高湿）有关。土壤微生物群落在山地垂直带上尚无一致的生物地理分布模式，有机物数量和质量（C/N、养分）、土壤环境（如 pH）均是潜在的关键影响因子。

不同微生物类群的生物量及其比例也呈明显的垂直地带分异规律。真菌和细菌的 PLFA 比值（F∶B）表征细菌和真菌的相对丰度。在热带基纳巴卢山、温带长白山北坡，F∶B 均随海拔升高而升高，可能与海拔升高温度降低，真菌具有更强适应能力有一定关系（Wagai et al.，2011；Xu et al.，2015）。温带罕山 F∶B 峰值出现在海拔最高的落叶松林土壤，推测真菌在针叶林土壤养分贫乏、酚类等难分解有机质积累环境中具有更强适应性（王淼等，2013）。但台湾毛竹土壤 F∶B 随海拔升高无明显变化，表现为真菌和细菌 PLFA 含量随海拔升高的增幅类似（Chang et al.，2015）。本研究中，F∶B 随海拔升高而降低，可能与海拔升高土壤 pH 升高、细菌的适应能力增强有一定关系。此外，随着海拔升高温度降低，也能降低真菌的相对比例（Zhang et al.，2004）。在青藏高原的高寒土壤中，也发现 F∶B 随海拔升高而降低，分析认为与海拔升高土壤有机质和养分有效性升高有关（Xu et al.，2014）。

G^+∶G^- 的 PLFA 比值表征革兰氏阳性菌和革兰氏阴性菌的相对丰度。在温带长白山北坡，G^+∶G^- 随海拔升高而升高，可能与海拔升高土壤 pH 降低有关（Xu et al.，2015）。在热带基纳巴卢山，高海拔带针叶林土壤 G^+∶G^- 显著高于低海拔带阔叶林土壤 G^+∶G^-，可能与树种有一定的关系（Ushio et al.，2008）。本研究所在亚热带大围山，G^+∶G^- 以低海拔带的红壤最高，随海拔升高呈下降趋势。通常，G^- 菌在高海拔低温环境更具竞争优势，也对水分变化敏感（Grayston and Prescott，2005；Margesin et al.，2009）。温带东灵山辽东栎林地，G^+∶G^- 随海拔升高而降低，印证了上述观点（张地等，2012）。除了土壤温度和水分，有机质来源和质量也是影响 G^+∶G^- 的关键因素。台湾毛竹种植园中，G^+∶G^- 随海拔升高而降低，一定程度上与低海拔带土壤中活性有机质的有效性较低有关（Chang et al.，2015）。

3. 不同海拔带土壤微生物群落的多样性指数

土壤微生物群落 4 种多样性指数总体随海拔升高而升高（表 6-13）。这反映随海拔升高，土壤微生物群落多样性增加。Simpson 指数、Shannon-Wiener 指数均在山地灌丛草甸土最高，显示山地灌丛草甸土微生物群落中最常见种的多样性最大，微生物种变化度和差异度也最大。但丰富度指数以暗黄棕壤最高（达到36），表明其微生物可利用的碳源最为丰富，这与暗黄棕壤有机质含量相对较高、环境条件较适宜有关。Pielou 均匀度指数以黄红壤最高，表征黄红壤的微生物种分布相对均匀。

表 6-13　大围山不同海拔带土壤微生物多样性指数

土壤亚类	Simpson 指数	Shannon-Wiener 指数	Pielou 均匀度指数	丰富度指数
红壤（165m）	0.943	2.817	0.837	29
黄红壤（790m）	0.939	2.971	0.892	28
黄壤（1080m）	0.953	2.976	0.859	32
暗黄棕壤（1380m）	0.933	2.965	0.827	36
山地灌丛草甸土（1575m）	0.956	3.048	0.872	33

山地垂直带上，土壤微生物群落多样性的变化复杂。在北美落基山，土壤细菌中酸杆菌多样性随海拔升高而降低（Bryant et al.，2008），而日本富士山沿海拔梯度，土壤细菌和古菌的多样性分别呈单峰、双峰模式（Singh et al.，2012）。本研究中，土壤微生物群落多样性总体随海拔升高而升高。本区内，福建安溪山地茶园、神农架山地垂直带也有类似报道（郑雪芳等，2010；张于光等，2014）。但在东南武夷山，土壤微生物多样性随海拔升高逐渐降低（吴则焰等，2013）。山地垂直带土壤微生物群落多样性的关键驱动因子仍不清楚，植物根际特殊微生物类群的适应性、底物有效性（有机碳、养分）和土壤环境因素的相对贡献仍有待加强研究。

4. 不同海拔带土壤微生物的 PLFA 组成

湘东大围山海拔带 5 种土壤共检测出 38 种 PLFA，以黄红壤最少（28 种），暗黄棕壤最多（36 种）（图 6-17）。PLFA 以 16:0、i15:0、16:1ω7c/16:1ω6c、10Me 16:0、18:1ω7c、18:0、cy19:0ω8c、18:1ω9c 和 i16:0 为主，这 9 种 PLFA 含量占脂肪酸总量的 64%～71%；17:1ω8c、14:0、17:0 和 i18:0 这 4 种 PLFA 含量很低，仅占脂肪酸总量的 0.86%～2%。此外，20:1ω7c、a15:1 A、i15:1 F 这 3 种 PLFA 分别仅在暗黄棕壤、黄壤和山地灌丛草甸土中检测到特有的生物标记物，含量很低（为 0.17～0.26nmol/g）。腐生真菌（18:1ω9c、18:2ω6,9c）、丛枝菌根真菌（16:1ω5c）PLFA 含量分别为 26.84nmol/g、7.42nmol/g；假单胞菌（16:0、18:1ω7c）、硫酸盐还原菌（10Me 16:0）PLFA 含量分别为 70.71nmol/g、21.22nmol/g。

经归类后，土壤微生物脂肪酸包括单不饱和脂肪酸、环丙基饱和脂肪酸、直链饱和脂肪酸、支链脂肪酸和多不饱和脂肪酸，分别占脂肪酸总量的 23%～34%、11%～14%、17%～22%、36%～46% 和 0.22%～0.34%，且随海拔升高，各类脂肪酸的含量呈升高趋势（表 6-14）。

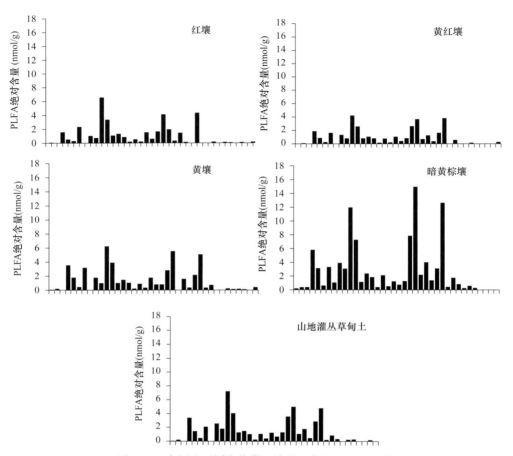

图 6-17　大围山不同海拔带土壤微生物的 PLFA 图谱

X 轴所对应的 PLFA 依次为 i14:0、14:0、i15:1 G、i15:0、a15:0、i16:1 G、i16:0、16:1ω11c、16:1ω7c/16:1ω6c、16:1ω5c、16:0、10Me 16:0、15:0 3OH、i17:0、a17:0、17:1ω8c、cy17:0、17:0、16:1 2OH、10Me 17:0、18:2ω6,9c、18:1ω9c、18:1ω7c、18:1ω5c、18:0、11Me 18:1ω7c、10Me 18:0、TBSA、cy19:0ω8c、18:1 2OH、10Me 19:0、20:1ω9c、20:1ω7c、20:0、i18:0、a15:1 A、18:3ω6c（6,9,12）、i15:1 F、16:1ω9c

表 6-14　大围山不同海拔带土壤 PLFA 的类型及含量

类型	红壤（165m）		黄红壤（790m）		黄壤（1080m）		暗黄棕壤（1380m）		山地灌丛草甸土（1575m）	
	绝对含量（nmol/g）	相对含量（%）	绝对含量（nmol/g）	相对含量（%）	绝对含量（nmol/g）	相对含量（%）	绝对含量（nmol/g）	相对含量（%）	绝对含量（nmol/g）	相对含量（%）
单不饱和脂肪酸	8.79	23	9.61	27	12.09	24	34.80	34	15.06	28
环丙基饱和脂肪酸	4.87	13	4.59	13	5.99	12	14.78	14	5.85	11

续表

类型	红壤（165m）		黄红壤（790m）		黄壤（1080m）		暗黄棕壤（1380m）		山地灌丛草甸土（1575m）	
	绝对含量（nmol/g）	相对含量（%）	绝对含量（nmol/g）	相对含量（%）	绝对含量（nmol/g）	相对含量（%）	绝对含量（nmol/g）	相对含量（%）	绝对含量（nmol/g）	相对含量（%）
直链饱和脂肪酸	8.46	22	5.95	17	8.61	17	17.50	17	9.81	18
支链脂肪酸	15.51	41	14.85	42	23.44	46	36.48	36	23.24	43
多不饱和脂肪酸	0.13	0.34	—		0.11	0.22	—		—	

注："—"表示未检出

　　湘东大围山垂直带土壤 PLFA 种类较为丰富（38 种），高于热带安第斯山（26 种）（Krashevska et al.，2008）及亚热带的神农架（24 种）（张于光等，2014）、福建安溪山地茶园（21 种）（郑雪芳等，2010）、武夷山（25 种）（吴则焰等，2014），但低于亚热带的拉古纳山（89 种）（Collins and Cavigelli，2003）和缙云山柑橘园（45 种）（曾清苹等，2015）。这种 PLFA 的地域差异可能与所选海拔梯度带幅、植被类型和山体母岩不同有关。

　　总之，湘东大围山为中亚热带典型花岗岩山地垂直带，其土壤垂直带谱具有一定的区域代表性。土壤微生物以细菌为主，其次为放线菌和真菌群落。在细菌群落中，G^-菌的数量大于 G^+菌。随着海拔升高，土壤微生物群落 PLFA 总量升高，表现为不同类群的微生物 PLFA 含量也升高。大围山土壤垂直带 PLFA 种类较为丰富，土壤微生物群落多样性随海拔升高而升高，但真菌、G^+菌在土壤微生物中所占比例有所降低。

6.4　土壤肥力质量评价

　　土壤质量保育与提升取决于土壤对土地利用和管理措施响应的敏感性与方向，这要求在特定的时间内，量化评估选定的土壤属性的变化。目前，土壤肥力质量评价可分为定性描述和定量指标评价 2 种方法。在美国威斯康星州，农田土壤可按耕层厚度、蚯蚓数量、径流、积水、植物生长状况、耕作难易程度和产量差异，简单地划分出差、一般和好 3 个等级，定性评价土壤质量。在新西兰，按耕地指标（土壤结构、土壤颜色及蚯蚓数量）和植物指标（出苗程度和均匀性、成熟期作物株高、根系大小及发育状况）来评价土壤质量，帮助土地管理人员选择更好的土壤管理方式。在土壤质量评价上，定性描述方法较为简单，但无法针对土壤自身属性做出客观准确的评价。而根据已有的多变量指标如克里格法、多元统计法和 Fuzzy 综合评价法等，定量地评价土壤质量又容易受时空变异、评价指标获取的成本和指标测试难易程度等的影响。

近30年来，构建土壤质量评价的最小数据集（MDS），利用少量且具有代表性的土壤指标，综合衡量土壤属性和临界性能，在土壤质量评价中日益受到重视。Seyed 等（2006）研究了牧场土壤质量评估的最小数据集，发现综合养分循环指数（NCI）比任何单一变量能更好地解释牧场土壤生产力的变化。天然牧场改为农田约40年后，土壤有机碳含量、电导率和芳基硫酸酯酶活性是土壤质量评价最小数据集的关键指标，对土壤质量指数（SQI）的贡献率分别高达77%、13% 和 10%。Wu 等（2019）应用主成分分析法，筛选出黄河三角洲土壤质量评价的最小数据集，提出土壤全氮、有效磷、有效钾、有机质、盐度和 pH 是该区土壤质量评价的关键指标。然而，针对不同的生物群区、农作物生态系统和土壤类型构建土壤质量评价的最小数据集，仍有待深入研究。

6.4.1　土壤肥力质量评价方法

根据徐建明（2010）对红壤土壤肥力质量评价最小数据集和等级划分方案的建议；本节选取大围山 24 个旱地剖面的表层土壤黏粒、pH、CEC、有机质、速效磷和速效钾 6 项指标，作土壤肥力质量评价。先分别计算 6 项指标的隶属度，再计算各点土壤肥力质量评价指数，最后根据样点数与土壤肥力质量综合指数绘制累积频率曲线图，找出 IFI 较为明显的拐点，划分土壤肥力质量等级。

土壤肥力质量评价指数

$$IFI = \sum q_i \times w_i$$

式中，q_i 是第 i 项土壤肥力评价指标的隶属度值；w_i 是第 i 项土壤肥力评价指标的权重系数。IFI 取值 0～1，其值越高，表明土壤肥力质量越好。

隶属度由评价指标所属的隶属函数确定。

戒上型函数

$$f(X) = \begin{cases} 1.0 & X \geqslant U \\ 0.1 + 0.9\,(X-L)\,/\,(U-L) & L < X < U \\ 0.1 & X \leqslant L \end{cases}$$

戒下型函数

$$f(X) = \begin{cases} 1.0 & X \geqslant U \\ 1.0 - 0.9\,(X-L)\,/\,(U-L) & L < X < U \\ 0.1 & X \leqslant L \end{cases}$$

梯形函数

$$f(X) = \begin{cases} 0.1 & X \leqslant L,\ X \geqslant U \\ 0.1 + 0.9\,(X-L)\,/\,(O_1-L) & L < X < O_1 \\ 1.0 & O_1 \leqslant X \leqslant O_2 \\ 1.0 - 0.9\,(X-O_2)\,/\,(U-O_2) & O_2 < X < U \end{cases}$$

式中，X 为测定值；参数 L 为函数的下限值，U 为函数的上限值，O_1 和 O_2 为函数的最优值，它们的取值标准参考农业部《全国耕地类型区域、耕地地力等级划分》（NY/T 309—1996）的标准和徐建明对土壤肥力质量评价指标等级划分的建议方案。

6.4.2　土壤肥力质量综合评价

6 项土壤指标的等级划分建议如表 6-15 所示。运用熵值法，得出大围山土壤黏粒、pH、CEC、有机质、速效磷和速效钾的权重分别为 0.165、0.166、0.165、0.167、0.165 和 0.172。由隶属函数（L、U、O_1 和 O_2 值，见表 6-15）和土壤质量指数公式计算得到 24 个样点的土壤质量指数（表 6-16）。图 6-18 表明，大围山土壤肥力质量综合评价指标 IFI 值在 0.70、0.75、0.85 和 0.90 附近有较明显拐点效应，则大围山土壤肥力质量可分为 5 个等级，Ⅰ级：43-LY21；Ⅱ级：43-LY17、43-LY09、43-LY23、43-LY11、43-LY10、43-LY06、43-LY22、43-LY15；Ⅲ级：43-LY18、43-LY07、43-LY25、43-LY24、43-LY26；Ⅳ级：43-LY05、43-LY19、43-LY12、43-LY13、43-LY16、43-LY20、43-LY08；Ⅴ级：43-LY04、43-LY03、43-LY14。

表 6-15　大围山土壤肥力评价指标等级划分建议

土壤肥力指标	等级					L	O_1	O_2	U
	Ⅰ	Ⅱ	Ⅲ	Ⅳ	Ⅴ				
黏粒（%）	30～20	20～15	15～10	10～5	≤5	5	20	30	45
		35～30	40～35	45～40	≥45				
pH	≥6.0	6.0～5.5	5.5～5.0	5.0～4.5	≤4.5	4.5			6
CEC［cmol（+）/kg］	≥15	15～12	12～8	8～5	≤5	5			15
有机质（g/kg）	≥20	20～15	15～10	10～5	≤5	5			15
有效磷（mg/kg）	≥20	20～15	15～10	10～5	≤5	5			20
速效钾（mg/kg）	≥150	150～120	120～90	90～50	≤50	50			150

表 6-16　大围山土壤肥力质量等级及 IFI 值

等级	剖面编号	IFI
Ⅰ	43-LY21	0.95
Ⅱ	43-LY17、43-LY09、43-LY23、43-LY11、43-LY10、43-LY06、43-LY22、43-LY15	0.88、0.86、0.86、0.85、0.85、0.85、0.85、0.85
Ⅲ	43-LY18、43-LY07、43-LY25、43-LY24、43-LY26	0.83、0.83、0.80、0.79、0.75
Ⅳ	43-LY05、43-LY19、43-LY12、43-LY13、43-LY16、43-LY20、43-LY08	0.74、0.74、0.73、0.73、0.70、0.70、0.70
Ⅴ	43-LY04、43-LY03、43-LY14	0.62、0.57、0.56

回归分析表明，大围山土壤肥力质量综合指数与海拔呈显著相关（R^2=0.1815，P=0.035）（图 6-18）。这说明，大围山土壤肥力质量与垂直带关系密切，高海拔地区土壤肥力质量普遍高于低海拔地区。这可能是与高海拔地区土壤亚类为山地灌丛草甸土、表土层土壤有机质含量较高有关。

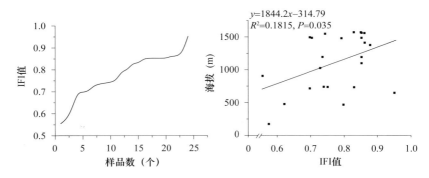

图 6-18　大围山土壤肥力综合指数累积频率曲线及其与海拔的关系

综合来看，大围山 24 个土壤调查样区的表土肥力质量水平整体较高，最高是 43-LY21（土壤肥力质量综合指数为 0.95）；最低是 43-LY14（土壤肥力质量综合指数为 0.56）。调查 24 个样区的土壤肥力质量评价等级分为五等，Ⅰ 级 1 个样区，Ⅱ 级 8 个样区，Ⅲ 级 5 个样区，Ⅳ 级 7 个样区，Ⅴ 级 3 个样区。海拔显著影响大围山土壤肥力质量综合指数，高海拔地区土壤肥力质量综合指数高于低海拔地区。

参 考 文 献

安玉亭，薛建辉，吴永波，等. 2013. 喀斯特山地不同类型人工林土壤微量元素含量与有效性特征. 南京林业大学学报（自然科学版），37（3）：65-70.

陈健飞. 2001. 福建山地土壤的系统分类及其分布规律. 山地学报，19（1）：1-8.

陈静生，洪松，邓宝山，等. 1999. 中国东部花岗岩、玄武岩及石灰岩上土壤微量元素含量的纬向分异. 土壤与环境，8（3）：161-167.

陈玉真. 2011. 土壤锌对植物的毒害效应及临界值研究. 福建农林大学硕士论文.

褚海燕，王艳芬，时玉，等. 2017. 土壤微生物生物地理学研究现状与发展态势. 中国科学院院刊，32（6）：585-592.

丁咸庆，马慧静，朱晓龙，等. 2015. 大围山不同海拔森林土壤有机碳垂直分布特征. 水土保持学报，29（2）：258-262.

杜俊平，廖超英，田联会，等. 2007. 太白山自然保护区土壤重金属含量及其分布特征研究. 西北林学院学报，22（3）：84-87.

冯跃华，张杨珠，邹应斌，等. 2005. 井冈山土壤发生特性与系统分类研究. 土壤学报，42（5）：720-729.

宫彦章，刘月秀，刘姝媛，等. 2011. 广东省林地土壤有效态锌、镉含量及其与有机质和 pH 的关系. 华南农业大学学报，32（1）：15-18.

何念祖，孙其伟. 1993. 植物生长的有益元素. 上海：上海科技出版社：227-240.

黄艺，王沛东，尹观，等. 2007. 贡嘎山东坡森林土壤有效微量元素分布特征. 广东微量元素研究，14（6）：26-32.

蒋友如，盛浩，王翠红，等. 2014. 湘东丘陵区 4 种林地深层土壤溶解性有机碳的数量和光谱特征. 亚热带资源
　　与环境学报，9 (3)：61-67.

李德军，莫江明，方运霆，等. 2004. 鼎湖山自然保护区不同演替阶段森林土壤中有效微量元素状况研究. 广西
　　植物，24 (6)：529-534.

梁音，史学正. 1999. 长江以南东部丘陵山区土壤可蚀性 K 值研究. 水土保持研究，6 (2)：47-52.

廖金凤. 2003a. 海南地带性土壤微量元素含量及其地理分布. 地域研究与开发，22 (6)：66-68.

廖金凤. 2003b. 海南省五指山土壤中的重金属元素含量. 山地学报，21 (2)：169-172.

刘帅，陈玥希，孙辉，等. 2015. 西南亚高山 - 高山海拔梯度上森林土壤水溶性有机碳时间动态. 西北林学院学
　　报，30 (1)：33-38.

卢慧，丛静，薛亚东，等. 2014. 海拔对神农架表层土壤活性有机碳含量的影响. 林业科学，50 (8)：162-167.

吕维莉，邓智年，魏源文. 2003. 镍与生物. 广东微量元素科学，10 (10)：1-5.

马颙榴，宋佳龄，潘博，等. 2017. 湘东大围山土壤垂直带谱微生物群落特征. 生态环境学报，26 (12)：2045-
　　2051.

秦纪洪，王琴，孙辉. 2013. 川西亚高山 - 高山土壤表层有机碳及活性组分沿海拔梯度的变化. 生态学报，33
　　(18)：5858-5864.

青长乐，牟树森，蒲富永，等. 1992. 论土壤重金属毒性临界值. 农业环境科学学报，(02)：51-56.

权伟，徐侠，王丰，等. 2008. 武夷山不同海拔植被细根生物量及形态特征. 生态学杂志，27 (7)：1095-1103.

盛浩，周萍，袁红，等. 2013. 亚热带不同稻田土壤溶解性有机碳的剖面分布特征. 生态学杂志，32 (7)：1698-
　　1702.

谭淑端，杨雨婷，陈滨，等. 2017. 大围山典型群落土壤养分与物种多样性相关性分析. 浙江农业科学，58 (5)：
　　887-891.

汪伟，杨玉盛，陈光水，等. 2008. 罗浮栲天然林土壤可溶性有机碳的剖面分布及季节变化生态学杂志，27 (6)：
　　924-928.

王连峰，潘根兴，石盛莉，等. 2002. 酸沉降影响下庐山森林生态系统土壤溶解有机碳分布. 植物营养与肥料学
　　报，8 (1)：29-34.

王森，曲来叶，马克明，等. 2013. 罕山不同林型下土壤微生物群落特性. 中国科学：生命科学，43 (6)：499-
　　508.

王秋霞，张勇，丁树文，等. 2016. 花岗岩崩岗区土壤可蚀性因子估算及其空间变化特征. 中国水土保持科学，
　　14 (4)：1-8.

吴则焰，林文雄，陈志芳，等. 2013. 中亚热带森林土壤微生物群落多样性随海拔梯度的变化. 植物生态学报，
　　37 (5)：397-406.

吴则焰，林文雄，陈志芳，等. 2014. 武夷山不同海拔植被带土壤微生物 PLFA 分析. 林业科学，50 (7)：105-112.

吴兆明. 1980. 微量元素生理作用的研究现状 //《中国科学院微量元素学术交流会汇刊》编写小组. 中国科学院
　　微量元素学术交流会汇刊. 北京：科学出版社：22-55.

徐建明. 2010. 土壤质量指标与评价. 北京：科学出版社.

颜慧，蔡祖聪，钟文辉. 2006. 磷脂脂肪酸分析方法及其在土壤微生物多样研究中的应用. 土壤学报，43 (5)：
　　851-859.

杨锋. 1989. 湖南土壤. 北京：农业出版社.

于青漪，王翠红，甘丽仙，等. 2014. 浏阳大围山土壤铜锌含量的剖面分布规律. 农业现代化研究，35 (4)：
　　477-480.

俞元春，曾曙才，张焕朝，等. 1998. 苏南丘陵主要森林类型土壤微量元素含量及其动态特性. 中南林学院学报，
　　18 (1)：20-26.

曾清苹，何丙辉，毛巧芝，等. 2015. 缙云山马尾松林和柑橘林土壤微生物 PLFA 沿海拔梯度的变化. 环境科学，
　　36 (12)：4667-4675.

曾曙才，俞元春，张祥芹，等. 1998. 闽北低山区森林土壤中的微量营养元素的初步研究. 福建林学院学报，
　　15 (4)：343-347.

张地，张育新，曲来叶，等. 2012. 海拔对辽东栎林地土壤微生物群落的影响. 应用生态学报，23 (8)：2041-2048.

张永娥，王瑞良，靳绍菊. 2005. 土壤微量元素含量及其影响元素的研究. 土壤肥料，(5)：35-37.

张于光，宿秀江，丛静，等. 2014. 神农架土壤微生物群落的海拔梯度变化. 林业科学，50 (9)：161-166.

赵筱青，杨树华. 2008. 滇西南亚热带山地主要植被类型下土壤微量元素状况研究，水土保持研究，15 (5)：140-144.

郑雪芳，苏远科，刘波，等. 2010. 不同海拔茶树根系土壤微生物群落多样性分析. 中国生态农业学报，18 (4)：866-871.

周焱，徐宪根，阮宏华，等. 2009. 武夷山不同海拔土壤水溶性有机碳的含量特征. 南京林业大学学报（自然科学版），33 (4)：48-52.

Arshad M A, Coen G M. 1992. Characterization of soil quality: physical and chemical criteria. American Journal of Alternative Agriculture, 7: 25-32.

Bolan N S, Baskaran S, Thiagarajan S. 1996. An evaluation of the methods of measurement of dissolved organic carbon in soils, manures, sludges, and stream water. Communications in Soil Science and Plant Analysis, 27: 2723-2737.

Bryant J A, Lamanna C, Morlon H, et al. 2008. Microbes on mountainsides: contrasting elevational patterns of bacterial and plant diversity. Proceedings of the National Academy of Sciences of the United States of America, 105 (S1): 11505-11511.

Bu X, Ruan H, Wang L, et al. 2012. Soil organic matter in density fractions as related to vegetation changes along an altitude gradient in the Wuyi Mountains, southeastern China. Applied Soil Ecology, 52: 42-47.

Chang E H, Chen T H, Tian G, et al. 2015. The effect of altitudinal gradient on soil microbial community activity and structure in moso bamboo plantations. Applied Soil Ecology, 98: 213-220.

Collins H P, Cavigelli M A. 2003. Soil microbial community characteristics along an elevation gradient in the Laguna Mountains of Southern California. Soil Biology and Biochemistry, 35 (8): 1027-1037.

Djukic I, Zehetner F, Mentler A, et al. 2010. Microbial community composition and activity in different Alpine vegetation zones. Soil Biology and Biochemistry, 42: 155-161.

Grayston S J, Prescott C E. 2005. Microbial communities in forest floors under four tree species in coastal British Columbia. Soil Biology and Biochemistry, 37 (6): 1157-1167.

Kaiser K, Kalbitz K. 2012. Cycling downwards-dissolved organic matter in soils. Soil Biology and Biochemistry, 52: 29-32.

Krashevska V, Bonkowski M, Maraun M, et al. 2008. Microorganisms as driving factors for the community structure of testate amoebae along an altitudinal transect in tropical mountain rain forests. Soil Biology and Biochemistry, 40 (9): 2427-2433.

Lanzén A, Epelde L, Blanco F, et al. 2016. Multi-targeted metagenetic analysis of the influence of climate and environmental parameters on soil microbial communities along an elevational gradient. Scientific Reports, 6: 28257.

Leifeld J, Zimmermann M, Fuhrer J, et al. 2009. Storage and turnover of carbon in grassland soils along an elevation gradient in the Swiss Alps. Global Change Biology, 15: 668-679.

Margesin R, Jud M, Tscherlp D, et al. 2009. Microbial communities and activities in alpine and subalpine soils. FEMS Microbiology Ecology, 67 (2): 208-218.

Morrien E, Hannula S E, Snoek L B, et al. 2017. Soil networks become more connected and take up more carbon as nature restoration progresses. Nature Communications, doi: 10. 1038/ncomms14349.

Seyed A R, Robert J G, Susan S A. 2006. A minimum data set for assessing soil quality in rangelands. Geoderma, 136 (1): 229-234.

Sheng H, Zhou P, Zhang Y, et al. 2015. Loss of labile organic carbon from subsoil due to land-use changes in subtropical China. Soil Biology and Biochemistry, 88: 148-157.

Siles J A, Cajthaml T, Minerbi S, et al. 2016. Effect of altitude and season on microbial activity, abundance and community structure in Alpine forest soils. FEMS Microbiology Ecology, 92 (3): doi: 10. 1093/femsec/fiw008.

Singh D, Takahashi K, Kim M, et al. 2012. A Hump-Backed trend in bacterial diversity with elevation on Mount Fuji,

Japan. Microbial Ecology, 63 (2): 429-437.

Ushio M, Wagai R, Baser T C, et al. 2008. Variations in the soil microbial community composition of a tropical montane, forest ecosystem: does tree species matter. Soil Biology and Biochemistry, 40 (10): 2699-2702.

Wagai R, Kitayama K, Satomura T, et al. 2011. Interactive influences of climate and parent material on soil microbial community structure in Bornean tropical forest ecosystems. Ecological Research, 26 (3): 627-636.

Wang J J, Soininen J, Zhang Y, et al. 2010. Contrasting patterns in elevational diversity between microorganisms and macroorganisms. Journal of Biogeography, 38 (3): 595-603.

Wu C S, Liu G H, Huang C, et al. 2019. Soil quality assessment in Yellow River Delta: establishing a minimum data set and fuzzy logic model. Geoderma, 334: 82-89.

Xu M, Li X L, Cai X B, et al. 2014. Soil microbial community structure and activity along a montane elevational gradient on the Tibetan Plateau. European Journal of Soil Biology, 64: 6-14.

Xu Z W, Yu G R, Zhang X Y, et al. 2015. The variations in soil microbial communities, enzyme activities and their relationships with soil organic matter decomposition along the northern slope of Changbai Mountain. Applied Soil Ecology, 86: 19-29.

Zhang B, Liang C, He H, et al. 2013. Variations in soil microbial communities and residues along an altitude gradient on the northern slope of Changbai Mountain, China. PLoS One, 8 (6): e66184.

Zhang W J, Xu Q, Wang X K, et al. 2004. Impacts of experimental atmospheric warming on soil microbial community structure in a tall grass prairie. Acta Ecologica Sinica, 24 (8): 1746-1751.

第7章 大围山土壤质量对土地利用变化的响应

土壤质量具有动态性，受人类利用和管理土壤活动所决定与调控。自地球出现人类后，人类活动就或多或少地干扰着土壤质量的演变，其中有正面的促进作用，也有负面的破坏作用。当原生的自然生态系统转变为人工生态系统以后，自然植被人工改造为农作物，人类从土壤中收获多而归还少，或投入过多，打破了原有植被-土壤系统的自然生态平衡，也干扰了本来的物质和能量循环的平衡。研究表明，长期平衡地施肥，将有机肥和无机肥配施，土壤生产力和肥力质量可以得到不断改善和提高。一味地追求产量和经济效益，改造地面植被、过量或偏施肥料、过度扰动土壤和拿走土壤产出，已加剧土壤温室气体排放、养分非均衡化、土壤酸化、水土流失、水体富营养化和土壤污染，威胁到地球生物圈的整体健康和人类社会的可持续发展。

与平缓地段相比，山地物质和环境具有不稳定与生态脆弱的特点，对人为干扰的响应很敏感。近年来，随着大规模亚热带山地综合开发和基地建设，中低海拔植被的转变明显，而对山地海拔带土壤质量和健康状况的了解也有待增强。

7.1 土壤养分对土地利用变化的响应

科学的养分管理是保障未来粮食安全、环境健康和可持续发展的要求。土壤养分不仅是植物生长必需元素的源泉，也是评价土壤质量的关键指标之一。在热带、亚热带湿润地区，高度风化的土壤有机质含量低，土体养分匮乏，连年高强度的耕种常常导致土壤贫瘠化。特别在山地、丘陵区，土地利用不当容易造成水土流失，加速土壤养分的损失，导致土地生产力下降。例如，在非洲，热带林地改为灌丛、草地和耕地后，表土有机质含量下降32%~61%，全氮、有效磷和速效钾含量分别下降42%~55%、7%~47%和11%~42%，其中以改为坡耕地的降幅最大（Warra et al.，2015）。在亚热带闽北地区，天然林改为次生林、人工林（用材林和经济林）和农用地（橘园和坡耕地）后，土壤有机质和全氮含量的降幅分别为52%~82%和58%~173%，降幅处于全球最高水平（杨智杰等，2010）。但也有研究报道，天然林地的转变提高了土壤养分的有效性。例如，亚马孙原始热带雨林改为不同演替阶段的次生林地、木薯-香蕉种植园、草地后，表土pH升高0.3~0.5个单位，有效磷、交换性钙、交换性镁含量分别升高8%~46%、12%~29%和8%~11%（Villani et al.，2017）。尽管在热带、亚热带地区，针对土壤中植物必需的大量元素含量方面已有详尽报道，但关于有效态养分含量方面的研究相对较少，特别是中量、微量元素的有效养分对高强度土地利用变化响应的敏感性值得深入探索。

传统观点认为，表层土壤养分与土地利用活动的关系最为密切，有关土壤剖面养分对土地利用变化响应的研究也主要集中在表土层。但近期有研究表明，土地利用变化对土壤有机质、有效态养分的影响可达 1m 深的土壤剖面（da Silva Oliveira et al.，2017；Liu et al.，2017）。因此，土壤剖面底土层养分及其有效态含量对土地利用变化如何响应值得深入探究。基于此，通过选取湘东红壤丘陵区花岗岩母质风化物发育红壤的 4 种典型土地利用方式，包括香樟天然林及由此转变而来的杉木人工林、板栗园及坡耕地，分析表层（0~20cm）和底层（20~100cm）土壤的 pH、有机质、大量元素（全氮、全磷、全钾）及其有效形态（碱解氮、有效磷和速效钾），以及中量、微量元素的有效形态（交换性钙、交换性镁和有效态铁、有效态锰、有效态铜、有效态锌）的含量差异，研究 1m 深土壤剖面养分含量及其有效性对土地利用变化的响应规律，为了解底土养分状况和区域土壤养分、土壤质量演变方向提供科学依据。

7.1.1　土壤 pH 和有机质

土壤水提 pH 为 4.7~6.0，呈酸性，底土层 pH 总体呈现升高趋势（图 7-1）。天然林改为板栗园和坡耕地后，0~60cm 土壤的 pH 显著升高 0.3~1.2 个单位。土壤有机质含量为 6.10~32.96g/kg。天然林地改为其他土地利用方式后，表土的有机质含量降低 29%~36%，底土的有机质含量降低 9%~55%，以改为坡耕地的降幅最大（42%~55%）。

土壤 pH 强烈影响微生物活动及伴随的有机质分解和养分释放（潘博等，2018）。天然林地改为板栗园、坡耕地后，0~60cm 土层 pH 升高 0.3~1.2 个单位。而在闽北，天然林改为农业用地后，0~20cm 土层 pH 也升高 0.2~0.5 个单

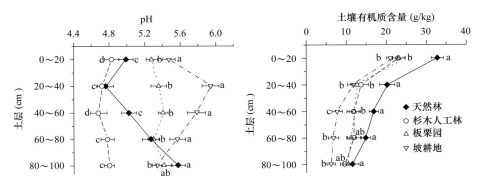

图 7-1　不同土地利用方式土壤 pH 和有机质含量

不同小写字母表示不同方式同一土层间差异显著（$P < 0.05$）

位（杨智杰等，2010）。天然林地改为农用地后，pH 的升高有 3 个原因：一是人为施肥带入了盐基；二是农用地的植物凋落物和死亡根系投入减少，土壤有机质分解速率较低，释放的有机酸可能更低（Devevre et al.，1996；Sheng et al.，2010）；三是板栗园和坡耕地地表水土流失严重，pH 更高的底土逐渐出露，也可能导致 pH 升高。

从全球看，天然林地改为农用地后，表土有机质含量一般会下降（Guo and Gifford，2002）。本研究中同时发现，此种土地利用方式转变，还将导致底土层有机质含量的降低。Oliveira 等（2017）的研究也表明，热带雨林改种甘蔗后，1m 深剖面土壤有机质显著损失 29%。天然林地转变为农用地后，一方面凋落物和根系死亡减少，表土有机质和枯枝落叶现存量降低，引起表土层至底土层的溶解性有机质迁移量减少（盛浩等，2014；Turmel et al.，2015）；另一方面根系向表土集中，底土中源自根系死亡和细根生产、周转的有机质输入量降低（Sheng et al.，2015）；同时，开垦和种植带来的新鲜有机物可能激发深层底土中稳定的有机质的活性，加速底土有机质分解损失（Fontaine et al.，2007；Wang et al.，2014）；此外，频繁翻耕也会破坏底土结构，使底土裸露地表，促进底土有机 - 矿物复合体中有机质的分解损失（Sundermeier et al.，2011）。

7.1.2 土壤氮磷钾及其有效态含量

土壤全氮含量为 0.32～1.61g/kg，碱解氮含量为 28.58～251.97mg/kg（图 7-2）。天然林改为杉木人工林，土壤剖面上全氮和碱解氮含量显著降低 28%～57% 和 31%～55%，但改为板栗园和坡耕地后，表土的全氮和碱解氮含量变化不大。值得注意的是，天然林改为板栗园后，底土的碱解氮含量大幅升高，特别是在 40～80cm 土层升高 1～3 倍。

土壤全磷含量为 0.25～0.73g/kg，有效磷含量为 0.09～46.33g/kg。天然林改为板栗园、坡耕地后，土壤剖面上磷素含量明显升高（0.3～53 倍）。特别是天然林改为坡耕地，表土的全磷含量升高约 1.5 倍；有效磷含量大幅升高 43 倍，达到 46.33mg/kg；20～40cm 土壤的有效磷含量仍高达 8.65mg/kg，相对于天然林的同一土层（0.16mg/kg），升幅 53 倍。磷素含量及其有效性的升高可能与人为施用磷肥和有机肥有关。

土壤全钾的含量较高，变化范围为 27.69～39.56g/kg，速效钾含量为 42.07～216.88mg/kg。土地利用方式转变后，土壤剖面全钾含量变化不大，仅有天然林改为板栗园，土壤剖面全钾含量降低 20%～26%；改为杉木人工林后，40～100cm 土壤的全钾含量升高 11%～13%。但土地利用方式改变后，土壤剖面上速效钾含量的变化差异显著，表土速效钾含量降低 5%～45%；而 40～100cm 底土的速效钾含量反而升高 0.6～2.9 倍（最高含量达到 216.88mg/kg）。

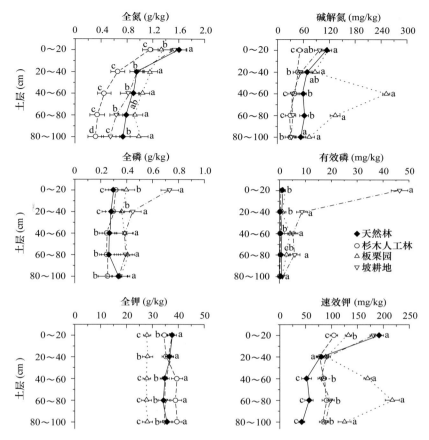

图 7-2　不同土地利用方式土壤全氮、全磷、全钾和碱解氮、有效磷、速效钾的含量

不同小写字母表示不同方式同一土层间差异显著（$P < 0.05$）

植物必需的营养元素主要从土壤中获取。土地利用的方式不同，植被类型及人为干扰（耕种管理）的强度也不同，直接影响土壤氮磷钾养分的输入与输出，进而导致全量及有效态养分含量在土壤剖面上分布的差异。当埃塞俄比亚热带天然林改为农用地（大麦、玉米、土豆和辣椒）后，0～15cm 表土全氮含量下降 20%～67%，但有效磷含量升高 13%～1937%，其中有效磷含量的升高主要与施用牛粪作为土壤改良剂有关（Bewket and Stroosnijder，2003）。本研究中，天然林改为板栗园后，底土全氮含量升高，特别是 40～80cm 底土碱解氮含量大幅升高。这可能主要与南方果园氮肥大坑深施有关。天然林改为坡耕地后，土壤剖面上磷素的含量大幅升高，主要有两个原因：一是坡耕地种菜常年高频率的施肥造成磷素积累，二是天然林生物量大，红壤中的磷素部分被转运并储存在植物体内（Lisanework and Michelsen，1994）。亚马孙热带雨林改为（耕地 - 果园）农林复合系统，0～20cm 表土有效钾含量降低 19%～43%，主要与作物的收获带出

磷、钾素有关（Alfaia et al.，2004）。而本研究全钾在土壤剖面上变化很小，可能的原因是花岗岩风化物富含钾，其发育的红壤剖面上保存了较丰富的钾素（杨锋，1989）。然而土地利用方式转变后，40～100cm 底土速效钾含量却大幅升高0.6～2.9 倍，原因可能是：一方面植被吸收的养分主要是来自于根际，但天然林转变后，根系向表土集中，造成浅层表土元素含量的下降，深层底土元素含量的积累（He et al.，2003）；另一方面果园和坡耕地频繁并定期施用有机质、钾肥造成钾素的积累。

7.1.3　土壤有效态中量、微量元素

南方土壤风化淋溶作用强烈，成土母岩极易风化，钙镁极易淋失，致使土壤钙镁缺乏。由图 7-3 可以看出，土壤交换性钙含量（35.01～329.80mg/kg）一般高于交换性镁含量（11.37～90.07mg/kg）。天然林改为杉木人工林和板栗园，表土层交换性钙含量分别降低 73% 和 72%，交换性镁含量分别降低 67% 和 47%。然而，天然林改为坡耕地后，土壤钙、镁的有效性升高；其中，0～60cm 土壤的有交换性钙含量升高 43%～182%，交换性镁含量升高 59%～163%，尤以表土升幅最大，可能与坡耕地种蔬菜表土施肥有关。

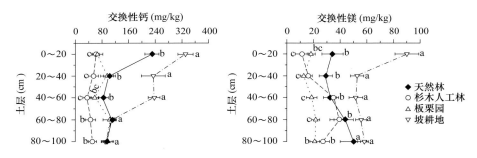

图 7-3　不同土地利用方式的土壤交换性钙、交换性镁含量

不同小写字母表示不同方式同一土层间差异显著（$P < 0.05$）

天然林改为其他土地利用方式后，土壤剖面上的交换性钙、交换性镁含量可能升高、降低或无显著变化。例如，非洲热带林地改为农用地（咖啡、画眉草、玉米、大麦和辣椒）后，表土交换性钙、镁含量分别降低 60% 和 66%，主要与作物收获带出钙离子、镁离子和农用地表土层盐基离子的淋失有关（Chimdi et al.，2012）；此外，也有研究指出非洲热带天然林转变为农用地（玉米、芋头和烟草）14～23 年后，由于农用地表土中镁的垂直淋溶迁移导致 20～80cm 底土交换性镁含量无显著变化，而底土死细根和菌根真菌数量减少则引起交换性钙含量的大幅降低（Kassa et al.，2017）。本研究中，天然林改为杉木人工林和板栗园，表土交换性钙、交换性镁含量显著降低，这可能与外源的钙、镁投入较少及坡地

上人为干扰引起强烈的养分流失有关。因此在杉木林和板栗园的经营管理中，应注重钙、镁的补充。但是，天然林改为坡耕地后，0～60cm 土壤交换性钙、交换性镁含量显著升高。一方面，草木灰、农家肥和化肥的施用，增加了外源盐基离子的投入，从而提高土壤中盐基饱和度（Nkana et al.，1998）；另一方面，坡耕地的耕种更为频繁，表土团聚体在周转过程中可能释放钙、镁（Chimdi et al.，2012）。在土地用途转换过程中，钙、镁的人为投入和自然淋失、侵蚀的叠加，导致土壤剖面上钙、镁的变化，但其相对重要性有待深入研究。

土壤有效态铁、有效态锰的含量较高，分别为 2.56～37.84mg/kg 和 4.61～40.21mg/kg（图 7-4）。土地利用活动强烈影响有效态铁、有效态锰含量。天然林改为板栗园、坡耕地后，表土层有效态铁含量大幅升高 1～3 倍，但有效态锰含量却有所降低（降幅为 14%～40%）。土地利用变化后，耕种管理可能有利于 Mn^{2+}、交换态锰和易还原态锰被氧化，从而造成表土有效态锰含量下降；此外，表土的有效态锰含量的降低也可能与有机质含量降低、还原性减弱有关。底土的有效态锰含量对土地利用变化响应较为复杂，40～100cm 土壤，天然林改为板栗园后，有效态锰含量降低 45%～66%；与此相反的是，天然林改为坡耕地后，有效态锰含量升高 66%～103%。

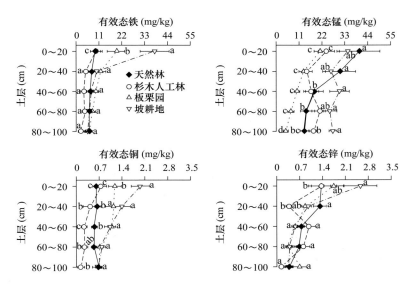

图 7-4 不同土地利用方式土壤有效态铁、有效态锰、有效态铜、有效态锌含量

不同小写字母表示不同方式同一土层间差异显著（$P<0.05$）

土壤有效态铜、有效态锌含量相对较低，分别为 0.14～1.97mg/kg 和 0.14～2.56mg/kg。天然林改为板栗园和坡耕地后，0～80cm 土壤的有效态铜含量升高 31%～219%，同时表土的有效态锌含量升高 29%～90%；但 20～80cm 土壤的有

效态锌含量却降低 25%~47%。改为杉木人工林后，表土层有效态铜含量升高 24%，底土有效态铜含量反而降低 27%~80%。土地利用方式改变后，表土层有效态铜、有效态锌含量的升高及底土层有效态铜、有效态锌含量的下降可能与土壤 pH 的升高和有机质含量的下降有关。

本区内，针对超过 1000 个的旱作耕地土壤与自然土壤的有效态微量元素含量对比研究发现，旱土的有效态铜、有效态锌、有效态锰含量高于自然土，而土壤 pH、有机质、水分、氧化还原电位、耕作和施肥均对其有一定程度的影响（杨锋，1989）。此外，尼日利亚热带雨林改为农用地（玉米、豇豆、木薯）后，0~15cm 表土有效态铁、有效态锰、有效态铜、有效态锌含量降低 17%~63%，这可能是由作物收获和有机质含量的下降所导致（Eneji et al.，2003）。通常，土壤 pH 的升高和有机质含量的下降会降低微量元素的有效性（Buckman and Brady，1960）。但本研究中，土地利用变化后，土壤 pH 升高，有机质含量降低，而表土层有效态铁、有效态铜、有效态锌含量却大幅升高，说明 pH 及有机质可能不是影响表层土壤有效态铁、有效态锰、有效态铜、有效态锌含量的关键因素。原因可能是土地利用变化后，细根生物量主要集中在表土层，根系分泌的有机酸通过与金属离子形成稳定的络合物从而活化微量元素，提高其有效性（陆文龙等，1999）；也可能与土地利用方式改变后，生物量减小，植物对矿质元素的需求量降低，大量矿质元素被保存在土壤中有关（李静鹏等，2014）。在表土层，有效态锰含量的降低可能与耕种管理模式下，土层疏松，土壤通气情况良好，Mn^{2+}、交换态锰和易还原态锰被氧化有关（Takoutsing et al.，2016；Ramzan and Bhat，2017）；拮抗作用的存在也可能会导致有效态锰含量的下降，如有效态铜、有效态铁、有效态锌均与有效态锰之间存在拮抗效应（张超等，2013；Ayele et al.，2014）。

7.1.4　土壤 pH、有机质和土壤养分对土地利用变化响应的敏感性

土壤 pH 的敏感性指数（SI）为 −14%~25%，随土层加深而有所降低。土壤养分对土地利用变化的响应呈现不同敏感性（图 7-5），其中土壤有机质含量的 SI 均为负值，为 −55%~−9%，土壤有效态养分的 SI（−0.8~51.8）一般高于全量养分的 SI（−0.6~1.5）。天然林转变为不同的土地利用方式，土壤交换性钙、交换性镁含量对土地利用变化响应的敏感性方向甚至相反。在 0~60cm 土壤，天然林改为板栗园后，交换性钙、交换性镁含量的 SI 为 −72%~−7%，但改为坡耕地后，SI 为 43%~182%。

土壤有效态铁、有效态铜含量对土地利用变化以正响应为主（SI 为 −0.8~3.1）。在土壤剖面上，表土层有效态铁、有效态铜含量的 SI（0.9~3.1）高于底土层（−0.1~1.3），但底土层有效态锰、有效态锌含量的 SI（−0.7~1.0）高于表土层（−0.5~0.9）。

花岗岩红壤在 1m 深剖面上，土壤养分及其有效态的含量对土地利用变化的

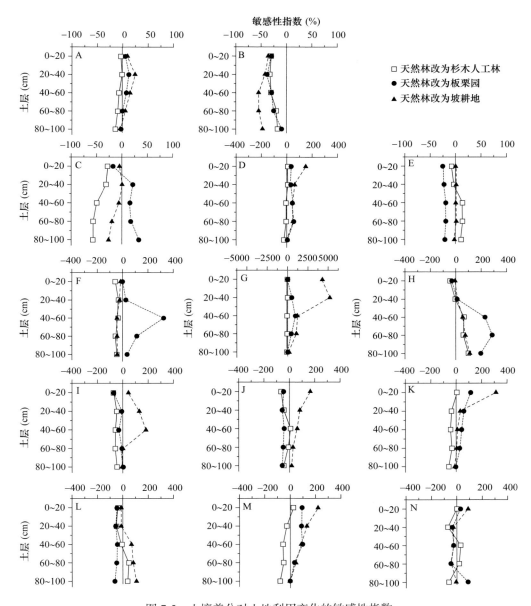

图 7-5　土壤养分对土地利用变化的敏感性指数

A. pH；B. 土壤有机质；C. 全氮；D. 全磷；E. 全钾；F. 碱解氮；G. 有效磷；H. 速效钾；I. 交换性钙；J. 交换性镁；K. 有效态铁；L. 有效态锰；M. 有效态铜；N. 有效态锌。（＋）和（－）分别表示土壤养分含量对土地利用变化响应的敏感性的方向为正和负

响应敏感。总体来说，有效态的养分含量对土地利用变化响应的敏感性高于全量养分、有机质和 pH。尤其是在 20cm 以下的底土，有效态的养分（碱解氮、有效磷和有效态锰、交换性钙）含量对土地利用变化响应的敏感性甚至超过表

土。从有效形态上看，微量元素对土地利用响应的敏感性一般高于中量元素。花岗岩红壤丘陵区人口密度大，生态环境脆弱，是人为干扰造成水土流失的重灾区。高强度的人类土地利用活动，不仅强烈影响表土养分的动态平衡，甚至对深达 1m 的底土养分含量及有效性产生显著的影响。土地利用转变后，有效态养分比例的上升弥补了有机质含量的大幅下降，使有机质含量较低的土壤的土地生产力得以维持。因此，在土地利用过程中，有必要充分考虑整个土壤剖面上养分（特别是底土中量、微量元素）含量的变化，科学补充底土养分。

7.2 土壤有机质及其组分对土地利用变化的响应

土地利用/覆被变化（LUCC）是陆地碳损失的主要原因。据估计，在 1959～2010 年，全球因 LUCC 向大气排放的净碳量高达（1 ± 0.5）Pg/年，主要源自热带毁林和天然林改为人工林、经济林和农业用地（Le Quéré et al.，2013）。从全球看，热带林地土壤容纳了约 30% 的土壤碳储量（2344Pg），还贮存了约 18% 的细根（直径$\leq$2mm）生物量（78.2Gg），在全球碳平衡中扮演着重要的角色。在热带亚热带地区，天然林砍伐转为次生林/人工林地、园地和坡耕地是当地典型的土地利用方式转变，常造成土壤碳储量的大幅降低，以表土层降幅最为明显。以往研究普遍认为，碳含量高、微生物活性强的表层土壤对 LUCC 的响应非常敏感，而富含惰性有机碳的深层矿质土壤则较少受到 LUCC 的影响（Yang et al.，2009；Harper and Tibbett，2013）。我国热带亚热带地区土壤蓄积了 28.7Pg 的有机碳，且高度风化的土壤土层深厚（如花岗岩红壤），A 层以下土层蓄积>80% 的土壤剖面碳储量（Li and Zhao，2001；李洁等，2013）。了解亚热带地区巨大的深层土壤碳库对 LUCC 的响应，以及精确预测区域土壤碳库变化具有重要意义。

土地利用显著改变地上植被，影响土壤碳输入的途径和数量。以 C_3 植物为主的天然林砍伐后，适应能力更强的 C_4 植物可能入侵并提高对土壤碳输入的贡献，从而改变土壤碳的来源。植物细根主要集中在表土层，是根系中最具活性的组分，亦是土壤碳输入的主要来源之一和立地生产力的重要指标。细根动态对土地利用变化可能极为敏感。有研究报道，亚热带天然林改为人工林地、园地后细根生物量和周转均大幅降低，但经过短期的人工林生长或次生演替，细根生物量即可能恢复到原有水平。不过也有研究报道，天然林改为人工林地后，乔木细根生物量经过 33 年的人工林生长仅恢复到天然林的 33%～70%（Yang et al.，2003）。因此，了解土地利用变化后土壤碳库来源和细根的变化对于评价土壤生产力和碳吸存能力具有重要意义。

"空间换时间"是研究土壤性质对土地利用变化响应的有效手段之一。此前，有关亚热带山区土地利用变化对表层土壤有机碳储量和质量、土壤呼吸及 CO_2 排放的影响已有过一些研究报道（Yang et al.，2009；Sheng，2010）。通过选择中亚热带丘陵山区（湖南省浏阳市大围山）本底条件基本一致、土地利用史清晰的天然常绿阔叶林、杉木人工林、板栗园和坡耕地的典型土地利用序列，以"空间换时间"的方法研究不同土地利用方式对深层土壤碳储量、土壤 $\delta^{13}C$ 值和细根生物量的影响，目的在于：①了解深层（40～100cm）矿质土壤碳库对土地利用变化的响应；②明确土地利用变化后土壤有机碳来源组成的变化；③了解植物细根生物量及其垂直分布对土地利用变化的响应。

7.2.1　土壤有机碳库和 $\delta^{13}C$ 值

土地利用变化强烈影响土壤有机碳储量及其剖面分布，改变土壤质量状况和碳吸存能力。所选天然林 1m 深土壤有机碳储量为 112.03t/hm²，转变为杉木人工林后，土壤有机碳储量降至 82.40t/hm²，降幅为 26.4%，转变为板栗园后有机碳储量为 78.83t/hm²，降幅为 29.6%，而转为坡耕地土壤有机碳储量仅为 72.29t/hm²，降幅高达 35.5%（图 7-6）。

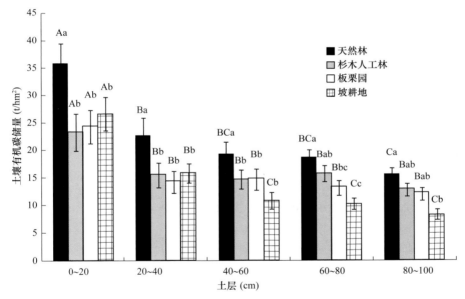

图 7-6　不同利用方式土壤有机碳储量的剖面分布
不同小写字母表示不同方式同一土层间差异显著（$P<0.05$）

4 种土地利用方式土壤有机碳储量均随土层加深显著降低，两者呈显著负指数函数关系（R^2 为 0.70～0.91）。土地利用变化后，不仅表层土壤（0～40cm）有机碳储量明显降低，降幅为 27%～34%，深层土壤（40cm 以下土层）碳库储量亦大幅降低，降幅达到 19%～45%（图 7-6）。天然林改为杉木人工林和板栗园后，随土层加深有机碳储量降幅减小，但改为坡耕地后，降幅扩大。

土壤有机质和细根是地下碳储量的主要分室，亦是土地生产力和环境健康的重要指标。亚热带天然常绿阔叶林经砍伐、炼山后，改为人工林、果园和坡耕地，常造成植物碳输入大量减少，地表枯枝落叶和表土有机质的大量烧失，地表水土肥严重流失，表土有机碳加速分解，再加上当地脆弱的自然环境（暴雨和陡坡），极易导致土壤碳储量和质量大幅下降（Yang et al.，2009；Sheng，2010）。本研究中，天然林改为人工林后，土壤碳储量降低 26%，远高出全球平均水平（13%）；然而，天然林改为果园、坡耕地后，土壤碳储量降低 30%~36%，落入全球平均范围（20%~42%）（Guo and Gifford，2002），但略低于邻近的天然林改为农用地 19 年后土壤碳储量的降幅（32%~51%）（Yang et al.，2009）。这可能和本研究中坡耕地利用时间较短（仅 7 年）和采用等高梯作一定程度削减水土流失有关。据模型模拟，温带天然林改农用地后，随着土地利用时间延长，土壤碳储量呈指数式下降，直到 23 年后才达到稳定（Poeplau et al.，2011）。另据浙江低丘第四纪红色黏土红壤的野外观测，等高农作能削减 88% 的泥沙流失量（Yuan et al.，2001）。

通常，土地利用活动集中在表土层，很少显著影响到 40cm 以下的深层矿质土壤（Murty et al.，2002；Poeplau et al.，2011）。但是，本研究中天然林改为其他土地利用方式后，深层土壤碳库也出现不同程度的降低，尤以坡耕地降幅最为明显（图 7-6）。天然林转变后，40cm 以下深层土壤碳储量降低了 19%~45%。这反映出本区天然林改为人工林、果园和坡耕地 7 年内，活化了很大一部分的深层土壤碳库，并导致其大量损失。据报道，热带森林改为草地后，亦能活化约 20% 的深层土壤碳储量（Veldkamp et al.，2003）。本区土地利用变化后，深层土壤碳库大量损失的原因有三：首先，天然林改为人工林、板栗园和坡耕地后，地上枯枝落叶和表土层的有机碳数量锐减，可能减少了从枯枝落叶层、表土层至深层土壤的可溶性有机碳的迁移量；加上天然林转变后，林分密度降低，深根性的乔木数量减少，浅根性的灌木、草本和作物增加，地下深根系数量明显减少，也可能减少了深层土壤中源自根系周转、分泌物和脱落物的有机碳输入量（Hertel et al.，2009；O'Brien and Iversen，2009）。其次，土地利用变化后，开垦、耕作输入的新鲜、易分解的活性炭对深层土壤中埋藏的老的、难分解的惰性碳可能产生激发效应（Fontaine et al.，2007），加速深层土壤中有机碳的矿化损失。最后，本区丘多坡陡，暴雨集中在 3~6 月，当地天然林砍伐后，经传统的清理采伐剩余物、火烧炼山、造林整地、灌溉除草和耕种一系列经营管理措施，强烈扰动了表土层，极易造成表土严重的水土流失和碳损失。加上花岗岩发育的红壤砂性重、松散易碎、抗蚀性差，在天然林改为人工林、果园的前几年里，地面幼树覆盖度低，强烈的地表水土流失能持续数年之久。特别是干扰强烈的坡耕地，持续强烈的土壤侵蚀能将表土和密度较轻的有机物冲刷殆尽，深层心土出露，随后的翻耕易破坏土壤团聚体，加速团聚体物理保护碳的快速分解和矿化损失（Li et al.，2001）。据报道，本区林地经皆伐炼山后 6 年内，水蚀引起的土壤流失量高达 38t/hm^2（He，1995），由此看来，在地形复杂的中亚热带山区，土地利用变化后，减少了深层土壤碳输入和增加碳流失、矿化，导致深层土壤碳大量损失。

土地利用变化改变植被组成和土壤有机碳的来源，土壤 $\delta^{13}C$ 值能反映植被的变化。不同土地利用方式土壤 $\delta^{13}C$ 值以表层土壤相对最低，随土层加深到 $40\sim60cm$，$\delta^{13}C$ 值有 $1‰\sim4‰$ 的快速升幅，土层加深到 $100cm$，$\delta^{13}C$ 值呈降低趋势。就整个剖面而言，天然林改为杉木人工林后，土壤剖面 $\delta^{13}C$ 值无明显变化，但改为板栗园和坡耕地，剖面 $\delta^{13}C$ 平均值明显升高（表 7-1），反映出地表植被光合类型的转变。

表 7-1　不同土地利用方式土壤 $\delta^{13}C$ 值的剖面分布　　　　　　（单位：‰）

土层（cm）	土地利用方式			
	天然林	杉木人工林	板栗园	坡耕地
0～20	−26.35	−26.39	−20.74	−24.78
20～40	−23.31	−24.39	−19.80	−22.12
40～60	−22.80	−23.23	−20.22	−22.30
60～80	−22.54	−22.65	−20.68	−22.44
80～100	−22.98	−22.08	−21.83	−22.81
平均值	−23.60	−23.75	−20.65	−22.89

土地利用改变地上植物组成，从而可能改变其光合类型并影响土壤 $\delta^{13}C$ 值。土壤 $\delta^{13}C$ 值主要与输入土壤中有机物的来源植物类型（C_3、C_4）有关，C_3 和 C_4 光合途径植物的 $\delta^{13}C$ 值范围分别为 $−33‰\sim−23‰$ 和 $−16‰\sim−9‰$（朱书法等，2005）。天然林改为杉木林后，土壤剖面 $\delta^{13}C$ 平均值无明显变化，反映出植物群落主要以光合效率较低的 C_3 植物为主。但天然林改为板栗园、坡耕地后，土壤 $\delta^{13}C$ 平均值明显升高，很可能与 C_4 草本入侵有关。部分 C_4 草本的入侵引起输入土壤中的有机物成为 C_3 和 C_4 植物残体的混合物。尤其是板栗园，C_4 草本可能增加了对土壤有机碳的贡献。据报道，巴西热带雨林砍伐后引入 C_4 牧草，表层土壤的 $\delta^{13}C$ 值在 10 年中升高到 $−9.4‰$（Desjardins et al.，1994）。

本区土地利用方式变化后严重的水土流失、人为扰动和植物种组成的变化，引起深层土壤植物碳输入减少和碳流失、矿化损失增加，是导致深层土壤碳储量大幅下降的主因。土地利用方式变化后，土壤理化性状劣化，土壤资源有效性大幅降低，加上天然林转变后植被幼龄化，导致细根生物量锐减并向表土层集中。中亚热带丘陵山区自然脆弱性高，应加强天然林的保育和退化坡地的生态恢复。在山地开发、利用和土地性质／用途转变过程中，应创新减轻坡土扰动的农艺措施，严控水土流失，加强中幼林抚育和陡坡耕地退耕力度，科学施用有机肥、化肥和绿肥上山以补充损失的有机质及养分。这对于维系山地土地生产力和促进山区可持续经营具有长远意义。

7.2.2　土壤有机化合物组成

土壤有机质（SOM）是土壤肥力和环境健康的核心物质，其含量和品质对土地利用的响应非常敏感。土地利用变化改变土壤凋落物输入的数量和质量，干扰 SOM 的分解动态，从而影响土壤碳库的大小。通常自然土壤一经开垦，SOM 的含量随即下降，尤其在地形复杂的亚热带丘陵山区，其降幅更是高出热带、温带和全球平均水平。据报道，人类高强度的土地利用活动，如土地利用方式转换、耕作和施化肥均可导致 SOM 中的活性组分损失，从而降低 SOM 的品质（Guggenberger et al.，1994；Spaccini et al.，2006；Sheng et al.，2010）。

　　SOM 的稳定性强烈地影响土壤与大气之间的碳交换通量，其分子组成被认为是调控土壤碳周转的重要因素（Lehmann and Kleber，2015）。此外，SOM 的稳定性还取决于外源输入有机物质（如凋落物、有机肥）的化学组成与降解过程。因此，综合分析 SOM 的"质"（化学组成）和"量"（库）对理解土地利用下土壤碳的去向非常重要（da Silva Oliveira et al.，2017）。SOM 质量具有高度的空间异质性，在分子水平上了解 SOM 的化学组成有助于更好地理解不同条件下（如不同土壤类型、土地利用方式、农业管理措施）SOC 的稳定机理。目前应用于 SOM 化学组成分析的技术包括傅里叶变换红外光谱（FTIR）、热裂解－气相色谱/质谱（Py-GC/MS）和核磁共振（NMR）等（周萍等，2011）。其中，Py-GC/MS 技术具有无需前处理、所需样品极少、能分析难溶有机物质的特点，成功应用于追踪 SOM 的来源（Stewart，2012；Suárez-Abelenda et al.，2015）、精确解析 SOM 的分子结构（周萍等，2011），对了解高强度土地利用导致 SOM 中有机化合物（尤其是稳定性组分）的类型、数量和比例的变化极具应用价值。

　　目前应用 Py-GC/MS 技术分析热带亚热带土地利用变化对 SOM 化合物组成的影响的研究仍比较缺乏。在湘东红壤丘陵区，毗邻分布的天然常绿林，以及由此转变而来的杉木人工林、板栗园和坡耕地的土地利用方式，具有本底基本一致、土地利用史清晰的特点。这为研究区域土地利用对土壤质量、功能的影响提供了天然平台。过去 10 余年里，针对亚热带丘陵红壤的典型土地利用方式，较系统地研究了土壤呼吸、土壤有机碳和活性碳储量、溶解性有机质化学结构等的变化规律（Wu et al.，2010；Sheng et al.，2015）。这些结果表明，土地利用变化导致 SOM 储量下降，活性有机质储量降幅更大，反映出 SOM 品质呈劣化趋势。然而，这种 SOM 品质的劣化是否也反映在 SOM 的分子化学组成上仍有待进一步研究。

　　因此，基于 Py-GC/MS 技术，以同一景观单元的花岗岩红壤表土（0～20cm）和底土（80～100cm）为研究对象，目的在于：①了解湘东丘陵区红壤 SOM 的化学结构和组成；②明确土地利用方式对红壤 SOM 化学结构和组成的影响；③为了解高强度利用条件下红壤 SOM 品质变化规律和丘陵区土地用途调整提供参考。

1. 土壤有机质的 Py-GC/MS 图谱特征

　　所选 4 种利用方式表土（0～20cm）和底土（80～100cm）有机质的裂解产物共检测到 144 种（图 7-7，表 7-2）。不同利用方式和土层之间的化合物组成差异较大。经归类，所测裂解产物主要为木质素类化合物、脂肪族化合物和含氮化

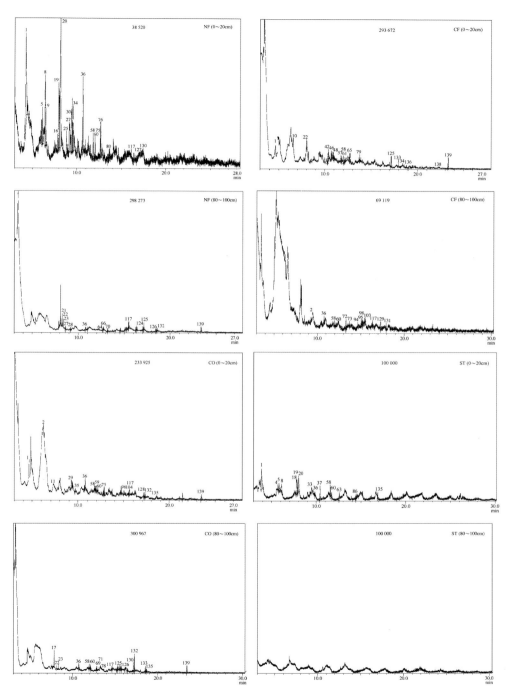

图 7-7　不同利用方式红壤有机质的热裂解产物图谱

NF：天然林；CF：杉木人工林；CO：板栗园；ST：坡耕地

合物。碳水化合物的比例很低，这里不考虑碳水化合物和其他的未知化合物。各裂解产物的相对含量由各自的峰面积除以总峰面积求得，其中木质素类化合物、脂肪族化合物和含氮化合物的峰面积占所有化合物峰面积总和的 3.3%～62.4%、5.2%～66.1% 和 6.4%～81.2%（表 7-3）。

表 7-2　不同土地利用方式红壤有机质主要热裂解产物名称和特征峰代码

特征峰代码	化合物名称	特征峰代码	化合物名称
1	甲苯	34	苯并呋喃，7- 甲基
2	含氮化合物	35	苯并呋喃，3- 甲基
3	丙酮	36	萘
4	苯，1,2- 二甲基	37	1H- 茚，1- 甲基
5	苯，1,4- 二甲基	38	丙二腈，(1,2- 二甲基亚丙基）
6	丙胺，（呋喃基)-1- 甲基	39	1H- 吡咯，2,3,4,5- 四甲基
7	4-(2- 甲氨基) 乙基吡啶	40	苯，(1- 亚甲基 -2- 丙烯基）
8	苯乙烯	41	3- 十一烯 -1,5- 二炔
9	正己烷，2,4- 二甲基	42	1H- 茚，3- 甲基
10	苯胺，N- 甲基 -2,4- 二硝基	43	苯，(1- 亚甲基 -2- 丙烯基）
11	2,5- 辛二烯	44	4- 十二烯
12	2- 环己酮，4- 羟基 -5- 甲基	45	1-(2- 乙酸乙烯酯) 乙烯酮
13	苯甲胺，N- 甲基	46	苯酚，3-（二甲基氨基）
14	3,5- 二甲基苯丙胺	47	苯并呋喃，4,7- 二甲基
15	4-(2- 甲氨基) 乙基吡啶	48	2- 丙烯醛，2- 甲基 -3- 苯基
16	苯，1,2,3- 三甲基	49	3- 十二烯 -1- 炔
17	甲酰胺，N,N- 二甲基	50	苯甲醇，对羟基
18	苯并呋喃	51	1,3- 癸二炔
19	苯甲腈	52	1,5- 癸二烯
20	苯酚	53	辛烷，2,7- 二甲基
21	丙酮，甲基乙基缩醛	54	硫氰酸，辛基酯
22	乙酰胺，N,N- 二甲基	55	癸烷，2- 甲基
23	丁内酯	56	苯，1- 甲基丁烯 -2- 己烯基
24	氨基甲酸苯酯	57	癸烷
25	茚	58	萘，1- 甲基
26	戊酸，5- 甲氧基 - 苯基酯	59	苯，3,3- 二甲基 -4- 戊烯基
27	苯酚，2- 甲基	60	萘，2- 甲基
28	2- 吡咯烷酮，1- 甲基	61	1H- 茚 -1- 酮，2,3- 二氢 -3- 甲基
29	乙酰苯	62	α- 苯乙胺，2,6- 三甲基
30	苯酚，3- 甲基	63	苯基苯
31	3- 癸烯 -1- 炔	64	环己烷，2- 丙基 -1,1,3- 三甲基
32	3- 十一烯 -1- 炔	65	萘嵌戊烷
33	1H- 吲哚，2,3- 二氢 -1- 甲基	66	十一烷，2- 甲基

续表

特征峰代码	化合物名称	特征峰代码	化合物名称
67	联苯	104	十七烷，2,6-二甲基
68	4-十三烯	105	草酸，烯丙基烷基酯
69	2,4,6-(1H,3H,5H)-嘧啶三酮，5,5-二乙基	106	1-十六烯
70	5,8,11-十七烷酸，甲酯	107	1-十七烯
71	二丁基羟基甲苯	108	十五烷酸，2,6,10,14-四甲基，甲酯
72	11,14-十八烷酸，甲酯	109	十二醛
73	苯酚，4,6-(1,1-二甲基乙醚)-2-甲基	110	十六烷酸，15-甲基，甲酯
74	1-十一烯	111	十二烷，2-甲基
75	6,9-十八烷酸，甲酯	112	1-十二烯
76	2-十一烯	113	1-十三烯
77	2-十三烯	114	8-十七醇
78	1-庚醇，2-丙基	115	十六烷酸，2-羟基，甲酯
79	十一烷，3,7-二甲基	116	甲氧基乙酸，4-十三烷酯
80	辛烷，3,4,5,6-四甲基	117	十三烷
81	萘，2-(1,1-二甲基乙醚)	118	3-十四烯
82	苯，1-(1-甲基-2-丙烯基)-4-(2-甲基)	119	2-十四烯
83	苯，1,3,5-三甲氧基	120	十二烷酸，3-羟基
84	4-壬烯酸，甲酯	121	5-十四烯
85	2,2,9,9-四癸基-5-烯-3,7-二炔	122	13-二十二烯酸，甲酯
86	丁烷，2,2-二甲基	123	正十五腈
87	12,15-十八烷酸，甲酯	124	13,16-十八碳二烯酸，甲酯
88	苯胺，N,N-二甲基-3-硝基	125	十六烷酸，甲酯
89	6-十四烯	126	7-十六烯酸，甲酯
90	苯甲醇	127	13-十四碳炔酸，甲酯
91	7-十五烷酮	128	十一腈
92	2-癸烯	129	二十一烷酸，甲酯
93	4-己烯酸，6-羟基-4-甲基	130	癸酸，甲酯
94	3,6-十八烷酸，甲酯	131	甲氧基乙酸，十六烷基酯
95	十三烯，4,8-二甲基	132	十四烷酸，12-甲基，甲酯
96	十八烷，6-甲基	133	6-十八烯酸，甲酯
97	癸烷，2,3,5,8-四甲基	134	二十六烷酸，5-甲基，甲酯
98	邻苯二甲酸，(7-甲基辛)酯	135	二十烷酸，甲酯
99	辛烷，2,3,3-三甲基	136	13-二十二烯酸，甲酯
100	2-十三烯醛	137	十一烷，5-环己基
101	丁酸，甲酯	138	8,11,14-二十碳三烯酸，甲酯
102	十二烷，2,6,11-三甲基	139	三十碳六烯
103	十七烷，2-甲基		

　　木质素类化合物种类较少，化合物结构也相对简单，包括苯酚类的甲基化合物、P-羟苯基丙烷和紫丁香基丙烷等。脂肪族化合物主要为脂肪酸甲酯（FAME）和脂类化合物（表7-3）。FAME 主要为 C_8 到 C_{28} 的直链/支链 FAME，其中 $C_8 \sim C_{19}$ 的短链 FAME、$C_{20} \sim C_{28}$ 的长链 FAME 及支链 FAME 的相对含量分别为 0.1%～34.5%、0.9%～11.6% 和 0.2%～6.2%。$C_8 \sim C_{19}$ 的短链 FAME 主要为微生物来源的化合物，$C_{20} \sim C_{28}$ 的长链 FAME 主要来源于生物多聚体（如蜡质和软木脂），而支链 FAME 则反映了土壤细菌的固碳贡献（周萍等，2011）。脂类化合物主要为烷烃、烯烃和少量直链醇类化合物，主要来源于地上部有机物质的输入。

表 7-3　不同利用方式红壤表土和底土有机质的化合物组成

利用方式	土层（cm）	木质素类化合物（%）	含氮化合物（%）	脂肪酸甲酯（FAME）（%）			脂类化合物（%）		
				$C_8 \sim C_{19}$	$C_{20} \sim C_{28}$	支链	醇	烷烃	烯烃
天然林	0～20	62.4	9.0	0.5	—	—	—	3.5	1.2
	80～100	12.8	6.4	16.7	1.9	5.0	—	30.1	12.5
杉木人工林	0～20	21.6	32.9	6.9	1.3	2.6	—	7.6	18.4
	80～100	23.2	17.4	9.6	11.6	4.1	0.6	17.7	3.4
板栗园	0～20	7.3	81.2	0.6	0.9	0.2	—	1.9	6.5
	80～100	3.3	14.1	34.5	2.1	6.2	1.6	4.9	13.4
坡耕地	0～20	46.5	19.5	0.1	2.3	—	0.7	3.6	
	80～100	—							

注："—"表示该物质未检测到

2. 不同利用方式表土和底土有机质热裂解产物的差异

　　不同土层有机质化合物组成差异明显（图7-8）。坡耕地由于其底土有机质含量过低，并未检测到有效的化合物种类（图7-7）。木质素类化合物在表土和底土的相对含量分别为 7.3%～54.0% 和 3.3%～14.06%，含氮化合物在表土和底土的相对含量分别为 9.0%～36.8% 和 6.4%～49.9%，均以底土较高。脂肪族化合物在表土和底土的相对含量分别为 6.45%～75.8% 和 28.51%～62.7%，以底土明显较高，且表土和底土中均以植物源脂肪族化合物为主，占脂肪族化合物总量的比例为 67.2%～98.7%，而微生物源的相对较低（1.3%～32.8%）（板栗园底土除外）（图7-9）。

　　天然林转变后，表土和底土有机质各类化合物的相对含量均有不同程度的变化。就表土而言，天然林转变后木质素类化合物的相对含量明显降低（图7-8），以转变为杉木人工林和板栗园的降幅较大，分别下降65.4%和88.3%，转为坡耕地的下降幅度较小，为25.3%。而天然林转变后含氮化合物的相对含量则明显增加，以转变为板栗园的增幅最大，为8.0倍；转变为杉木人工林和坡耕地的增幅

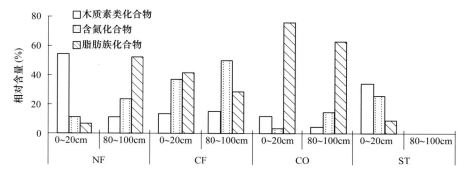

图 7-8　不同利用方式土壤有机化合物的相对含量

NF：天然林；CF：杉木人工林；CO：板栗园；ST：坡耕地

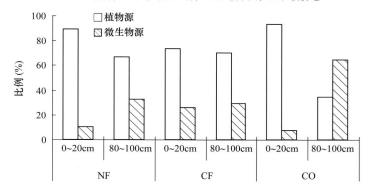

图 7-9　不同土地利用方式土壤脂肪族化合物的来源

NF：天然林；CF：杉木人工林；CO：板栗园

较小，分别为 2.6 倍和 1.2 倍。脂肪族化合物总量在天然林转变为杉木人工林后增加了 6.0 倍，而转变为板栗园和坡耕地后仅分别增加了 91.5% 和 27.8%，这其中植物源和微生物源脂肪族化合物数量均有不同程度地增加（表 7-3）。

底土有机质各化合物组分对土地利用变化的响应与表土不同。天然林转变为杉木人工林后，底土木质素类化合物和含氮化合物均有增加，分别增加了 81.0% 和 1.7 倍；而脂肪族化合物则降低了 28.9%，而植物源和微生物源脂肪族化合物均变化不大。相反，天然林转变为板栗园后，木质素类化合物下降了 74.7%，含氮化合物增加了 1.5 倍，而脂肪族化合物变化不大（表 7-3）。

在亚热带低山丘陵区，花岗岩发育红壤典型土地利用方式（天然林、杉木人工林、板栗园和坡耕地）SOM 的裂解化合物主要为木质素类化合物、脂肪族化合物和含氮化合物，其中脂肪族化合物主要包括脂肪酸甲基酯和脂类化合物。据报道，亚热带稻田土壤颗粒有机质的裂解产物以脂肪族化合物、木质素类化合物为主，木质素类化合物结构复杂且富含 G、P 单体，主要与草本作物残体输入有关（周萍等，2011）。热带林地土壤（A、AB 和 B 层）SOM 的裂解产物以芳香族、脂肪族和木质素类化合物为主（Yassir and Buurman，2012），草地和甘蔗地以含氮化合物、木质素类化合物和脂肪族化合物为主，木质素类化合物富含G、S 单体（da Silva Oliveira et al.，2016）。但本研究中，木质素类化合物单体较少，结构也比较简单，仅有少量 P 和 S 单体的出现（指示被子植物和草本植物的输入）。这一结果不同于稻田、草地土壤复杂且丰富的木质素类化合物组成（Guggenberger et al.，1994；周萍等，2011；da Silva Oliveira et al.，2016；Wang et al.，2016），其原因与本研究样地草本覆盖度低，土壤质地砂性和肥力水平较低有关（Kiem and Kogel-Knabner，2003）。此外，所选几种利用方式土壤脂肪族化合物主要来源于植物的贡献。这也与稻田土壤中脂肪族化合物来源于植物和微生物的共同贡献不同。所选花岗岩红壤有机质水平偏低（0.6%~3%），微生物易遭受碳源数量和质量的限制，而林木根系分布较深（>0.6m），植物凋落物和根系周转、死亡和分泌成为土壤剖面上有机质的主要来源。因此，为提升花岗岩红壤有机质水平，宜扩大地面草本覆盖，补充人为有机肥投入，丰富土壤有机质的来源。

土地利用变化显著降低 SOM "贮量"，也影响 SOM "品质"（Sheng et al.，2015）。木质素是土壤中植物来源有机质的 "指示器"，表征与植物残体有关的土壤 "缓性" 有机碳库。在温带，草地改为农田 3 个月后，木质素相对含量随即下降，可能与农田土壤中真菌对木质素的快速降解有关（Rumpel et al.，2009）；松林改为玉米地 22 年后，0~25cm 表土木质素的相对含量显著下降，可能是木质素中与砂粒结合的易分解组分快速损失所致（Quénéa et al.，2006）；在东南亚，热带天然林改为马占相思人工林 9 年后，A 层和 B 层土壤木质素的相对含量显著下降（Yassir and Buurman，2012）。然而，西班牙的农用地土壤比林地土壤含有更高的木质素类化合物，部分源于农用地施用的有机肥（Verde et al.，2008）。巴西热带天然林地改为草地、甘蔗地后，0~1m 土壤木质素相对含量显著升高，可能与草地持续大量根系有机物质输入和甘蔗地耕作中持续将大量新鲜有机物混入土壤中有关（da Silva Oliveira et al.，2016）。Solomon 等（2000）研究显示，林地土壤中木质素的相对含量明显高于农业用地（Solomon et al.，2000）。本研究中，天然林地改为杉木人工林、板栗园和坡耕地后，表土中木质素类化合物的相对含量下降 25%~88%，主要是新鲜有机物输入的来源减少所致。土地利用变化后，地面枯枝落叶厚度和现存量减少 47%~99%，0~0.6m 土层细根生物量下降 50%~98%（Sheng et al.，2015）。这也与土地利用变化后，表土有机质活性成分储量（如溶解性有机碳、轻组有机碳和易氧化有机碳）大幅降低的结果一致（Yang et al.，2009；李洁等，2013）。其次，土壤木质素相对含量的变化也与植物凋落物输入质量有关。香樟天然林凋落叶木质素含量高、N 含量较低，叶表面蜡质程度高，1 年后的分解残留量可高达 72%，而杉木凋落叶残留量仅 49%（马志良等，2015）。据野外观察，板栗凋落叶薄、软革质，可能比叶厚、硬质的杉木凋落叶更易分解。此外，土地利用变化后，地面植被覆盖降低，地表升温和光降解作用增强，可能加速木质素的分解（Feng et al.，2011）。因此，提升花岗岩红壤坡地的 SOM 水平，不仅需要增加地面植被覆盖、持续补充新鲜有机物的数量，更应注重投入有机质的化合物组成。

此外，天然林转变为杉木人工林后，表土木质素类化合物相对含量急剧下降，并出现了一定数量的 P 单体，可能与杉木凋落物化学组成有关。天然林改为坡耕地后，表土中的木质素类化合物相对含量降幅最小，可能与人为有机肥的施入有关。有机肥投入为微生物提供了可利用的活性碳源，而相对更难分解的木质素得以保存在土壤中。坡耕地表土中出现少量 S 单体，部分可能来源于坡耕地撂荒期草本有机物质的输入。有资料显示，有机无机肥配施也会增加 S 单体的相对含量（周萍等，2011）。仅天然林改为杉木人工林后，导致底土木质素类化合物相对含量升高。这主要是杉木根木质素含量高、养分含量低，分解缓慢（C/N 高），分解过程中积累大量难分解的木质素、蜡质、单宁和酮、醛类所致（Huang et al.，2005；Lin et al.，2011；马志良等，2015）。据报道，杉木林地深根分泌和周转向底土输入的有机质比地上凋落物常含有更高的木质素、酚类等难分解物质（刘文丹等，2014），从而导致木质素在杉木林地底土中的积累。

相反，土地利用变化后，土壤含氮化合物的相对含量大幅升高。这有利于解除微生物活动的 N 限制，加速木质素类化合物的分解。在法国，草地改为农田 6 年后，土壤中含氮化合物相对比例显著升高，可能与农田耕作后，新鲜植物残体失去团聚体物理保护而快速分解有关（Nierop et al.，2001）。东南亚热带的马占相思人工林地土壤 A 层、B 层土壤中含氮化合物的相对比例均高于当地天然林，与地表凋落物氮含量无关，而可能与根系化学及其共生豆科植物根瘤菌的固氮作用关系密切（Yassir and Buurman，2012）。然而，巴西天然林地改为草地、农田后，0～0.3m 表土含氮化合物相对含量降低，0.9～1m 底土含氮化合物相对含量升高，土层深度是关键控制因子（da Silva Oliveira et al.，2016）。本研究中，天然林改为坡耕地后，未观察到底土含氮化合物的变化，可能与坡耕地蔬菜或草本的根系分布和翻耕施肥集中在耕层有关。因此，土地利用变化后，植物残体（凋落叶和根系）的氮化学性质、人为投入有机肥品质、植物种根际联合固氮能力和耕作均不同程度调控土壤含氮化合物的相对含量。

脂肪族化合物是具有超分子结构、疏水的化学抗性有机组分，其贡献的增加反映 SOM 化学稳定性升高（Quénéa et al.，2006）。但在缺乏新鲜有机物补充的条件下，即便是高度稳定的脂肪族化合物仍会逐渐损失。据报道，温带林地土壤中脂肪族化合物相对含量高于毗邻农田，而天然林地改为农田后土壤有机碳的损失主要与次生产物和抗性物质（脂肪族化合物、含氮化合物）减少有关（Verde et al.，2008）。东南亚的天然林改为人工林后，土壤脂肪族化合物相对含量降低（Yassir and Buurman，2012）。然而本研究显示，土地利用变化后，表土中脂肪族化合物的相对含量升高。巴西热带林地改为草地、农田后，表土中脂肪酸类化合物相对含量亦升高（da Silva Oliveira et al.，2016）。土地利用变化后，脂肪族化合物相对含量升高的机理仍不清楚。一方面，木质素类化合物大幅下降，可能导致脂肪族化合物相对贡献升高；另一方面，土地利用变化后，施肥、耕作和水土流失都可能增强脂肪族化合物与 Fe、Al 氧化物的复合（Verde et al.，2008；徐晋玲等，2014）。此外，微生物群落结构的转变，也可能导致微生物来源的脂肪族化合物升高（图 7-9）。植被类型和人为管理方式的变化，增加了表土植物源和微生物源脂肪族化合物含量，脂肪族化合物类型呈现多样化趋势，由单一的饱和脂肪酸甲酯变为饱和、不饱和和支链脂肪酸甲酯（Fa Mc），但以植物源脂肪族化合物占主导地位。在 SOM 组成上，仍有必要丰富土壤中脂肪族化合物的来源。例如，施肥会增加微生物在脂肪族化合物形成中的贡献（周萍等，2011）。

　　因此，亚热带丘岗地带的花岗岩红壤，林地（天然林和杉木人工林）、园地（板栗）和坡耕地利用方式的土壤有机质的裂解产物（Py-GC/MS 分析）以木质素类化合物、脂肪族化合物和含氮化合物为主。表土中，木质素类化合物和含氮化合物丰富，而底土则以脂肪族化合物为主。总体上，木质素的结构组成相对简单，脂肪族化合物以植物来源为主，SOM 来源较为单一。土地利用变化导致相对稳定的土壤有机化合物的损失（如木质素），木质素成为土地利用变化中土壤向大气释放 CO_2 的来源。相反，土壤含氮化合物和脂肪族化合物相对含量大幅升高，显示土壤剖面有机质分子结构趋向复杂化。这种变化与植物 / 人为输入有机物的数量、化学组成密切相关。表土有机化合物组成对土地利用变化响应的敏感性高于底土，但底土有机化合物的变化也不容忽视。花岗岩红壤坡地利用和管理中，为维持和提升土壤有机质水平，不仅需要持续补充新鲜有机物的数量，更应注重投入有机质的化合物组成。有必要采取多种措施丰富土壤有机质的来源，如扩大地面草本覆盖（绿肥上山、园地盖草）、人为增施有机肥（秸秆还土）。

7.2.3　土壤颗粒有机碳库及其组成

　　SOC 库的化学结构和组成极其复杂。也是直到近年，人们才逐渐认识到 SOC 中受物理保护的那部分碳周转快、不稳定，在供肥和固碳上有重要作用，常用作土地利用变化后 SOC 早期变化的敏感"指示器"。

　　凭借温和的物理分组技术，从全土中可分离出与砂粒（粒径 53～2000μm）结合的土壤颗粒有机碳（POC），进一步可续分出粗颗粒态有机碳（CPOC：250～2000μm）和细颗粒态有机碳（FPOC：53～250μm）组分。目前，有关土壤 POC 研究主要集中于浅层表土的全量分析。也有研究表明，表土 CPOC 和 FPOC 结合的矿质土粒的矿物组成、团聚体保护能力及其对侵蚀、施肥、开垦等管理措施的响应存在明显差异。然而，深层底土 POC 及其组分的分布及对土地利用方式的响应有待深入了解。据报道，免耕能提高底土 POC 含量，深松和秸秆还田能使 10～20cm 土壤 POC 含量分别提高 3% 和 7%。植被也显著影响底土 POC 含量，C_4 植物比 C_3 植物更利于底土 POC 的积累。

1. 土壤颗粒有机碳及其组分的数量和分布

4 种 土 地 利 用 方 式 的 土 壤 POC 含 量 为 0.25～1.59g/kg，POC 储量 为 5.46～7.17t/hm²，以表土最高，随剖面加深迅速降低（图 7-10）。土壤 POC 储量以天然林最高（7.17t/hm²），其次为杉木人工林（6.24t/hm²），板栗园和坡耕地相对最低（5.57t/hm² 和 5.46t/hm²）。天然林改变为其他土地利用方式后，表土 POC 储量显著降低（15%～38%），以改变为坡耕地后降幅最大，改变为杉木人工林降幅最小。从剖面上看，天然林改变为其他土地利用方式后，仅仅 0～40cm 表层土壤 POC 储量显著降低。底土贮存了 59%～67% 的 POC 储量，但土地利用变化并未显著影响底土 POC 储量。

土壤 CPOC 和 FPOC 含量分别为 0.10～0.74g/kg 和 0.10～0.84g/kg，亦随剖面加深迅速降低（图 7-10）。土壤 CPOC 和 FPOC 储量相近，分别为 0.23～1.39t/hm² 和 0.24～1.57t/hm²。天然林转变其他土地利用方式，土壤 CPOC 储量未发生显著变化；然而，天然林改为板栗园和坡耕地后，FPOC 储量大幅降低（29%～38%），且主要发生在 0～40cm 表土层。底土 POC 中，FPOC 储量所占比例（58%～72%）略高于 CPOC（54%～63%）。天然林转变后，在某些底土层次 CPOC 和 FPOC 储量有升高的趋势。

2. 土壤粗颗粒和细颗粒有机碳占总颗粒有机碳的比例

4 种 土 地 利 用 方 式 土 壤 CPOC/POC 和 FPOC/POC 分 别 为 31.3%～66.1% 和 33.9%～65.6%（表 7-4）。随剖面加深，CPOC/POC 在某些深层底土降低，但 FPOC/POC 则有升高现象。从表土看，天然林土壤 POC 中以 FPOC 为主（52.8%），而杉木人工林、板栗园和坡耕地皆以 CPOC 为主（50.5%、59.8% 和 61.7%）。天然林改为其他土地利用方式后，表土 CPOC/POC 升高 3.8～15 个百分点，而 FPOC/POC 降低 3.3～14.5 个百分点。从底土看，天然林和板栗园土壤 CPOC/POC 和 FPOC/POC 的比例相近，但杉木人工林以 FPOC 为主（58.4%），坡耕地以 CPOC 为主（56%）。

表 7-4　不同土地利用方式土壤 CPOC 和 FPOC 占 POC 的比例

土层（cm）	CPOC/POC（%）				FPOC/POC（%）			
	天然林	杉木人工林	板栗园	坡耕地	天然林	杉木人工林	板栗园	坡耕地
0～20	46.7	50.5	59.8	61.7	52.8	49.5	40.2	38.3
20～40	42.3	45.4	49.3	61.3	57.7	54.6	50.7	38.7
40～60	59.3	35.9	48.8	66.1	40.7	61.0	51.2	33.9
60～80	60.3	38.9	50.2	46.4	39.7	61.1	49.8	53.6
80～100	39.6	31.3	49.0	44.4	60.4	65.6	51.0	55.6
平均值	49.6	40.4	51.4	56.0	50.3	58.4	48.6	44.0

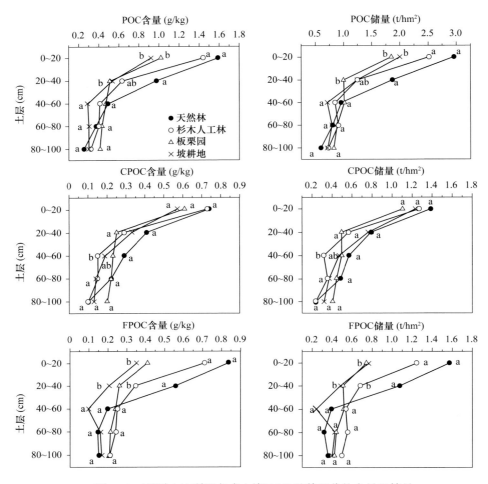

图 7-10　不同土地利用方式土壤 POC 及其组分的含量和储量

不同小写字母表示不同方式同一土层间差异显著（$P<0.05$）

3. 土壤颗粒有机碳及其组分对土地利用变化响应的敏感度

POC 及其组分对土地利用变化响应的敏感程度不同（图 7-11）。从剖面看，POC 的敏感性指数（SI 值）为 $-46\%\sim39\%$，以天然林改为板栗园后，POC 的 SI 值变幅最大（$-46\%\sim40\%$），改为杉木人工林 SI 值变幅最小（$-33\%\sim13\%$）。CPOC 和 FPOC 的 SI 值分别为 $-55\%\sim72\%$ 和 $-55\%\sim74\%$。FPOC 的 SI 值高于 POC，说明 FPOC 对土地利用变化的响应比 SOC 更敏感，可以较好地指示土壤剖面 POC 的变化。

表土和底土对土地利用变化响应的敏感度甚至可能相反。表土 POC 及其组分的 SI 值均为负值，而 40cm 以下底土的 SI 值大多为正值。从剖面看，FPOC 的 SI 值均高于 CPOC，在 $40\sim80$cm 底土层尤为明显，说明 FPOC 更能代表 POC 储量的变化。

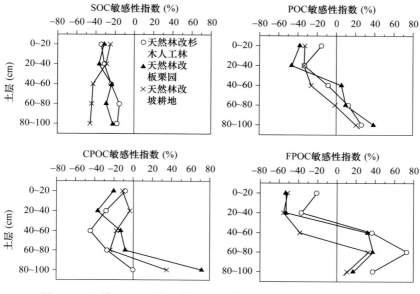

图 7-11　土壤 POC 及其组分对土地利用变化响应的敏感性指数（SI）

4. 土壤颗粒有机碳及其组分与土壤有机碳的关系

4 种土地利用方式土壤 POC/SOC 为 5.9%～7.6%，剖面均值以坡耕地最高（7.6%），天然林相对最低（5.9%）（表 7-5）。天然林和杉木人工林 POC/SOC 在 40cm 以下深层土壤中迅速降低，但板栗园和坡耕地土壤剖面上的 POC/SOC 差别不大。天然林改为板栗园和坡耕地后，<40cm 土层内 POC/SOC 比例降低，但天然林改为杉木人工林表土的 POC/SOC 存在升高现象。从底土看，天然林转变后，POC/SOC 升高。

表 7-5　不同土地利用方式土壤颗粒有机碳占总有机碳的比例

土层（cm）	POC/SOC（%）			
	天然林	杉木人工林	板栗园	坡耕地
0～20	8.3	10.8	7.6	7.5
20～40	8.2	8.0	7.0	7.8
40～60	5.0	6.0	6.8	6.5
60～80	4.3	5.7	6.7	7.7
80～100	3.8	5.8	6.8	8.5
平均值	5.9	7.3	7.0	7.6

回归分析表明，POC 含量、CPOC 含量和 FPOC 含量均与 SOC 含量呈极显著正相关关系，R^2 为 0.49～0.63（图 7-12）。协方差分析表明，SOC 含量与 CPOC 含量和 FPOC 含量的线性回归方程差异显著。

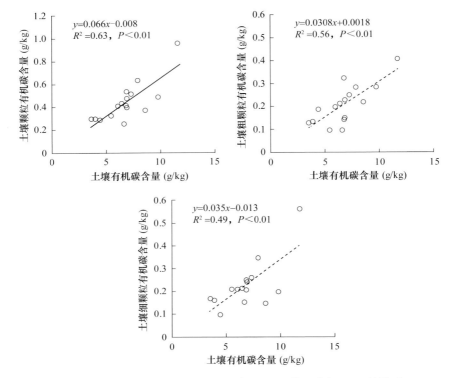

图 7-12　不同土地利用方式土壤 POC 及其组分与 SOC 的关系

许多研究表明，表土中与砂粒结合的那部分碳不稳定，对土地利用变化的响应更为敏感，可用作 SOC 缓慢变化的"指示器"（Wander et al.，1998；Deng et al.，2009）。然而，本研究中天然林转变后，表土 POC 不能敏感地指示 SOC 的变化，主要与 CPOC 对土地利用变化响应不敏感有关。相反，表土 FPOC 在土地转变后显著降低。热带次生林转变为甘蔗地 35 年和 56 年后，砖红壤 0～1m 深土层 CPOC 含量均未有显著变化，但 0～40cm 表土 FPOC 含量显著降低 29%～38%；进一步的 ^{13}C 同位素分析表明，与粗砂相结合的 CPOC 主要源自老龄的森林 SOC，表明粗砂粒对植物残体形成的新碳的吸存能力较弱（Deng et al.，2009）。研究表明，不同母质发育的土壤，FPOC 更能代表 POC 的变化（邱牡丹等，2014）。然而，也有研究报道，自然黑土经开垦耕作，0～30cm 表土 POC 损失主要源自 CPOC 的降低（梁爱珍等，2010）。

土地利用变化后，表土 POC 和 FPOC 储量大幅降低的原因有三：首先，天然林改为杉木人工林、板栗园和坡耕地后，新鲜有机物输入减少，SOC 储量大幅降低（Sheng et al.，2015）。本研究中，POC 及其组分的含量与 SOC 含量呈显著正相关，说明 SOC 减少是引起 POC 及其组分储量下降的关键因素之一。其次，天然林转换后，频繁的耕作、除草、松土等人为管理措施，极易破坏土壤团聚体结构，加快被物理保护的有机碳的矿化损失（Franzluebbers and Arshad，1997；Huggins et al.，2007）。最后，天然林改为其他土地利用方式后，植被覆盖度降低，加上花岗岩红壤质地粗，抗蚀性差，强烈的暴雨极易造成严重的水土流失，甚至底土出露。细砂粒结合的有机碳颗粒细，密度小，更容易遭受水蚀作用而优先损失（Austin and Vivanco，2006；Fonseca et al.，2006）。

目前，有关底土 SOC 及其组分的储量对土地利用变化响应的研究较少。本研究中，POC 及其组分对土地利用变化响应的敏感度指标 SI 值在表土和 40cm 以下底土向相反方向变化。据报道，土地利用方式对黑土、红壤、黄土 SOC 的影响可深达 1m 甚至以下（张帅等，2015；Sheng et al.，2015）。Loss 等（2012）发现免耕和农牧复合生产方式对 20～40cm 底土 SOC 储量没有影响，但农牧复合方式显著提高底土 POC 储量，而引入的 C_4 植物比 C_3 植物的根系输入碳更利于 POC 累积是可能原因之一（Loss et al.，2012）。也有研究报道，母质和淋溶侵蚀显著影响 40cm 以下底土 POC 及其组分的储量（邱牡丹等，2014；魏亮等，2016）。在土层深厚的黄土高原，天然林改为农田后，60cm 以下底土的易氧化有机碳含量和微生物生物量碳含量均显著降低（张帅等，2015）。由此看来，土地利用方式不仅影响底土 SOC 数量和组成，甚至有可能改变其响应方向。

土地利用变化强烈影响 POC 在 SOC 中的分配比例，但也有研究报道，施肥管理措施并不影响土壤 POC/SOC（Franzluebbers and Arshad，1997）。在剖面上，黄土底土 CPOC/POC 低于表土（刘梦云等，2010），本研究也发现类似现象。在温带阔叶林下，发现 CPOC/POC 在表土和深层底土较高，而在剖面中部降低，可能与土壤剖面的根系碳输入差异有关（尚瑶等，2014）。

因此，在湘东丘陵区，天然常绿阔叶林大多已改为人工林、果园和坡耕地。这种大面积的土地利用变化不仅显著降低土壤中与砂粒结合的 POC 储量，也改变了土壤剖面上 CPOC 和 FPOC 占 POC 的分配比例。尽管土壤中与砂粒结合的 POC 储量显著降低，但并不及 SOC 储量敏感。POC 经进一步续分后，其与粗砂粒结合的 CPOC 储量对土地利用变化的响应也不敏感，掩盖了 POC 储量对土地利用变化响应的敏感度。相反，在 0～40cm 土层，POC 中与细砂粒结合的 FPOC 储量对土地利用变化的响应非常敏感，可以很好地代表 SOC 的变化，故可用作土地利用过程中 SOC 缓慢变化的"指示器"。由此看来，有必要区别看待 POC 及其组分对土地利用变化响应的敏感度。

7.2.4 土壤溶解性有机质数量和组成

溶解性有机质（DOM）是土壤、沉积物中活跃的有机组分，不仅供应微生物食物网所需养分和能量，也在土体发育、污染物迁移、有害紫外线吸收和温室气体产生上起着重要作用（Kaiser and Kalbitz，2012）。土壤 DOM 主要来源于新进入土壤的植物光合产物（如凋落物和根际沉积物）和腐殖质化的有机质，它的来源、数量和组成受土地利用活动的强烈影响（代静玉等，2004；Wang et al.，2013）。研究表明，表土 DOM 含量和结构对土地利用变化的响应高度敏感（Wang et al.，2013；Wu et al.，2010），但有关底土 DOM 的贮量和化学组成对土地利用的响应仍有待深入探索。

尽管 DOM 常用溶解性有机碳（DOC）来表征，但 DOM 的化学组成结构复杂，除少量低分子量有机化合物可直接分离、纯化和化学检测外，大量高分子量有机化合物（如腐殖物质、酶）结构仍不能确定（Stevenson，1994；盛浩等，2015a，2015b）。新兴的光谱技术（如紫外－可见光谱、荧光光谱和红外光谱）具有成本低、信息量丰富、不破坏天然有机物结构的优点，成功应用于诊断 DOM 的来源、官能团组成和宏观化学特性（刘鑫等，2016；Fernández-Romero et al.，2016；盛浩等，2017）。有研究表明，DOM 光谱曲线形状、特定峰值、特征值对土地利用变化的响应敏感，对人为干扰后植被、土壤有机质的变化具有生态指示意义（Kalbitz，2001；代静玉等，2004；宋迪思等，2015，2016）。与表土相比，底土 DOM 具有更高的溶解度（蒋友如等，2014），以分子结构较简单的碳水化合物、脂肪类有机物为主（Corvasce et al.，2006；Bi et al.，2013），而植被类型（Bu et al.，2010）、人工收获（Strahm et al.，2009）、施有机肥（Daouk et al.，2015）和强烈耕作（Traversa et al.，2014）显著影响底土 DOM 的宏观化学结构和特定官能团的数量。多种光谱技术的引入有助于全面了解土地利用变化后土壤剖面 DOM 组成结构的变化趋势。

近 30 年来，南方红壤丘陵区土地利用集约度日益提高，农林用地互转强烈（刘纪远等，2014）。常绿阔叶林作为本区的地带性植被，是生物多样性最高的生物群区之一；然而，原生的地带性植被日益萎缩，经济效益更为突出的人工植被迅速扩增。这种大面积、快速的原生植被损失和土地转换已导致严重的水土流失、土壤剖面有机质降低和土壤生产力低下等一系列土壤质量问题（Jiang et al.，2010；Sheng et al.，2015），而相关的土壤有机质性状变化和机理仍有待深入研究。因此，通过选取中亚热带丘陵区同一景观单元下的天然林及由此转变而来的杉木人工林、板栗园和坡耕地，研究土地利用变化对 1m 深土壤剖面上 DOM 数量和光谱特征的影响，试图揭示土地利用变化后底土（0.2～1m）DOM 数量和化学组成的变化趋势，为区域土壤有机质动态预测和土地利用方式的科学调整提供参考。

1. 不同土地利用方式土壤 DOC 含量和密度

土地利用变化强烈影响土壤 DOC 含量和密度的剖面分布特征（图 7-13）。随剖面加深，天然林和板栗园土壤 DOC 含量和密度在 20～40cm 的淀积层（AB、B 层）升高，但杉木人工林 DOC 含量和密度明显降低，在 40～60cm 的淀积层降至最低值，直至 60～100cm 的 BC 层才有所升高，以 6 月最为明显。坡耕地 1 月冬闲时，DOC 含量和密度在土壤剖面上的变化不大，但 6 月作物生长期间，底土 DOC 含量和密度升高，可能与耕种、施肥、降雨淋溶作用挟带 DOC 在耕层以下土壤中淀积有关。

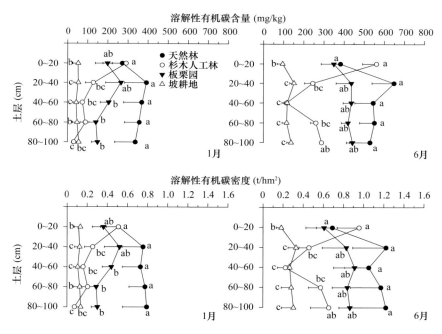

图 7-13　不同土地利用方式土壤 DOC 含量和密度的垂直分布

不同小写字母表示不同方式同一土层间差异显著（$P<0.05$）。图中数据为平均值 ± 标准差（$n=3$）

4 种土地利用方式下，DOC 主要贮存在底土（20～100cm）中，占 1m 深剖面 DOC 总量的 58%～87%，这主要与底土层深厚（80cm）有关。若按相同的土层深度（如 20cm）来比较，表土中仍富含 DOC。底土 DOC 密度对土地利用变化的响应更为敏感。天然林改为杉木人工林后，表土 DOC 密度并未显著降低，但底土 DOC 密度显著降低 58%～77%。天然林改为板栗园后，表土和底土 DOC 密度分别降低 12%～29% 和 26%～41%，改为坡耕地后表土和底土 DOC 密度降幅更大，分别降低 71%～78% 和 73%～83%。

就 1m 深土壤剖面而言，天然林改为其他利用方式后，DOC 密度显著降低 24%～83%，以改为坡耕地的降幅最大（73%～83%），改为板栗园的降幅最小（24%～46%）（图 7-13）。季节显著影响土壤 DOC 密度，夏季土壤 DOC 密度高于冬季。在不同季节，土地利用变化一致性地降低了土壤 DOC 密度，其中冬季的降幅（46%～83%，平均 65%）高于夏季（24%～73%，平均 47%）。

天然林地改为农用地后，表土有机质数量和质量在数年内普遍表现为大幅降低的趋势，以 DOC 的降幅更大（Chantigny，2003；Sheng et al., 2015）。然而，底土 DOC 数量对土地利用变化的响应则较为复杂。人们通常认为，耕层/表土层以下底土受人为干扰少，底土 DOC 对土地利用变化的响应不敏感（Kalbitz，2001；Zhang et al., 2006；Liu et al., 2015）。但也有研究表明，北方的湿地改为林地、农田后，显著提升 0.2～1m 深度底土 DOC 的吸存量（霍莉莉等，2013）。本研究中，天然林地改为其他利用方式后，底土 DOC 损失量高出表土，反映底土 DOC 对土地利用变化的高度敏感性。这种敏感性在冬季更为凸显（图 7-13），可能的原因之一是冬季温度低、降雨少，凋落物淋溶和微生物活性低，底土 DOC 输入量减少（马志良等，2015）。

底土 DOC 大量损失的原因主要有以下 3 个方面：①天然林改为人工林、果园和坡耕地后，表土细根生物量占剖面的比例升高，底土细根生物量的降幅超出表土（Sheng et al.，2015），源于细根根际沉积的底土 DOC 数量随之减少（Hafner et al.，2014）。②亚热带湿润多雨，土体淋溶作用强烈。地被层、表土 DOC 淋溶是底土 DOC 的重要来源。天然林经皆伐、火烧后，清除采伐剩余物和枯枝落叶，减少表土层流向底土层的 DOC 通量，促进底土层 DOC 的淋出（Strahm et al.，2009）。土地利用变化后，有限的地上枯枝落叶、植物新鲜残体输入主要补充表土 DOC 损失；此外，果园和坡耕地日常管理中在地表施用一定量的有机肥，主要也是补充表土中损失的部分 DOC。③一些土壤的结构破碎后，底土中有机质的溶解度高于表土（蒋友如等，2014；Zhang et al.，2006）。天然林转换后的连续耕作（果园和坡耕地），将部分底土和表土混合、翻转，底土 DOC 被挟带至表土，随径流而流失。

2. 土壤 DOM 的紫外吸收光谱特征

天然林转变为其他利用方式后，表土 DOM 的 E_{254} 值普遍降低，降幅为 18%～69%（表 7-6）。但表土 DOM 的 E_{280}、AI 值对土地利用变化的响应不一，其中 E_{280} 表现为天然林改为杉木人工林后升高 33%，改为板栗园后基本没变化，而改为坡耕地后降低 47%；AI 值表现为天然林改为板栗园后升高 127%，改为杉木人工林和坡耕地后分别降低 37% 和 61%。相反，土地利用变化后，底土 DOM 的 E_{254}、E_{280} 和 AI 值均呈普遍升高的趋势，特别是天然林改为杉木人工林和板栗园后的升幅更大（表 7-6）。

表 7-6　不同土地利用方式土壤 DOM 的紫外和荧光光谱学特征值

土地利用方式	土层（cm）	E_{254}	E_{280}	AI	HIX_{em}	F_{eff}	F_{max}
天然林	0～20	0.673±0.024a	0.404±0.032a	0.79±0.21a	2.32±0.13a	84.7±28.4a	362
	20～40	0.289±0.019b	0.224±0.012b	0.21±0.08b	1.81±0.08a	75.7±21.0ab	358
	40～60	0.195±0.018c	0.102±0.008c	0.17±0.05bc	1.65±0.16a	132.0±38.6a	359
	60～80	0.135±0.011c	0.125±0.012c	0.12±0.07c	2.27±0.15a	59.2±16.1b	361
	80～100	0.136±0.017c	0.141±0.013c	0.11±0.05c	2.11±0.10a	99.0±30.2a	360
杉木人工林	0～20	0.550±0.011a	0.539±0.071a	0.50±0.14a	4.80±0.21a	53.0±12.6ab	440
	20～40	0.322±0.015b	0.411±0.038b	0.67±0.13a	5.02±0.32a	25.1±8.0b	442
	40～60	0.086±0.021d	0.110±0.013c	0.33±0.10b	1.94±0.19b	73.5±25.1a	363
	60～80	0.153±0.012c	0.138±0.028c	0.27±0.11b	1.29±0.16b	66.9±15.4a	356
	80～100	0.039±0.018d	0.183±0.026c	0.18±0.06b	2.12±0.13b	55.4±18.3ab	364
板栗园	0～20	0.353±0.012b	0.428±0.045b	1.79±0.64a	2.62±0.18b	28.0±9.5b	366
	20～40	0.342±0.008b	0.412±0.027b	1.15±0.37a	2.48±0.15b	75.1±18.6a	359
	40～60	0.366±0.022b	0.443±0.023b	1.53±0.46a	3.14±0.31b	38.3±16.3ab	439
	60～80	0.453±0.019a	0.512±0.035a	1.88±0.58a	5.23±0.38a	79.4±22.5a	448
	80～100	0.487±0.057a	0.529±0.034a	2.03±0.70a	6.38±0.53a	33.8±10.9b	440
坡耕地	0～20	0.207±0.054a	0.213±0.057a	0.31±0.18a	1.82±0.18ab	97.4±24.8a	357
	20～40	0.113±0.015b	0.194±0.013a	0.18±0.06ab	2.04±0.11a	108.7±28.3a	362
	40～60	0.202±0.028a	0.076±0.018b	0.33±0.12a	1.67±0.08ab	151.9±41.1a	359
	60～80	0.082±0.017c	0.068±0.017b	0.11±0.05b	1.69±0.21ab	118.9±28.4a	363
	80～100	0.074±0.015c	0.100±0.020b	0.10±0.05b	1.45±0.10b	112.0±36.6a	355

注：不同小写字母表示不同方式同一土层间差异显著（$P<0.05$）

3. 土壤 DOM 的荧光光谱特征

从荧光发射光谱看，天然林土壤 DOM 在表征类蛋白荧光基团的 360nm 波长附近出现最大波峰，在表征木质素类基团的 440nm 附近仅出现微弱的峰值（图 7-14）。天然林改为杉木人工林后，0～40cm 土层 $\lambda_{max(em)}$ 向长波方向移动（红移），360nm 波长附近的峰面积降低，440nm 波长附近的峰面积升高；天然林改为板栗园后，类似的变化主要发生在 60～100cm 的底土；而天然林改为坡耕地后，土壤 DOM 的荧光发射光谱未有明显变化（图 7-14）。

天然林改为杉木人工林后，表土 DOM 的 HIX_{em} 值大幅升高 107%，但改为坡耕地后降低 22%。天然林改为其他土地利用方式后，在 A 层以下的底土层，HIX_{em} 值有升高的现象，特别是改为板栗园最为明显（表 7-6）。

从荧光同步光谱看，天然林表土 DOM 在 254～275nm 和 330～350nm 激发

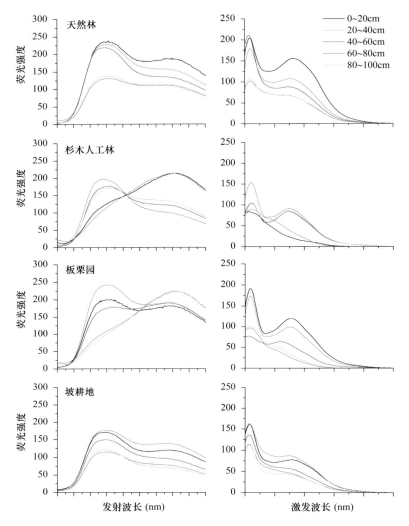

图 7-14　不同土地利用方式土壤 DOM 的荧光发射（左）和荧光同步（右）光谱图

波长处的特征峰面积最大，二者分别表征类蛋白质荧光基团和芳香脂肪族荧光基团（图 7-14）。天然林改为其他土地利用方式后，表土 DOM 的特征峰面积降低，特别是改为杉木人工林后，330～350nm 处的特征峰消失。但是，天然林改为杉木人工林后，60～100cm 底土 DOM 在 300～350nm 处的峰面积未有降低。天然林改为板栗园后，底土 DOM 在 254～275nm 处的峰面积升高，但 330～350nm 处的吸收峰消失（60～100cm）。

土地利用变化后，植被和管理方式转变，植物和人工施肥输入土壤的 DOM 数量和质量强烈影响表土 DOM 的宏观化学结构。在土壤剖面上，天然林表土 DOM 的芳香度和腐殖质化度最高，这与许多研究结果一致（Corvasce et al., 2006；Bi et al., 2013；Traversa et al., 2014）。但 3 种光谱的综合分析表明，天然林改为杉木人工林后，表土 DOM 的结构更为复杂：表征苯及其化合物的紫外吸收值（E_{280}）升高，腐殖质化度（HIX_{em}）提高，荧光发射光谱中 $\lambda_{max(em)}$ 向长波的红外光方向移动，出现"红移"现象，结构简单的类蛋白荧光基团、碳水化合物和有机态硅化物的吸光度大幅降低（图 7-14），芳香脂肪族荧光基团吸收值降低，但结构复杂的酚类、木质素基团吸收值则大幅升高（图 7-14）。这主要是杉木凋落物和根的木质素含量高、养分含量低，分解缓慢（高 C/N），分解过程中积累大量难分解的木质素、蜡质、单宁和酮、醛类所致（Yang et al., 2004；Huang et al., 2005；Lin et al., 2011）。据报道，从杉木凋落物中淋洗出的 DOM 的腐殖质化程度和分子聚合度均高于毗邻的天然林（杨玉盛等，2004）。

相反，天然林改为板栗园后，表土 DOM 的宏观化学结构变化不大。板栗凋落物和细根的难分解成分少、养分含量高，易分解（Zhang et al., 2006），分解过程可释放大量结构简单的活性物质（如类蛋白物质、碳水化合物）进入表土，从而补充甚至替代因土地利用变化损失的活性 DOM 组分（Hulatt et al., 2014）。研究显示，锥栗林 0～10cm 的表土 DOM 中含有更多结构简单、易垂直向下迁移的活性物质（刘勇等，2015）。天然林改为坡耕地后，表土 DOM 的化学结构呈简单化的趋势：紫外和荧光特征值降低，$\lambda_{max(em)}$ 向短波的紫外光方向移动，出现"紫移"现象，碳水化合物吸收峰较高。坡耕地在蔬菜生产中，人工施有机肥为表土输入新鲜 DOM，而撂荒年份地面草本生长茂密，也为表土带入大量新鲜 DOM。

4. 土壤 DOM 的红外吸收光谱特征

表土和 80～100cm 深度的底土 DOM 红外吸收曲线的特征峰大体类似，含有羟基 O—H（3692cm^{-1}、3400cm^{-1}）、脂肪族烷烃 C—H（2946cm^{-1}、2895cm^{-1}）、芳香类 C=C 双键、羧酸盐（1628～1632cm^{-1}）、脂肪族和甲基 CH$_3$（1400cm^{-1}、1385cm^{-1}）、硅氧、碳水化合物（1032～1200cm^{-1}）、烯烃 CH$_2$—（910cm^{-1} 和 694cm^{-1}），以羟基、芳香类、脂肪族、碳水化合物为主（图 7-15）。但杉木林在

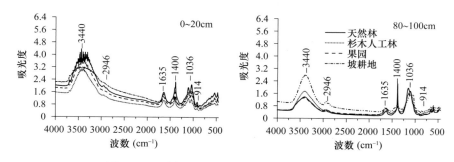

图 7-15 不同土地利用方式土壤 DOM 的红外光谱

$1270cm^{-1}$ 处有一独有尖峰突起,存在明显的 C—N 和酚类 C—O 伸缩振动。与表土相比,底土 DOM 中含有更高比例的碳水化合物、有机态硅化物和醇、酚类,而芳香类、烷烃类和烯烃类的化学抗性物质的相对比例则更低。

天然林改为其他利用方式后,除了天然林改为坡耕地,其表土烷烃类化合物升高9%。其他利用方式表土 DOM 特征峰的吸光度降低,以改为杉木人工林的降幅最大(表7-7)。醇酚类、芳香类、烷烃类、烯烃类、碳水化合物和有机态硅化物分别降低 19%~37%、7%~32%、13%~30%、15%~41%、19%~44% 和13%~47%,平均分别降低29%、18%、22%、25%、28% 和25%,以芳香类降幅最小,碳水化合物和酚醇类的降幅相对较大。

表 7-7 不同土地利用方式下 DOM 红外吸收特征峰的吸光度

土层（cm）	土地利用方式	化学抗性物质				碳水化合物	有机态硅化物
		醇、酚类	芳香类	烷烃类	烯烃类		
0~20	天然林	1.91	1.60	2.00	0.98	2.10	1.64
	杉木人工林	1.21	1.09	1.40	0.58	1.17	0.87
	板栗园	1.54	1.34	1.74	0.80	1.70	1.37
	坡耕地	1.34	1.49	2.18	0.83	1.63	1.42
80~100	天然林	2.27	0.53	0.50	0.28	1.99	1.98
	杉木人工林	1.20	0.69	0.58	0.37	1.78	1.67
	板栗园	0.86	0.68	0.58	0.35	1.64	1.55
	坡耕地	1.42	0.74	1.09	0.57	1.77	1.59

相反,天然林改为其他土地利用方式后,80~100cm 底土 DOM 中表征化学抗性物质特征峰的吸光度大幅升高(酚醇类除外),芳香类、烷烃类和烯烃类分别升高28%~39%、16%~118% 和25%~104%,平均分别升高32%、50% 和54%。酚醇类、碳水化合物和有机态硅化物则分别降低37%~62%、11%~18% 和16%~22%,平均分别降低49%、13% 和19%,以碳水化合物的降幅最小。

底土 DOM 化学结构对土地利用变化的响应高度敏感。土地利用变化后,底土 E_{254}、E_{280} 和 AI 值升幅高出表土,化学抗性物质(芳香类、烷烃类和烯烃类)的红外吸光度升高,底土 DOM 宏观化学结构更趋复杂。特别是天然林改为板栗园后,底土(60~100cm)DOM 中以木质素基团为主(图7-14),类蛋白基团、芳香脂肪族基团和碳水化合物均明显减少(表7-7)。土地利用变化后,底土 DOM 化学结构状况受输入和损失过程共同控制。天然林转换后,凋落物、细根和表土 DOM 的数量减少(图7-13),底土中 DOM 组成以微生物周转和有机质转化的产物为主(Kaiser and Kalbitz,2012),结构趋于复杂化。此外,天然林改为杉木人工林、板栗园后,深根分泌和周转向底土输入的 DOM 常比地上凋落物含有更高的木质素、酚类等难分解物质(刘文丹等,2014)。目前,底土 DOM 来源的相对贡献、通量和吸存机理仍有待充分研究。另外,土地利用变化后,年平均土温可升高 8℃，促进分解加速（盛浩等，2014），底土 DOM 中结构简单、易分解的成分迅速被微生物代谢或转化（Fröberg et al.，2007）。然而，天然林改为杉木人工林是个特例，底土（40～100cm）DOM 中以结构简单的类蛋白荧光基团为主，碳水化合物的红外吸光度也超出表土（表 7-7）。这可能与杉木人工林表土 DOM 中结构复杂的木质素基团不易移动，而结构简单的类蛋白基团、碳水化合物容易选择性向下迁移至底土积累有关（Corvasce et al.，2006）。

所选天然常绿阔叶林、杉木人工林、果园和坡耕地是红壤丘陵区典型的土地利用方式。天然林地土壤的 DOM 数量最为丰富，主要蓄积于底土，DOM 分子以结构相对简单的碳水化合物、类蛋白有机物为主。在天然林的底土有机质中，以 DOM 形式贮存了较高比例的结构简单的活性有机质。深厚的底土层是保育和稳定土壤有机质的重要场所。土地利用变化后，1m 深土壤剖面上的 DOM 显著损失，底土 DOM 损失量超出表土，反映底土 DOM 数量对人为干扰和植被变化的高度敏感性。

紫外、荧光光谱特征值指示天然林转换后，土壤 DOM 的宏观化学结构趋于复杂化。荧光、红外光谱的特征峰指示天然林转换后，DOM 荧光基团、官能团相对比例的变化。天然林转换后，土壤 DOM 中，化学抗性较低的碳水化合物、酚醇类物质的损失更大，以转为杉木人工林特别明显，反映土地利用变化后土壤有机质品质下降。观察到 80～100cm 底土 DOM 中，化学抗性物质（芳香类、烷烃类和烯烃类）出现积累的现象，以天然林转为坡耕地最为明显。

由此可见，DOM 光谱曲线形状、特定峰值、特征值对土地利用的响应敏感，对人为干扰后植被、土壤有机质的变化具有生态指示意义。因此，土地利用变化不仅导致底土 DOM 的损失，也显著降低了土壤有机质品质，长期上削弱底土碳库的稳定性和碳汇能力。

7.3 土壤生物对土地利用变化的响应

土壤生物包括植物根系、土壤微生物和土壤动物。土壤生物需要适宜的环境条件，外部的人为干扰（如土地利用方式变化）不仅会影响土壤生物的生物量，改变土壤生物代谢和多样性组成，甚至还可能带来土壤生物的基因突变。

7.3.1 植物细根生物量

土地利用变化强烈影响植被生物量和分布，长远上影响土壤碳储量和立地生产力。天然林 0～60cm 深细根生物量为 8.78t/hm²，改为杉木人工林后，细根生物量锐减到 3.23t/hm²，降幅高达 63.2%，改为板栗园后降低 49.9%，而改为坡耕地后细根生物量降到不足天然林的 2%（图 7-16）。土地利用变化后，细根生物量的降低主要集中在 0～40cm 土层，而 40cm 以下土层细根生物量已较为接近

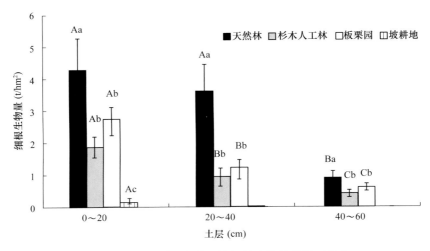

图 7-16　不同利用方式土壤细根生物量的剖面分布

不同小写字母表示不同方式同一土层间差异显著（$P<0.05$）

（坡耕地除外）。并且，土地利用变化后，细根生物量趋于向表土层集中，林地和果园 0～40cm 土层集中了 87.0%～89.7% 的细根生物量，而坡耕地 95.3% 的细根生物量分布在 0～20cm 土层。

　　细根约占 30% 的地下生物量和 40%～85% 的净初级生产力，它是地下碳输入的主要途径（Jackson et al.，1997）。天然林改为杉木人工林后，0～60cm 细根生物量大幅降低 50%，改为板栗园后降低 63%，而改为坡耕地后，细根生物量已不足天然林的 2%。本研究中土地利用变化后，细根生物量降幅高出土壤碳储量降幅（26%～36%），反映出细根生物量对土地利用变化的响应比土壤碳储量更为敏感。综合热带亚热带研究表明，天然林改为人工林后细根生物量降幅（39%±19%）低于天然林改园地、坡耕地的细根生物量的降幅（71%±19%）（表 7-8）。这很可能与干扰强度有关。据报道，尼泊尔热带森林经人工择伐后，细根生物量减少约 52%，而印度热带森林在中等和强烈人为干扰下，细根生物量锐减 36%～72%（Barbhuiya et al.，2012；Gautam and Mandal，2012）。天然林转变后，细根生物量明显向 0～40cm 表土层聚集。热带森林强烈干扰后改为农用地，亦有细根向表土层明显汇聚的现象（Pibumrung et al.，2008）。

表 7-8　热带亚热带天然林改为人工林地、园地和耕地对细根生物量的影响

地点	土地利用变化类型	土地利用年限（年）	细根生物量变化（%）
泰国南省（19°N）	热带天然林 - 人工林	—	−27%
中国福建省（27°N）	亚热带天然林 - 人工林	18	−49%
中国福建省（26°N）	亚热带天然林 - 人工林	33	−67%，−30%

续表

地点	土地利用变化类型	土地利用年限（年）	细根生物量变化（%）
中国湖南省（28°N）	亚热带天然林 - 人工林	7	−50%
印度西高止山（8°N）	热带天然林 - 柚木人工林	—	0
印度西高止山（8°N）	热带天然林 - 橡胶 / 马占相思 / 合欢人工林	—	−32%，−56%，−51%
墨西哥恰帕斯州（16°N～17°N）	天然云雾林 - 松林 / 松栎林	—	−32%
中国福建省（27°N）	亚热带天然林 - 柑橘园	18	−83%
中国湖南省（28°N）	亚热带天然林 - 板栗园	7	−63%
印度尼西亚苏拉威西岛（01°S）	热带天然林 - 可可园	—	−51%
泰国南省（19°N）	热带天然林 - 农用地	—	−93%
印度阿萨姆邦（27°N）	热带天然林 - 间歇撂荒耕地	—	−72%
印度西高止山（8°N）	热带天然林 - 农用地	—	−39%，−59%，−62%，−65%
墨西哥恰帕斯州（16°N～17°N）	天然云雾林 - 耕地	—	−90%
中国湖南省（28°N）	亚热带天然林 - 坡耕地	7	−98.8%

注："—"表示无法查证具体年限

土地利用变化后，细根生物量锐减并向表土层集中的现象，主要与强烈的人为干扰导致土壤生产力退化和植物状况转变有关。一方面，土地利用变化后，土壤理化性状劣化，土壤资源有效性大幅降低，致使细根生物量锐减。天然林转变后，表土层容重增加 7%～26%（表 7-9），减少了土壤孔隙度和通气孔隙数量及比例，而土壤通气状况、土壤呼吸和根系活性随之降低（Sheng et al., 2010）。加上土壤交换性酸量呈升高趋势（表 7-9），铝毒害可能增加，进而抑制植物细根生长。此外，土地利用变化后，土壤剖面碳储量降低 25%～34%，表土层养分指标全氮含量降低 4%～28%（表 7-9）。更有研究表明，本区天然林转换后，表土层水分显著减少（Sheng et al., 2010）。细根生物量与氮含量、水分密切相关，而养分、水分资源有效性的降低，是导致土地利用变化后细根生物量减少的重要原因之一。另一方面，天然林经皆伐、炼山后，改成人工林、板栗园和坡耕菜地后，在 1 年内前茬残留细根的分解损失量可高达 68%～80%，数年即可分解殆尽（Yang et al., 2003）。较之天然林，人工纯林、板栗园栽植、生长时间短（仅 7 年），林木幼小，根系尚未完全成熟，加上林分密度较低（表 7-9），林下灌木稀少，导致细根生物量锐减。杉木人工林、板栗园地面草本密度较高，坡耕地则以一年生作物为主，细根生物量集中在表土层。随着乔木的成熟，细根生物量将逐渐增加，土层分布也将逐渐加深（Yang et al., 2007）。树种也可能有显著影响。印度热带天然林改为柚木人工林后，细根生物量无明显变化，但改为橡胶、马占相思和合欢人工林后，细根生物量降低 32%～56%。由此看来，土壤资源有效性降低和植物生长状况变差直接导致细根生物量减少，反映出土地利用变化后立地生产力的降低。

表 7-9　不同利用方式样地基本特性和表层土壤（0～20cm）基本性状

变量	利用方式			
	天然林	杉木人工林	板栗园	坡耕地
利用年限（年）	>300	7	7	7
坡度（°）	30	28	20	20
林分密度（株/hm²）	2600	2300	1200	—
林木平均胸径（cm）	10.4	9.8	9.6	—
枯枝落叶层厚度（cm）	4.0	2.5	3.0	0.5
容重（g/cm³）	1.05	1.12	1.20	1.32
pH（KCl）	3.9	3.7	3.8	3.8
土壤有机碳储量（t/hm²）	35.7	23.4	24.4	26.6
土壤全氮（g/kg）	1.61	1.16	1.54	1.33

注："—"表示未检测

　　土地利用变化后，伴随着人工林、果树林下植被的生长和林龄的增加，细根生物量将逐渐恢复并达到新的平衡。细根生物量恢复到天然林水平更有赖于植物多样性和土壤资源有效性的恢复，但这是长期的过程。随着植物碳输入的增加和水土流失的减缓或控制，土壤碳储量也可能缓慢的恢复。据报道，人工林生长 5 年后，0～10cm 表土层有机碳仅恢复到初始水平的 85%（Guo et al.，2006）。天然林改为坡耕旱地后，更为强烈的干扰（频繁翻耕、浇溉）将使土壤有机碳降到更低的水平并达到新的平衡，而维持坡耕地的生产力唯有施用大量外源有机肥和化肥，以补充损失的有机质和养分。

7.3.2　土壤微生物生物量

　　土壤微生物量反映了土壤有机质腐殖质化和矿化能力，指示土壤肥力特征。在 1m 深的土壤剖面内，天然林、杉木人工林、板栗园和坡耕地的土壤 MBC 含量，分别为 40.3～539.71mg/kg、31.1～292.1mg/kg、24.7～183.2mg/kg 和 36.8～99.6mg/kg（图 7-17）。土壤 MBC 含量随着土层加深逐渐降低，在整个剖面的含量大小均为天然林＞杉木人工林＞板栗园＞坡耕地，这说明土壤受到的人为干扰越大，其 MBC 含量越小。

　　土地利用方式改变后，土壤的 MBC 含量普遍下降，以改为坡耕地后降幅最大。由图 7-17 看出，由天然林转变为杉木人工林、板栗园和坡耕地后，表土 MBC 含量分别降低 46%、66% 和 82%，在整个剖面中变化最大。表土 MBC 含量对土地利用方式的改变更加敏感。

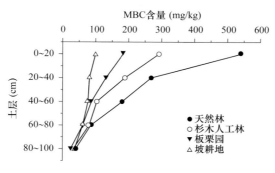

图 7-17　四种土地利用方式土壤 MBC 含量

7.3.3　土壤微生物区系

由表 7-10 可以看出，在湘东丘陵区，不同土地利用方式下土壤微生物种群的数量及组成明显不同。从土壤微生物类群的总数上看，由大到小的顺序为天然林＞坡耕地＞板栗园＞杉木人工林。由于天然林人为干扰较少，土壤有机质含量最高，土壤微生物类群的数量明显高于其他土地利用方式。此外，天然林改为其他土地利用方式后，人为耕作和施肥也可能增加外来土壤微生物类群的数量。

表 7-10　不同土地利用方式的土壤微生物种群数量　　（单位：×10⁴cfu/g）

土地利用方式	土层（cm）	真菌	细菌	放线菌	总数
天然林	0～20	2.25±0.79	124.80±22.50	88.70±16.38	215.75±52.57
	20～40	4.22±1.57	46.37±8.72	40.59±11.07	91.17±46.06
	40～60	2.95±1.36	48.38±18.93	30.62±7.14	81.94±57.42
	60～80	0.80±0.16	25.03±7.47	19.58±3.89	45.42±29.55
	80～100	0.21±0.01	25.99±3.88	30.95±5.63	57.15±32.44
杉木人工林	0～20	1.98±0.45	30.64±8.69	12.57±3.54	45.19±22.12
	20～40	1.65±0.15	25.68±9.49	11.70±1.46	39.01±16.47
	40～60	1.63±0.94	11.18±10.74	9.43±0.62	22.25±9.44
	60～80	0.45±0.23	17.91±0.38	11.11±2.28	29.47±13.74
	80～100	0.56±0.39	3.30±0.94	11.20±1.23	15.06±8.43
板栗园	0～20	1.79±0.79	88.98±3.40	39.82±4.97	130.60±33.06
	20～40	0.40±0.14	40.97±14.73	18.18±3.34	59.55±32.07
	40～60	0.43±0.00	29.21±9.17	14.24±3.68	43.89±22.30
	60～80	0.32±0.07	25.05±4.68	10.96±0.93	36.33±18.19
	80～100	0.16±0.06	7.23±0.93	19.57±14.24	26.97±20.38

续表

土地利用方式	土层（cm）	真菌	细菌	放线菌	总数
坡耕地	0～20	0.84±0.48	66.51±13.17	69.26±28.85	136.60±57.22
	20～40	0.52±0.44	44.73±9.49	30.11±8.59	75.35±30.50
	40～60	0.47±0.58	31.12±22.26	35.43±2.05	67.03±40.11
	60～80	0.49±0.42	38.91±6.38	39.32±15.29	78.71±36.12
	80～100	0.43±0.50	32.28±0.94	20.34±5.18	53.05±12.15

天然林改为其他土地利用方式后，表土真菌、细菌和放线菌数量均呈降低趋势。天然林改为杉木人工林、板栗园和坡耕地，表土真菌数量的降幅分别为12%、20%和63%。从土壤真菌的总数上看，由大到小的顺序为天然林＞杉木人工林＞板栗园＞坡耕地。杉木人工林的土壤真菌数量较高，可能与杉木根系伴生的菌根真菌有关。在天然林土壤剖面中，以20～40cm土层的真菌数量最高。

天然林改为杉木人工林、板栗园和坡耕地，表土细菌数量也明显下降，降幅分别为75%、29%和47%。土壤细菌总数表现为天然林＞坡耕地＞板栗园＞杉木人工林。坡耕地土壤细菌数量较高，也可能与坡耕地常施有机肥有关。随着土层加深，土壤细菌数量明显减少，反映底土细菌数量受环境因素的限制可能比真菌更为强烈。

天然林改为杉木人工林、板栗园和坡耕地，表土放线菌数量不同程度下降，降幅分别为86%、55%和22%。天然林改为坡耕地，土壤放线菌数量降幅最小，可能与坡耕地人工施有机肥增加放线菌数量有关。随着杉木人工林土层的加深，放线菌数量变化不大。

真菌和放线菌数量占土壤微生物总量的比例分别为0.4%～7.3%和27.8%～74.4%。除杉木人工林和板栗园80～100cm土层外，细菌数量占土壤微生物总量的比例为45.5%～69%，明显高于真菌和放线菌的所占比例。细菌是土壤微生物的主要类群，而且不同土地利用方式下土壤细菌的组成比例接近。

7.3.4　土壤微生物群落组成

磷脂脂肪酸是微生物细胞膜上的一种特殊的组分，通过测定磷脂脂肪酸的种类和质量分数，可准确反映土壤中微生物生物量和群落结构组成（王景燕等，2010）。本研究采用脂肪酸总量来表征土壤微生物的总生物量，发现0～20cm土壤微生物总生物量受土地利用方式影响差异显著。由表7-11可得，天然林PLFA总量为14.84nmol/g，略高于坡耕地（10.92nmol/g）和杉木人工林（10.03nmol/g），板栗园土壤脂肪酸总量最低，仅为4.76nmol/g。不同利用方式下，表征真菌、细菌和放线菌的PLFA量均以天然林最大，板栗园最小。这说明利用方式改变影响了土壤微生物群落结构，其中以细菌受到的影响最大，天然林改变后，杉木人工林、板栗园和坡耕地中细菌的含量分别降低了38%、73%和30%。土壤PLFA总量、革兰氏阳性菌（G⁺菌）、革兰氏阴性菌（G⁻菌）、放线菌和真菌分别减少了26%~68%、23%~81%、37%~65%、23%~78%和5%~22%。

类群各异的土壤微生物因生化途径不同，合成的磷脂脂肪酸类别多样，但部分磷脂脂肪酸总是出现在同一类群的土壤微生物中，而在其他的微生物类群很少出现。细菌细胞膜通常含有更多的脂肪酸，其中G⁺菌主要含有支链脂肪酸，G⁻菌主要含有—OH、C=C和环丙烷脂肪酸，放线菌特征性脂肪酸一般在离羧基端第十个碳原子有一个甲基支链，大多数放线菌含有 iso- 或 anteiso- 脂肪酸（毕明丽等，2010）；而真菌细胞膜含有更多的偶数和多烯脂肪酸，因此，可将这些特征性脂肪酸作为该微生物类群的生物标记物，指示其生物量和种群组成（王景燕等，2010）。

表 7-11　不同土地利用方式对表层土壤微生物群落结构的影响

类型	天然林		杉木人工林		板栗园		坡耕地	
	绝对含量（nmol/g）	相对含量（%）	绝对含量（nmol/g）	相对含量（%）	绝对含量（nmol/g）	相对含量（%）	绝对含量（nmol/g）	相对含量（%）
细菌	10.48	71	6.48	65	2.78	58	7.34	67
G⁺菌	5.58	38	3.63	36	1.08	23	4.27	39
G⁻菌	4.90	33	2.85	28	1.70	36	3.07	28
放线菌	2.53	17	1.82	18	0.56	12	1.96	18
真菌	1.83	12	1.73	17	1.42	30	1.62	15
PLFA 总量	14.84		10.03		4.76		10.92	

不同土地利用方式下，土壤细菌、G⁺菌、G⁻菌、放线菌和真菌生物量与微生物总生物量变化趋势大致相同，基本表现为天然林＞坡耕地＞杉木人工林＞板栗园。这指示G⁺菌的支链脂肪酸在天然林、杉木人工林和坡耕地中含量为3.63~5.58nmol/g，而G⁻菌的含量为2.85~4.90nmol/g，说明天然林、杉木人工林和坡耕地土壤中革兰氏阴性菌的数量略大于革兰氏阳性菌。板栗园土壤G⁺菌和G⁻菌的特征性脂肪酸含量分别为1.08nmol/g和1.70nmol/g，明显低于其他土地利用方式，与三者不同，板栗园土壤中以革兰氏阴性菌为主。同时，板栗园土壤放线菌PLFA含量（0.56nmol/g）也明显低于其他3类土地利用方式，天然林放线菌最高含量（2.53nmol/g）。4种土地利用方式土壤的真菌含量差异不大，天然林、杉木人工林、板栗园和坡耕地土壤真菌PLFA含量分别为1.83nmol/g、1.73nmol/g、1.42nmol/g和1.62nmol/g。

土壤微生物群落结构可以通过不同的微生物类群（如细菌、真菌和放线菌等）的生物量及其比例组成来描述。G⁺：G⁻的PLFA比值和真菌：细菌的PLFA比值（F：B）可以反映革兰氏阳性菌与革兰氏阴性菌、真菌与细菌相对生物量的变化范围和两个种群的相对丰富程度（邹雨坤等，2011）。由图7-18看出，天然林土壤F：B比值为0.17mol%，杉木人工林为0.27mol%，坡耕地为

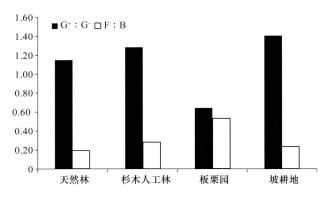

图 7-18　不同土地利用方式下土壤 F：B、G$^+$：G$^-$脂肪酸含量的比值

0.22～0.27mol%，板栗园明显高于其他三类土壤（0.54mol%）。板栗园土壤 G$^+$：G$^-$最低（0.64mol%），天然林、杉木人工林和坡耕地土壤 G$^+$：G$^-$比值无明显差异，分别为 1.14mol%、1.27mol% 和 1.39mol%。

对氯仿熏蒸法测定的微生物生物量与 PLFA 测定结果进行比较，发现两种方法测定结果变化规律一致，土地利用变化降低了土壤微生物量的积累量和保持能力。统计表明，MBC 与真菌、革兰氏阴性菌及土壤微生物量之间均呈显著相关性，说明 PLFA 分析方法和氯仿熏蒸法之间有很好的一致性，可用 MBC 快速且较为精准地估量土壤中细菌、真菌及整体的微生物量。通过对各菌群 PLFA 与土壤养分进行相关性分析表明（表 7-12），土壤细菌、G$^+$、G$^-$、放线菌和真菌的 PLFA 与土壤全钾、全氮、微生物生物量碳和溶解性有机质均呈正相关，与全磷无明显相关性。

表 7-12　PLFA 与土壤养分相关性分析

类型	全磷	全钾	全氮	微生物生物量碳	溶解性有机质
PLFA 总量	−0.901	−0.125	0.084	0.889	−0.019
细菌	−0.135	0.912	0.617	0.685	0.488
G$^+$	−0.040	0.959	0.580	0.590	0.553
G$^-$	−0.265	0.812	0.650	0.797	0.379
放线菌	−0.071	0.958	0.511	0.590	0.619
真菌	−0.386	0.820	0.282	0.758	0.735

参 考 文 献

毕明丽，宇万太，姜子绍. 2010. 利用 PLFA 方法研究不同土地利用方式对潮棕壤微生物群落结构的影响. 中国农业科学，43 (9)：1834-1842.

代静玉，秦淑平，周江敏. 2004. 土壤中溶解性有机质分组组分的结构特征研究. 土壤学报，41 (5)：721-727.

霍莉莉，邹元春，郭佳伟，等. 2013. 垦殖对湿地土壤有机碳垂直分布及可溶性有机碳截留的影响. 环境科学，34 (1)：283-287.

蒋友如，盛浩，王翠红，等. 2014. 湘东丘陵区 4 种林地深层土壤溶解性有机碳的数量和光谱特征. 亚热带资源与环境学报，9 (3)：61-67.

李洁，盛浩，周萍，等. 2013. 亚热带丘陵几种林地土壤剖面有机碳和轻组有机碳的分布. 土壤通报，44 (4)：851-857.

李静鹏，徐明锋，苏志尧，等. 2014. 不同植被恢复类型的土壤肥力质量评价. 生态学报，34 (9)：2297-2307.

梁爱珍，张晓平，杨学明，等. 2010. 黑土颗粒态有机碳与矿物结合态有机碳的变化研究. 土壤学报，47 (1)：153-158.

刘纪远，匡文慧，张增祥，等. 2014. 20 世纪 80 年代末以来中国土地利用变化的基本特征与空间格局. 地理学报，69 (1)：3-13.

刘梦云，常庆瑞，齐雁冰，等. 2010. 黄土台塬不同土地利用土壤有机碳与颗粒有机碳. 自然资源学报，25 (02)：218-226.

刘文丹，陶建平，张腾达，等. 2014. 中亚热带木本植物各器官凋落物分解特性. 生态学报，34 (17)：4850-4858.

刘鑫，窦森，李长龙，等. 2016. 开垦年限对稻田土壤腐殖质组成和胡敏酸结构特征的影响. 土壤学报，53 (1)：134-142.

刘翥，杨玉盛，朱锦懋，等. 2015. 中亚热带森林转换对土壤可溶性有机质数量与光谱学特征的影响. 生态学报，35 (19)：6288-6297.

陆文龙，曹一平，张福锁. 1999. 根分泌的有机酸对土壤磷和微量元素的活化作用. 应用生态学报，10 (3)：379-382.

马志良，高顺，杨万勤，等. 2015. 亚热带常绿阔叶林 6 个常见树种凋落叶在不同降雨期的分解特征. 生态学报，35 (22)：7553-7561.

潘博，段良霞，张凤，等. 2018. 红壤剖面土壤养分对土地利用变化响应的敏感性. 生态学杂志，37 (9)：2707-2716.

邱牡丹，盛浩，颜雄，等. 2014. 湘东丘陵 4 种林地深层土壤颗粒有机碳及其组分的分配特征. 农业现代化研究，35 (4)：493-499.

尚瑶，傅民杰，孙宇贺，等. 2014. 温带阔叶林土壤有机碳及其颗粒组分空间分布特征. 水土保持学报，28 (5)：176-181，301.

盛浩，李洁，周萍，等. 2015a. 土地利用变化对花岗岩红壤表土活性有机碳组分的影响. 生态环境学报，24 (7)：1098-1102.

盛浩，宋迪思，王翠红，等. 2015b. 土壤溶解性有机碳四种测定方法的对比和转换. 土壤，7 (6)：1049-1053.

盛浩，宋迪思，周萍，等. 2017. 土地利用变化对花岗岩红壤底土溶解性有机质数量和光谱特征的影响. 生态学报，37 (14)：4676-4685.

盛浩，周萍，李洁，等. 2014. 中亚热带山区深层土壤有机碳库对土地利用变化的响应. 生态学报，34 (23)：7004-7012.

宋迪思，盛浩，周萍，等. 2015. 土地利用变化对花岗岩红壤颗粒有机碳及其组分的影响. 亚热带资源与环境学报，10 (3)：25-32.

宋迪思，盛浩，周清，等. 2016. 不同母质发育土壤的中红外吸收光谱特征. 土壤通报，47 (1)：1-7.

王景燕，胡庭兴，龚伟，等. 2010. 川南坡地土壤颗粒分形特征、微生物和酶活性对退耕模式的响应. 林业科学研究，23 (5)：750-755.

魏亮，盛浩，潘博，等. 2016. 湘东丘陵区不同母质发育底土的土壤微生物商. 土壤与作物，5 (4)：255-260.

徐晋玲，朱志锋，黄传琴，等. 2014. 江汉平原不同利用方式下土壤有机质与黏粒矿物的交互作用. 矿物学报，34 (1)：47-52.

杨锋. 1989. 湖南土壤. 北京：农业出版社.

杨玉盛，林瑞余，李庭波，等. 2004. 森林凋落物淋溶中的溶解有机物与紫外－可见光谱特征. 热带亚热带植物学报，12 (2)：124-l28.

杨智杰，崔纪超，谢锦升，等. 2010. 中亚热带山区土地利用变化对土壤性质的影响. 地理科学，30 (3)：475-480.

张超，刘国彬，薛萐，等. 2013. 黄土丘陵区撂荒农耕地土壤有效态微量元素演变特征. 中国农业科学，46 (18)：3809-3817.

张帅，许明祥，张亚锋，等. 2015. 黄土丘陵区土地利用变化对深层土壤活性碳组分的影响. 环境科学，36 (2)：661-668.

周萍，潘根兴，Piccolo A，等. 2011. 南方典型水稻土长期试验下有机碳积累机制研究Ⅳ. 颗粒有机质热裂解 - 气相 - 质谱法分子结构初步表征. 土壤学报，48 (1)：112-124.

朱书法，刘丛强，陶发祥. 2005. δ^{13}C 方法在土壤有机质研究中的应用. 土壤学报，42 (3)：495-503.

邹雨坤，张静妮，杨殿林，等. 2011. 不同利用方式下羊草草原土壤生态系统微生物群落结构的 PLFA 分析. 草业学报，20 (4)：27-33.

Alfaia S S, Ribeiro G A, Nobre A D, et al. 2004. Evaluation of soil fertility in smallholder agroforestry systems and pastures in western Amazonia. Agriculture, Ecosystems and Environment, 102: 409-414.

Austin A T, Vivanco L. 2006. Plant litter decomposition in a semi-arid ecosystem controlled by photo degradation. Nature, 442 (7102): 555-558.

Ayele T, Ayana M, Tanto T, et al. 2014. Evaluating the status of micronutrients under irrigated and rainfed agricultural soils in Abaya Chamo Lake Basin, South-west Ethiopia. Journal of Scientific Research and Reviews, 3: 18-27.

Barbhuiya A R, Arunachalam A, Pandey H N, et al. 2012. Fine root dynamics in undisturbed and disturbed stands of a tropical wet evergreen forest in northeast India. Tropical Ecology, 53 (1): 69-79.

Bewket W, Stroosnijder L. 2003. Effects of agroecological land use succession on soil properties in Chemoga watershed, Blue Nile basin, Ethiopia. Geoderma, 111: 85-98.

Bi R, Lu Q, Yuan T, et al. 2013. Electrochemical and spectroscopic characteristics of dissolved organic matter in a forest soil profile. Journal of Environmental Sciences, 25 (10): 2093-2101.

Bu X L, Wang L M, Ma W B, et al. 2010. Spectroscopic characterization of hot-water extractable organic matter from soils under four different vegetation types along an elevation gradient in the Wuyi Mountains. Geoderma, 159: 139-146.

Buckman H O, Brady N C. 1960. The Nature and Properties of Soils. 6th ed. New York: Macmillan.

Chantigny M H. 2003. Dissolved and water-extractable organic matter in soils: a review on the influence of land use and management practices. Geoderma, 113 (3-4): 357-380.

Chimdi A, Gebrekidan H, Kibret K, et al. 2012. Status of selected physicochemical properties of soils under different land use systems of Western Oromia, Ethiopia. Journal of Biodiversity and Environmental Sciences, 2: 57-71.

Corvasce M, Zsolnay A, D'Orazio V, et al. 2006. Characterization of water extractable organic matter in a deep soil profile. Chemosphere, 62: 1583-1590.

da Silva Oliveira D M, Schellekens J, Cerri C E P. 2016. Molecular characterization of soil organic matter from native vegetation-pasture-sugarcane transitions in Brazil. Science of the Total Environment, 548-549: 450-462.

da Silva Oliveira D M D S, Paustian K, Cotrufo M F, et al. 2017. Assessing labile organic carbon in soils undergoing land use change in Brazil: a comparison of approaches. Ecological Indicators, 72: 411-419.

Daouk S, Hassouna M, Gueye-Girardet A, et al. 2015. UV/Vis characterization and fate of organic amendment fractions in a dune soil in Dakar, Senegal. Pedosphere, 25 (3): 372-385.

Deng W G, Wu W D, Wang H L, et al. 2009. Temporal dynamics of iron-rich, tropical soil organic carbon pools after land-use change from forest to sugarcane. Journal of Soils and Sediments, 9 (2): 112-120.

Desjardins T, Andreux F, Volkoff B, et al. 1994. Organic carbon and ^{13}C contents in soils and soil size-fractions, and their changes due to deforestation and pasture installation in eastern Amazonia. Geoderma, 61 (1-2): 103-118.

Devevre O, Garbaye J, Botton B. 1996. Release of complexing organic acids by rhizosphere fungi as a factor in Norwayspruce yellowing in acidic soils. Mycological Research, 100: 1367-1374.

Eneji A E, Agboola A, Aiyelari E A, et al. 2003. Soil physical and micronutrient changes following clearing of a tropical rainforest. Journal of Forest Research, 8: 215-219.

Feng X, Hills K M, Simpson A J, et al. 2011. The role of biodegradation and photo-oxidation in the transformation of terrigenous organic matter. Organic Geochemistry, 42: 262-274.

Fernández-Romero M L, Clark J M, Collins C D, et al. 2016. Evaluation of optical techniques for characterising soil organic matter quality in agricultural soils. Soil and Tillage Research, 155: 450-460.

Fonseca P C, Carneiro M, Moreira W, et al. 2006. Seasonal variation in the chemical composition of two tropical seaweeds. Bioresource Technology, 97 (18): 2402-2406.

Fontaine S, Barot S, Barré P, et al. 2007. Stability of organic carbon in deep soil layers controlled by fresh carbon supply. Nature, 450 (7167): 277-280.

Franzluebbers A J, Arshad M A. 1997. Particulate organic carbon content and potential mineralization as affected by tillage and texture. Soil Science Society of America Journal, 61 (5): 1382-1386.

Fröberg M, Jardine P M, Hanson P J, et al. 2007. Low dissolved organic carbon input from fresh litter to deep mineral soils. Soil Science Society of America Journal, 71: 347-354.

Gautam T P, Mandal T N. 2012. Effect of disturbance on fine root biomass in the tropical moist forest of eastern Nepal. Nepalese Journal of Biosciences, 2: 10-16.

Guggenberger G, Christensen B T, Zech W. 1994. Land-use effects on the composition of organic matter in particle-size separates of soil: I. Lignin and carbohydrate signature. European Journal of Soil Science, 45: 449-458.

Guo J F, Yang Y S, Chen G S, et al. 2006. Soil C and N pools in Chinese fir and evergreen broadleaf forests and their changes with slash burning in mid-subtropical China. Pedosphere, 16 (1): 56-63.

Guo L B, Gifford R M. 2002. Soil carbon stocks and land use change: a meta analysis. Global Change Biology, 8 (4): 345-360.

Hafner S, Wiesenberg G L B, Stolnikova E, et al. 2014. Spatial distribution and turnover of root-derived carbon in alfalfa rhizosphere depending on top- and subsoil properties and mycorrhization. Plant and Soil, 380: 101-115.

Harper R J, Tibbett M. 2013. The hidden organic carbon in deep mineral soils. Plant and Soil, 368 (1-2): 641-648.

He Z L, Yang X E, Baligar V C, et al. 2003. Microbiological and biochemical indexing systems for assessing quality of acid soils. Advances in Agronomy, 78: 89-138.

He Z Y. 1995. Influences of silvicultural measures on soil and water loss in young Chinese fir plantation. Journal of Soil and Water Conservation, 9 (2): 64-69.

Hertel D, Harteveld M A, Leuschner C. 2009. Conversion of a tropical forest into agroforest alters the fine root-related carbon flux to the soil. Soil Biology and Biochemistry, 41 (3): 481-490.

Huang Z Q, Xu Z H, Boyd S, et al. 2005. Chemical composition of decomposing stumps in successive rotation of Chinese fir [Cunninghamia lanceolata (Lamb.) Hook.] plantations. Chinese Science Bulletin, 50 (22): 2581-2586.

Huggins D R, Allmaras R R, Clapp C E, et al. 2007. Corn-soybean sequence and tillage effects on soil carbon dynamics and storage. Soil Science Society of America Journal, 2007, 71 (1): 145-154.

Hulatt C J, Kaartokallio H, Oinonen M, et al. 2014. Radiocarbon dating of fluvial organic matter reveals land-use impacts in boreal peatlands. Environmental Science and Technology, 48 (21): 12543-12551.

Jackson R B, Mooney H A, Schulze E D. 1997. A global budget for fine root biomass, surface area, and nutrient contents. Proceedings of the National Academy of Sciences of the United Stated of America, 94 (14): 7362-7366.

Jiang Y M, Chen C R, Liu Y Q, et al. 2010. Soil soluble organic carbon and nitrogen pools under mono- and mixed species forest ecosystems in subtropical China. Journal of Soil and Sediments, 10: 1071-1081.

Kaiser K, Kalbitz K. 2012. Cycling downwards-dissolved organic matter in soils. Soil Biology and Biochemistry, 52: 29-32.

Kalbitz K. 2001. Properties of organic matter in soil solution in a German fen area as dependent on land use and depth. Geoderma, 104: 203-214.

Kassa H, Dondeyne S, Poesen J, et al. 2017. Impact of deforestation on soil fertility, soil carbon and nitrogen stocks: the case of the Gacheb catchment in the White Nile Basin, Ethiopia. Agriculture, Ecosystems and Environment, 247: 273-282.

Kiem R, Kogel-Knabner I. 2003. Contribution of lignin and polysaccharides to the refractory carbon pool in C-depleted arable soils. Soil Biology and Biochemistry, 35: 101-118.

Le Quéré C, Andres R J, Boden T, et al. 2013. The global carbon budget 1959-2011. Earth System Science Data, 5 (1): 165-185.

Lehmann J, Kleber M. 2015. The contentious nature of soil organic matter. Nature, 528: 60-68.

Li Z, Zhao Q G. 2001. Organic carbon content and distribution in soils under different land uses in tropical and subtropical China. Plant and Soil, 231 (2): 175-185.

Lin C F, Yang Y S, Guo J F, et al. 2011. Fine root decomposition of evergreen broadleaved and coniferous tree species in mid-subtropical China: dynamics of dry mass, nutrient and organic fractions. Plant and Soil, 338 (1-2): 311-327.

Lisanework N, Michelsen A. 1994. Litterfall and nutrient release by decomposition in three plantations compared with a natural forest in the Ethiopian highland. Forest Ecology and Management, 65: 149-164.

Liu E, Chen B, Yan C, et al. 2015. Seasonal changes and vertical distributions of soil organic carbon pools under conventional and no-till practices on Loess Plateau in China. Soil Science Society of America Journal, 79 (2): 517-526.

Liu X, Ma J, Ma Z W, et al. 2017. Soil nutrient contents and stoichiometry as affected by land-use in an agro-pastoral region of northwest China. Catena, 150: 146-153.

Loss A, Pereira M G, Perin A, et al. 2012. Particulate organic matter in soil under different management systems in the Brazilian Cerrado. Soil Research, 50: 685-693.

Murty D, Kirschbaum M U F, Mcmurtrie R E, et al. 2002. Does conversion of forest to agricultural land change soil carbon and nitrogen? A review of the literature. Global Change Biology, 8 (2): 105-123.

Nierop K G J, Pulleman M M, Marinissen J C Y. 2001. Management induced organic matter differentiation in grassland and arable soil: a study using pyrolysis techniques. Soil Biology and Biochemistry, 33 (6): 755-764.

Nkana J C V, Demeyer A, Verloo M G. 1998. Chemical effects of wood ash on plant growth in tropical acid soils. Bioresource Technology, 63: 251-260.

O'Brien S L, Iversen C M. 2009. Missing links in the root-soil organic matter continuum. New Phytologist, 184 (3): 513-516.

Pibumrung P N, Gajaseni N, Popan A. 2008. Profiles of carbon stocks in forest, reforestation and agricultural land, Northern Thailand. Journal of Forestry Research, 19 (1): 11-18.

Poeplau C, Don A, Vesterdal L, et al. 2011. Temporal dynamics of soil organic carbon after land-use change in the temperate zone-carbon response functions as a model approach. Global Change Biology, 17 (7): 2415-2427.

Quénéa K, Derenne S, Largeau C, et al. 2006. Influence of change in land use on the refractory organic macromolecular fraction of a sandy spodosol (Landes de Gascogne, France). Geoderma, 136: 136-151.

Ramzan S, Bhat M A. 2017. Distribution of Geochemical fractions of Zn, Fe, Cu and Mn under different land uses of temperate Himalayas. International Journal of Chemical Studies, 5: 734-744.

Rumpel C, Chabbi A, Nunan N, et al. 2009. Impact of land use change on the molecular composition of soil organic matter. Journal of Analytical and Applied Pyrolysis, 85: 431-434.

Sheng H, Yang Y S, Yang Z J, et al. 2010. The dynamic response of soil respiration to land-use changes in subtropical China. Global Change Biology, 16 (3): 1107-1121.

Sheng H, Zhou P, Zhang Y Z, et al. 2015. Loss of labile organic carbon from subsoil due to land-use changes in subtropical China. Soil Biology and Biochemistry, 88: 148-157.

Solomon D, Lehmann J, Zech W. 2000. Land use effects on soil organic matter properties of chromic luvisols in semi-arid northern Tanzania: carbon, nitrogen, lignin and carbohydrates. Agriculture Ecosystems and Environment, 78 (3): 203-213.

Spaccini R, Mbagwu J S C, Conte P, et al. 2006. Change of humic substances characteristics from forested to cultivated soils in Ethiopia. Geoderma, 132: 9-19.

Stevenson F J. 1994. Humus Chemistry: Genesis, Composition, Reactions. 2nd ed. New York: John Wiley & Sons.: 1-23.

Stewart C E. 2012. Evaluation of angiosperm and fern contributions to soil organic matter using two methods of pyrolysis-gas chromatography-mass spectrometry. Plant and Soil, 351 (1-2): 31-46.

Strahm B D, Harrison R B, Terry T A, et al. 2009. Changes in dissolved organic matter with depth suggest the potential for postharvest organic matter retention to increase subsurface soil carbon pools. Forest Ecology and Management, 258: 2347-2352.

Suárez-Abelenda M, Ahmad R, Camps-Arbestain M, et al. 2015. Changes in the chemical composition of soil organic matter over time in the presence and absence of living roots: a pyrolysis GC/MS study. Plant and Soil, 391 (1): 161-177.

Sundermeier A P, Islam K R, Raut Y, et al. 2011. Continuous no-till impacts on soil biophysical carbon sequestration. Soil science Society of America Journal, 75: 1779-1788.

Takoutsing B, Weber J C, Tchoundjeu Z, et al. 2016. Soil chemical properties dynamics as affected by land use change in the humid forest zone of Cameroon. Agroforestry Systems, 90: 1089-1102.

Traversa A, D'Orazio V, Mezzapesa G N, et al. 2014. Chemical and spectroscopic characteristics of humic acids and dissolved organic matter along two Alfisol profiles. Chemosphere, 111: 184-194.

Turmel M S, Speratti A, Baudron F, et al. 2015. Crop residue management and soil health: a systems analysis. Agricultural Systems, 134: 6-16.

Veldkamp E, Becker A, Schwendenmann L, et al. 2003. Substantial labile carbon stocks and microbial activity in deeply weathered soils below a tropical wet forest. Global Change Biology, 9 (8): 1171-1184.

Verde J R, Buurman P, Martínez-Cortizas A, et al. 2008, NaOH-extractable organic matter of andic soils from Galicia (NW Spain) under different land use regimes: a pyrolysis GC/MS study. European Journal of Soil Science, 59: 1096-1110.

Villani F T, Ribeiro G A A, Villani E M D A, et al. 2017. Microbial Carbon, Mineral-N and Soil Nutrients in Indigenous Agroforestry Systems and Other Land Use in the Upper Solimões Region, Western Amazonas State, Brazil. Agricultural Sciences, 8: 657-674.

Wander M M, Bidart M G, Aref S. 1998. Tillage impacts on depth distribution of total and particulate organic matter in three Illinois Soils. Soil Science Society of America Journal, 62 (6): 1704-1711.

Wang Q K, Wang Y P, Wang S L, et al. 2014. Fresh carbon and nitrogen inputs alter organic carbon mineralization and microbial community in forest deep soil layers. Soil Biology and Biochemistry, 72: 145-151.

Wang Q Y, Wang Y, Wang Q C, et al. 2013. Effects of land use changes on the spectroscopic characterization of hot-water extractable organic matter along a chronosequence: correlations with soil enzyme activity. European Journal of Soil Biology, 58: 8-12.

Wang T, Camps-Arbestain M, Hedley C. 2016. Factors influencing the molecular composition of soil organic matter in New Zealand grasslands. Agriculture, Ecosystems and Environment, 232: 290-301.

Warra H H, Ahmed M A, Nicolau M D. 2015. Impact of land cover changes and topography on soil quality in the Kasso catchment, Bale Mountains of southeastern Ethiopia. Singapore Journal of Tropical Geography, 36: 357-375.

Wu J S, Jiang P K, Chang S X, et al. 2010. Dissolved soil organic carbon and nitrogen were affected by conversion of native forests to plantations in subtropical China. Canadian Journal of Soil Science, 90: 27-36.

Yang L Y, Luo T X, Wu S T. 2007. Fine root biomass and its depth distribution across the primitive Korean pine and broad-leaved forest and its secondary forests in Changbai Mountain, northeast China. Acta Ecologica Sinica, 27 (9): 3609-3617.

Yang Y S, Chen G S, Lin P, et al. 2003. Fine root distribution, seasonal pattern and production in a native forest and monoculture plantations in subtropical China. Acta Ecologica Sinica, 23 (9): 1719-1730.

Yang Y S, Guo J F, Chen G S, et al. 2004. Litterfall, nutrient return, and leaf-litter decomposition in four plantations compared with a natural forest in subtropical China. Annals of Forest Science, 61: 465-476.

Yang Y S, Xie J S, Sheng H, et al. 2009. The impact of land use/cover change on storage and quality of soil organic carbon in midsubtropical mountainous area of southern China. Journal of Geographical Sciences, 19 (1): 49-57.

Yassir I, Buurman P. 2012. Soil organic matter chemistry changes upon secondary succession in Imperata Grasslands, Indonesia: a pyrolysis-GC/MS study. Geoderma, 173-174: 94-103.

Yuan D H, Wang Z Q, Chen X, et al. 2001. Properties of soil and water loss from slope field in red soil in different farming systems. Journal of Soil and Water Conservation, 15 (4): 66-69.

Zhang J B, Song C C, Yang W Y. 2006. Land use effects on the distribution of labile organic carbon fractions through soil profiles. Soil Science Society of America Journal, 70: 660-667.

第 8 章　结论与展望

8.1　主　要　结　论

在综述中国亚热带山地土壤发生特性、成土过程、土壤分类和综合利用的基础上，选取中亚热带典型的花岗岩中山——湘东大围山为研究对象，综合运用地理信息系统技术、野外实地调查和挖掘典型土壤剖面、室内化学和现代仪器分析技术，深入分析大围山土壤形成的自然和人文环境、生物地球化学过程和土体物质迁移，按土壤定量诊断分类的原则，确立土壤诊断层、诊断特性和诊断现象，建立土壤系统分类体系，明确了大围山土壤类型（系统分类）的垂直带分布规律，详述了大围山典型土系。

通过综合分析大围山垂直带土壤物理、化学和生物指标，明确山地垂直带土壤肥力质量的空间分布状况。以"空间换时间"的方法，系统研究花岗岩红壤天然常绿阔叶林改为杉木人工林、板栗园、坡耕地后土壤物理、化学和生物指标的演变规律。以下将本书主要观点总结如下。

8.1.1　亚热带山地土壤的发生、分类与综合利用

中国亚热带山地成土环境独特，山地土壤发生特性、生物地球化学过程和物质迁移受到地貌形态的强烈影响，基本成土过程主要涉及原始土壤形成、黏化过程、富铝化过程和腐殖质积累过程。在高级分类单元上，亚热带山地土壤诊断层或诊断特性指标、命名原则均已较完备。土纲主要包括雏形土、淋溶土、新成土和富铁土。目前，在亚热带山地土壤系统分类中，基层分类单元（土族、土系）的划分研究和应用仍处于起步阶段。

亚热带山地土壤利用的问题主要表现在，山地环境艰险，人工输入困难且微弱，山地土壤开发引起土壤自然肥力退化的现象突出。坡面物质不稳，极易水土流失，资源耗损大。山地土壤开发重数量、轻质量，无序扩大开发面积，甚至开垦陡坡薄土、破坏森林土壤。原生或地带性植被转变为次生植被（次生林、灌草丛）、人工植被（人工林、果园、坡耕地或草地）。山地土壤利用形式单一。亚热带山地土壤的综合利用应注重在亚热带内，分区开发山地土壤，保存、保育和保护原生植被和脆弱土壤，以发挥生态效益为主，保存和合理利用人工林地、草地土壤，修复和恢复退化山地土壤生产力，保护和重建优良的山地天然森林、灌丛和草甸生态系统。

8.1.2 大围山土壤成土条件和过程、发生特性与土壤发生分类

1. 大围山土壤成土条件

野外调查成土因素表明，大围山属构造剥蚀、侵蚀的中低山和丘陵、河谷地貌，以中山（海拔＞800m）地貌为主；区域气候属中亚热带湿润季风气候区，局地气候还有中亚热带山地湿润气候。成土母岩主要有岩浆岩（花岗岩）和变质岩（板、页岩）两类。植被以原始次生林和人工林为主，植被垂直带明显。成土母岩为湖南省年龄最古老的花岗岩。人类对土壤资源的利用可追溯到新石器时代，近 60 年来土壤利用活动强烈、多样性高。水土流失作用（水蚀）和地质灾害（滑坡和崩塌）对土壤形成具有显著作用。

2. 大围山土壤成土过程

大围山主要成土过程有林下型和草甸型的腐殖质积累过程。土壤以中度富铝化过程为主，土壤硅铁铝率和硅铝率有海拔越高其值越大的规律。随海拔升高，土壤水热条件发生变化，土壤富铁铝化作用呈降低趋势。在基带或山地垂直带谱中，淀积黏化是淋溶土和部分富铁土土纲的主要成土过程。在高海拔山顶或山体上部，随处可见原始成土过程。在海拔 1000m 以上的中山区域的地势低洼、长期积水地段，有潜育化过程。坡麓和地势平坦的溪谷平原，还有人为成土过程。

3. 大围山土壤地球化学过程

大围山基带的气候湿热，原生矿物风化强烈，随海拔升高，温度降低、矿物风化作用减弱，黏粒数量减少，粉砂／黏粒增大，阳离子交换量升高，盐基饱和度随海拔升高呈先升高后降低的趋势，交换性酸占阳离子交换量的比例随海拔升高而降低。随海拔升高，土壤 ba 值升高，μ 值降低。大围山土壤的风化淋溶程度从强至弱依次为红壤＞黄壤＞黄棕壤＞山地灌丛草甸土。随地势升高，黏土矿物组成逐渐由以 1∶1 型的高岭组为主，转变成以 2∶1 型的蒙蛭组为主。山脚细土部分的原生矿物风化殆尽，次生黏土矿物以无序高岭石、水云母为主；山腰土壤中，水云母、无序高岭石、1.4nm 过渡矿物和三水铝石的含量与比例逐渐升高；山顶土壤黏土矿物则以水云母、蛭石、无序高岭石、1.2nm 混层矿物、1.4nm 过渡矿物和三水铝石为主。

4. 大围山土壤物质迁移

在大围山 100～800m 海拔带，花岗岩风化物发育的红壤 A 层主要为氧化铁、氧化铝和氧化磷富集，B 层随着富铁铝化作用的影响，其氧化铁和氧化铝的富集系数增大。随着海拔升高，氧化铁和氧化铝的富集系数逐渐降低，而氧化钙的富集系数有增大的趋势。

在水稻土中，铁、锰均出现不同程度的迁移与淀积。在麻沙泥中，铁锰垂直分异较为明显，氧化铁主要集中在犁底层，氧化锰主要聚集在氧化还原层；在青隔黄泥田中，铁锰垂直分异不显著，氧化铁主要在水耕氧化还原层聚集，而氧化

锰则主要聚集在犁底层中。

在低海拔带，淀积层的黏粒含量比表土层更高。随海拔升高，降水增加，土体淋溶作用增强，黄壤表土层黏粒含量有所下降，但淀积层的黏粒迁移富集要比红壤剧烈。随着海拔继续上升，风化作用减弱，表土层下层的黏粒含量均比表土层低，黏粒迁移富集能力降低。在海拔较低的红壤和黄壤剖面中，表土层游离铁受到强烈淋失，而在淀积层中富集量大。随着海拔升高，游离铁含量下降，在剖面上的迁移富集也相应减弱，活性铁含量相对升高。随着山地海拔升高，表土层中溶解性有机质容易随土壤水的垂直向下迁移而发生淋溶和淀积。基带的红壤、高海拔带的暗黄棕壤在淀积层土壤中的溶解性有机碳（DOC）密度均明显高于表土层。

5. 大围山土壤发生分类与海拔带分布

根据湖南省第二次土壤普查资料，结合此次野外土壤调查分析数据，建立大围山地区土壤发生分类系统，共包括铁铝土、淋溶土、半水成土和人为土的 4 个土纲，红壤、黄壤、黄棕壤、山地草甸土和水稻土 5 个土类、8 个亚类、13 个土属和 17 个土种。大围山主峰北坡土壤类型（土属）的垂直带分布规律：海拔 140～500m 为板、页岩红壤及花岗岩红壤；海拔 500～800m 为板、页岩黄红壤及花岗岩黄红壤；海拔 800～1200m 为山地花岗岩黄壤；海拔 1200～1400m 为山地花岗岩黄棕壤；海拔 1400～1600m 为山地草甸沙土，在海拔 1100m 以上的山间盆地和凹地有沼泽性草甸土分布。

8.1.3 大围山土壤诊断特征及土壤系统分类

1. 大围山土壤诊断特征

根据大围山土系调查的单个土体剖面的主要形态特征和物理、化学及矿物学性质，对照《中国土壤系统分类检索（第三版）》中诊断层、诊断特性和诊断现象的标准进行检索，在大围山地区 26 个土壤调查小样区中，共涉及 7 个诊断层，即诊断表层有暗瘠表层、淡薄表层和水耕表层；诊断表下层有低活性富铁层、黏化层、雏形层和水耕氧化还原层；9 个诊断特性，即石质接触面、准石质接触面、土壤水分状况（包括湿润土壤水分状况、常湿润土壤水分状况、滞水土壤水分状况）、土壤温度状况（包括热性土壤温度状况、温性土壤温度状况）、潜育特征、氧化还原特征、腐殖质特性、铁质特性和铝质特性；1 个诊断现象，即铝质现象。

2. 大围山土壤系统分类

根据中国土壤系统分类标准，大围山地区 26 个调查小样区中共划分出雏形土、淋溶土、富铁土、新成土、潜育土和人为土 6 个土纲，湿润富铁土、湿润淋溶土和水耕人为土等 8 个亚纲，铝质湿润淋溶土、黏化湿润富铁土和铝质湿润雏形土等 14 个土类，普通黏化湿润富铁土、腐殖铝质常湿淋溶土和腐殖铝质常湿雏形土等 16 个亚类，黏质高岭石型酸性热性 - 普通简育湿润富铁土等 24 个土族和红山系等 26 个土系（表 4-15）。在土壤系统分类中，大围山地区土纲以雏形土为主。在各等级上，系统分类比发生分类具有更强的划分能力。按中国土壤系统分类，大围山主峰北坡土壤类型（土纲）的垂直带谱：雏形土、富铁土（＜900m）—雏形土、淋溶土（900～1500m）—雏形土、新成土（＞1500m）。

8.1.4　大围山海拔带土壤理化性质的分异

1. 土壤颗粒组成、土体厚度和容重

土体中砾石比较高，土壤质地以壤土类为主，土质适中，随海拔升高，壤土和砂质壤土的比例升高，土壤砂粒含量随海拔升高而显著升高。土壤剖面发生层分异明显，为 3～7 层，以 4～5 层最为常见，随海拔升高，有效土层厚度波动较大，有变薄的趋势。大围山表土层土质疏松，随海拔升高，表土层土壤容重有下降的趋势，土质呈现疏松化，从亚表层土壤（AB、Ap2、AC）来看，土质较疏松，但土壤容重略高于表土层，也有随海拔升高而下降的趋势。

2. 土壤可蚀性

大围山花岗岩风化物发育的山地土壤属中可蚀性土壤和中高可蚀性土壤，即较易被侵蚀的土壤。土壤可蚀性 K 值随海拔升高而增大。在 5 项抗蚀性指标中，土壤有机质和＞0.25mm 水稳性团粒含量与海拔相关性较小，但土壤团聚状况和团聚度与海拔呈负相关。土壤分散率随海拔的升高而增大。总体上，大围山花岗岩风化物发育的山地土壤抗侵蚀能力弱，易遭侵蚀，随海拔升高土壤抗蚀性呈现降低的趋势。

3. 土壤有机质及其组分、养分

土壤 SOC 含量总体上随海拔升高而升高，表土和底土 SOC 含量随着海拔升高均呈上升趋势，且黄壤地带 SOC 含量有骤然升高的现象。不同海拔带 SOC 含量均随土层的加深而降低，其中山脚红壤 SOC 含量随土层加深而降低幅度最小，但山顶灌丛草甸土 SOC 含量随土层加深而下降幅度最大。土壤 DOC 含量随海拔升高而升高，随土层加深而降低。DOC 含量与海拔、SOC 含量、土壤质量含水量呈显著线性正相关关系。

从表层土壤看，土壤全氮、全磷含量均随海拔升高而升高，但土壤全钾含量随海拔升高无明显变化。从亚表层土壤来看，土壤全氮、全磷含量均比表层土壤有所下降，但全钾含量有所升高。随着海拔升高，亚表层土壤全氮、全磷和全钾含量均随海拔升高而升高。

4. 土壤微量元素

大围山土壤全铜、全锌含量以红壤最高，黄棕壤最低，但土壤全锰、全铅含量以灌丛草甸土最高，黄红壤最低，土壤全镍含量以黄红壤最高，黄棕壤最低。与全量元素含量不同的是，土壤有效态锌、有效态锰和有效态镍含量的最低值均

出现在黄红壤中，土壤有效态铜、有效态锰含量的最高值出现在黄壤中，土壤有效态锌、有效态铅含量的最高值则出现在红壤中。

土壤全铜、全锌含量的剖面分布较为均匀，但土壤全锰、全镍含量呈底土层聚集特征，土壤全铅含量呈明显的表聚特征。土壤有效态铜含量的剖面分布也比较均匀，但土壤有效态镍含量呈明显表聚特征，土壤有效态锌、有效态锰含量大多呈底土层聚集特征；土壤有效态铅含量则大多呈表层或表下层聚集现象。

在黄壤与黄棕壤中，土壤全铜、全锌、全镍含量均与<0.001mm 黏粒含量呈正相关关系；在灌丛草甸土中，土壤全锰含量与<0.001mm 黏粒含量呈负相关关系，土壤全铅含量与土壤有机质、CEC 呈正相关关系；在红壤中，土壤全铜含量与游离铁含量也呈正相关关系。另外，在黄红壤中，土壤有效态铜含量与土壤有机质、CEC 均呈正相关关系；但在黄壤中，土壤有效态锰含量与<0.001mm 黏粒含量呈负相关关系。

5. 土壤生物指标

土壤 MBC 含量随着海拔升高，大幅提高，以表层土壤表现最为明显。相应地 60cm 以下的底层土壤微生物生物量很低，且随海拔升高变化也不大。MBC/SOC 的比值随着海拔升高而增大，说明随海拔升高，在土壤有机质中，微生物所占的比例也随之提升。大围山土壤微生物以细菌群落为主，其次为放线菌和真菌群落。在细菌群落中，G^-菌的数量大于 G^+菌的数量。随着海拔升高，土壤微生物群落 PLFA 总量升高，表现为不同类群的微生物 PLFA 含量也升高。大围山土壤垂直带 PLFA 的种类较为丰富，土壤微生物群落多样性随海拔升高而升高，但真菌、G^+菌在土壤微生物群落中所占比例有所降低。

6. 土壤肥力质量

大围山表土肥力质量的水平整体较高，土壤肥力质量综合指数介于0.56~0.95。24 个调查小样区的土壤肥力质量等级可划分为五等，具体包括 Ⅰ级 1 个样区、Ⅱ级 8 个样区、Ⅲ级 5 个样区、Ⅳ级 7 个样区、Ⅴ级 3 个样区。海拔显著影响大围山土壤肥力质量指数，高海拔带的土壤肥力质量综合指数高于低海拔带。

8.1.5 土地利用变化对红壤质量的影响

1. 土地利用变化对红壤养分的影响

天然林地改为其他土地利用方式，1m 深土壤剖面上土壤有机质、全氮含量显著降低，全磷含量则明显升高，高强度的人为作用（如耕作、施化肥）导致土壤剖面有机质和全氮的损失，但却引起磷素的累积。与土壤全量养分相比，土壤有效态养分含量对土地利用变化的响应更为敏感，且底土有效态养分含量对土地利用变化响应的敏感性超过表土，同时微量元素对土地利用响应的敏感性一般高于中量元素。特别是，土壤有效磷、速效钾、有效态铁、有效态铜含量对土地利用变化以正响应为主，反映土地利用方式的转变提高了土壤剖面上养分的有效性。

2. 土地利用变化对大围山土壤有机质及其组分的影响

4 种土地利用方式土壤有机碳储量均随剖面土层加深显著降低，土地利用变化后，深层土壤（40cm 以下土层）碳库储量呈现与表层土壤相同的大幅降低趋势。同时，表土 POC 储量也显著降低（以改变为坡耕地的降幅最大，杉木人工林降幅最小）。天然林改为杉木人工林和板栗园后，随土层加深有机碳储量降幅减小，但改为坡耕地后，降幅扩大。天然林转变后，木质素类化合物的相对含量明显降低（以转变为杉木人工林和板栗园的降幅较大），而含氮化合物的相对含量则明显增加（以转变为板栗园的增幅最大），脂肪族化合物总量在天然林转变为杉木人工林后增加的幅度最高；其中，植物源和微生物源脂肪族化合物数量均有不同程度的增加。土地利用变化后，天然林地土壤的 DOM 数量最为丰富，主要蓄积于底土。同时 1m 深土壤剖面上的 DOM 显著损失，底土 DOM 损失量超出表土。

3. 土地利用变化对大围山土壤生物的影响

土地利用方式改变后，杉木人工林细根生物量降幅低于板栗园、坡耕地。土壤的 MBC 含量普遍下降，以改为坡耕地后降幅最大，且表土 MBC 含量对土地利用变化的敏感性高于底土。不同土地利用方式下，土壤细菌、革兰氏阳性菌（G^+菌）、革兰氏阴性菌（G^-菌）、放线菌和真菌生物量与微生物总生物量变化趋势大致相同，基本表现为天然林＞坡耕地＞杉木人工林＞板栗园，土地利用变化显著影响土壤微生物群落组成，其中以细菌受到的影响最大。

8.2　展　　望

近年来，针对亚热带山地土壤发生、分类与利用的研究日益增多。人们对亚热带山地特殊的成土环境与土壤发生特性之间的关系已有一定程度的了解，山地土壤的系统诊断分类体系逐渐完善，应用日趋广泛。但随着新的土壤调查技术的发展，土壤系统分类成果在土壤实际生产和利用中出现的问题，仍有很多地方需要继续研讨。

1. 加强亚热带山地土壤的发生特性和成土过程的研究

针对亚热带山地土壤生物地球化学循环问题，应深入开展定量化研究，建立岩石圈、大气圈、水圈、生物圈和土壤圈物质循环的相关关系。加强母质类型、地形地貌、成土年龄、人类活动对成土过程的影响研究。加强山地土壤黏土矿物、磁性矿物、元素地球化学和古环境变化研究。

2. 完善土壤系统分类的检索系统，特别是针对亚热带山地土壤的检索指标

由于全面测定山地土壤温度状况是十分耗时费力的工作，且山地土壤温度变化十分复杂。因此，建立适合亚热带山地土壤温度的估算模型对确定山地土壤在系统分类中的归属十分必要。由于不同海拔区域的蒸散量和同期降水量难以获取，且山地地貌对地表水的再分配影响较大，因此对于山地土壤水分状况的确定亦十分复杂。如何建立较为简便可行的山地土壤水分状况换算公式仍是未来研究的重点。另外，现有的关于土壤水分状况的划分标准中，没有关于偏向常湿润的湿润水分状况的详细、准确标准。因此，划分亚类时很少划分至黄色铝质湿润雏形土、黄色铝质湿润淋溶土等亚类，导致许多颜色差异较大的土壤都划为普通亚类，没有充分体现差异。为增强土壤系统分类划分的准确性、标准性，需要一个准确、详细的指标来确定偏向常湿润的湿润水分状况。

3. 逐步建立亚热带山地土壤的典型土族、土系，补充并建立山地土壤土系划分标准，构建完善的山地土壤基层分类体系

例如，开展针对山地土壤不同时期坡积导致埋藏层的形成进而影响土壤发育的研究；开展针对山地土壤特征土层种类、性态、排列层序和层位与土壤类型的相关关系的研究；细化山地土壤剖面形态特征描述，建立简便可行的剖面砾石大小及丰度的定量化判别方法；加强针对山地土系命名的研究，由于山区行政地域面积广，地形地貌变化复杂，具体而详细的地名较难以获取，这对土系定名带来麻烦，或可结合当地特色景点名称、典型地形地貌来确定土系名称。

4. 构建并完善亚热带山地土壤传统地理发生分类与土壤系统分类的参比体系，加强发生学分类中的土属、土种或变种与系统分类基层分类单元中土族、土系的相关联系研究

结合实际应用，可从区域、类型及单个土体3个尺度上，对发生分类与系统分类的土壤实体进行参比，以期对2个土壤分类系统的联系和区别有进一步的了解。

5. 积极开展基于中国土壤系统分类在亚热带山地土壤资源利用上的研究

例如，基于系统分类研究成果编制亚热带山地土壤大比例尺土壤图，完善土系数据库的建立。目前亚热带山地区域大比例尺土壤图的编辑大多采用的是以地理发生分类理论为指导的分类研究成果，基于系统分类的土壤制图研究较少。应充分运用系统分类研究成果，特别是近年来在亚热带山地区域建立的基层分类单元，通过已建立的土族、土系作为土壤信息系统的数据源，编制亚热带山地大比例尺土壤图。加强系统分类体系在土壤资源评价应用上的研究，充分发挥土壤系统分类定量化、标准化的特点，为土地适宜性评价提供理论依据，体现土壤系统分类成果的应用价值。

6. 加强山地土壤资源利用的生态、环境效应研究

在脆弱山地自然环境背景下，人类活动干扰容易带来强烈的生态、环境效应。现有关于基带土壤利用和土地利用方式下土壤过程、元素循环和环境效应方面已有一定的研究，但在山地中高海拔带的人类活动对土壤生态系统影响的研究仍有待加强。例如，灌丛草甸土地带的旅游开发、基础设施建设和人工放牧活动；黄棕壤和黄壤地带的高山蔬菜、人工林、经济作物和果园基地建设；特别关注山地农林牧基地建设的水土流失、立地生产力降低现象和调控机理；山地土壤施肥、杀虫剂和除草剂施用的环境效应；矿山开采带来的土壤污染与环境修复；原生、天然植被转换的生态服务功能变化；高强度土地利用活动和不同土地利用方式下，山地土壤的响应和适应性。山地中高海拔带土壤（如有机土、新成土和雏形土）生态环境更为脆弱，碳储量大，应注重保护和关注开发利用当中的长远生态环境效益，科学评估山地土壤质量演变的方向。

7. 深化山地土壤退化机理与恢复、重建模式研究

珍贵的山地土壤资源一经破坏，恢复难度大，研究山地土壤退化机理与恢复技术是今后一个重要的方向。目前，由于人工封育和自然演替恢复的成本低，适宜大范围的退化山地土壤恢复。然而，局部高强度退化山地土壤的恢复仍有赖于人工投入。通过深化山地土壤退化机理研究，加强不同生态恢复模式下土壤质量恢复的对比试验，遴选适应性广、成本低、恢复效果好的山地土壤质量恢复和重建模式，是今后一个重要研究内容。